DAS KOSMOS-HANDBUCH

GARTENTEICHE

DAS KOSMOS-HANDBUCH

GARTEN TEICHE

Peter Beck, Angelika Throll, Thomas Helberg, Frank Hößler,
Petra Kölle, Folko Kullmann, Reinhard Witt

KOSMOS

Inhalt

Autoren und Mitarbeiter

Üppig eingewachsener Naturteich

Autoren und Mitwirkende

Peter Beck aus Stuttgart ist Wassergartenspezialist und Autor etlicher Bücher über Gartenteiche. Er ist Vizepräsident der Gesellschaft deutscher Staudenfreunde e.V. und Fachgruppenleiter der Fachgruppe Steingarten und alpine Stauden, Gruppe München.
Er hat bei den Kapiteln „Gestaltung", „Planung und Anlage" und „Pflanzen" mitgearbeitet und unter anderem die Kapitel „Pflege", „Schwimmteiche" und „Moorteiche"sowie „Kinder am Gartenteich" verfasst.

Angelika Throll aus Stuttgart ist Diplom-Gartenbauingenieurin und arbeitet seit fast 20 Jahren als Redaktionsleiterin Garten im Kosmos-Verlag tätig. Sie hat bei der Konzeption dieses Buchs und den Pflanzenporträts mitgearbeitet. Sie veröffentlichte mehrere Bücher, auch als Herausgeberin, zum Beispiel „Die mein schöner Garten Enzyklopädie der Gartenpflanzen", „Das Kosmos Handbuch Rosen" und „Was blüht im Garten".

Thomas Helberg aus Tecklenburg ist Buchautor und Inhaber eines Beratungsbüros. Er hat bei den Kapiteln „Gestaltung" und „Planung und Anlage" mitgewirkt.

Frank Hößler aus Gelsenkirchen ist Inhaber eines Garten- und Landschaftsbauunternehmens und hat sich auf die Anlage von Koi-, Natur- und Schwimmteichen mit der dazugehörigen Filtertechnik spezialisiert. Er hat das Kapitel „Technik" verfasst. Weitere Infos finden Sie im Internet unter www.teichbau-hoessler.de.

Dr. Petra Kölle aus München ist Fachtierärztin für Fische und Reptilien am Zoologischen Institut für Fischkrankheiten der Universität München. Sie ist Autorin mehrerer Bücher über Fisch- und Reptilienkrankheiten im Kosmos-Verlag und hat das Kapitel „Fischkrankheiten" verfasst.

Dr. Folko Kullmann ist Gartenbauingenieur und arbeitet als Journalist und Redakteur in Stuttgart. Er hat in Zusammenarbeit mit dem Kölle-Zoo, Deutschlands größtem Zoofachmarkt, das Kapitel „Fische im Gartenteich" verfasst.

Dr. Reinhard Witt aus Ottenhofen hat einen Fachbetrieb für naturnahe Grünplanung. Der vielfache Buchautor, Mitgründer und Vorstand des Naturgarten e.V. beschäftigt sich seit über 20 Jahren mit Naturgärten und einheimischen Wildpflanzen, eine besondere Vorliebe hegt er für Naturteiche. Er hat im Kapitel „Gestaltung" die Themen „Naturteiche" und „Tiere am Teich" sowie das Kapitel „Tiere" verfasst. Weitere Infos über: www.reinhard-witt.de

Zur Benutzung dieses Buchs

Ziel dieses Buchs ist es, Ihnen von der Gestaltung und Planung eines Wassergartens bis zur Anlage und Bepflanzung alles auf den Weg zu geben, was Sie wissen müssen. Egal, ob sie einen Naturteich, ein architektonisches Becken oder einen Teich mit Fischen haben wollen, wir zeigen Ihnen, wie es geht. Lassen Sie sich im ersten Kapitel von den verschiedenen Gestaltungsideen inspirieren und wenn Sie dann den richtigen Teich oder Wassergarten gefunden haben, steht im nächsten Teil unter „Planung und Anlage" alles, was man zum Bau von Folien- oder Schalenteichen, Bachläufen und Wasserspielen wissen muss.

Zauberhafte Seerosen

Wasser als elegantes Gestaltungselement

Im Kapitel „Pflanzen" finden Sie eine große Anzahl an Wasser-, Sumpf- und Teichrandpflanzen sowie eine Auswahl der schönsten und robustesten Seerosen für jeden Teich. Und kein Wassergarten wäre komplett ohne das reichhaltige Tierleben, dass sich im Laufe der Zeit einfindet oder – wie die Fische, eingesetzt wird. Zum Schluss finden Sie noch einen ausführlichen Anhang mit wichtigen Adressen, Büchern zum Weiterlesen und Bezugsquellen.

Kinderspaß!

Gartenteiche gestalten

Wasser erzeugt eine ganz unvergleichliche Atmosphäre im Garten. Ob es sich um einen sanft plätschernden Quellstein, einen Springbrunnen, einen sich durch die Beete windender Bach oder einen stiller Weiher handelt, die Anziehungskraft des nassen Elements ist enorm. Es entsteht eine Oase der Erholung, ein Refugium für Vögel, schwirrende Libellen und tanzende Schmetterlinge und eine Spielgelegenheit für Kinder.
Egal, ob es ein großer Schwimmteich, ein Bachlauf, Naturteich oder gar ein Biotop wie ein Moorteich sein soll, die Möglichkeiten sind unerschöpflich.
Sogar auf Balkon oder Terrasse lassen sich kleine Becken oder Miniteiche verwirklichen.

Mensch und Wasser

Wasser als Quelle jeden Lebens wurde schon immer vom Menschen genutzt. Nur dort, wo Wasser war, gab es alles, was der Mensch zum Überleben brauchte. Aus diesem Grund war das Wasser den Menschen in der Vergangenheit oft auch heilig und ist es heute noch vielerorts.

Ein Sitzplatz am Teich

Wasser kann Segen und Fluch zugleich sein. Geschichtliche Dokumente und Überlieferungen sowie Ruinen bezeugen, dass Menschen schon sehr früh mit der Wasservorratswirtschaft begonnen haben. Relikte aus alter Zeit und monumentale Bauwerke unseres Jahrhunderts zeugen ebenfalls davon. In der Vergangenheit wurden selbst Kriege um Wasser und Wasserressourcen geführt und werden es wohl auch in Zukunft noch.

Auch in der Mystik, Religion und in der Kunst spielt dieses wunderbare Element eine wichtige Rolle. Außer zur unverzichtbaren Trinkwasserversorgung von Mensch und Tier wurde Wasser auch zu Reinigungszwecken, zur Bewässerung von Feldern und auch wie selbstverständlich als Transportmittel und Antriebskraft von jeher genutzt.

Kinder lernen am Gartenteich viel über Tiere und Pflanzen.

Wassergärten in der Geschichte

Da konnte es nicht ausbleiben, dass neben dem praktischen auch der ästhetische und repräsentative Wert an Bedeutung gewannen. Zur Freude und Erbauung hielt Wasser Einzug in die jeweiligen Lebensbereiche aller Kulturen. Davon zeugen die vielen wunderbaren Garten im In- und Ausland, die durch ihre Brunnen, Kaskaden und kunstvollen Becken sowie durch prächtige Wasserspiele die Besucher auch heute noch begeistern. Aber auch die unzähligen Brunnen und Wasserarrangements neuerer Zeit oder die wieder restaurierten Dorfteiche zeigen die unverändert

Ein Sitzplatz am Teich lädt zum Verweilen ein und das Holzdeck zum Sonnen. Ein Handlauf würde etwas mehr Sicherheit bieten.

gebliebene Faszination, die Wasser auch heute noch auf den Menschen ausübt. Auf die Gartengestaltung und Nutzung haben Trends und Notwendigkeiten schon immer einen großen Einfluss gehabt. Stets gleich geblieben ist jedoch die Sehnsucht nach einem Stück intakter Natur in Verbindung mit Wasser. Man braucht sich nur umzusehen, um zu erkennen, dass es die Menschen sowohl im Urlaub als auch beim Spaziergang geradezu magisch anzieht. Das ist für viele oft die einzige Möglichkeit, den grauen Betonwüsten zu entkommen. Auch dies ist ein Grund, dass immer mehr Wassergärten entstehen und so zu blühenden Oasen zum Nutzen von Mensch, Tier und Pflanze werden.

Wasser in der Natur

Täglich werden in unserer Industriegesellschaft Gewässer und Feuchtbiotope durch Überbauung, Trockenlegung, landwirtschaftliche Nutzung oder durch das mutwillige Verfüllen mit Müll oder Bauschutt für immer vernichtet. Die Schäden durch den Biozid-Eintrag aus der Landwirtschaft und Industrie sowie die intensive Nutzung im Bereich der Freizeitgestaltung fallen im ersten Moment weniger auf, schädigen aber nicht minder die noch intakten Restbiotope. In der freien Natur sind stehende Gewässer, Bäche und Flüsse wichtige Biotope für Tiere und Pflanzen. In und an diesen Gewässern spielt sich so viel Leben ab, dass es mehr als eines Menschenlebens bedarf, um dies alles verstehen und begreifen zu können.

Umgang mit Wasser

Mit Wasser wird umgegangen, als wäre es nicht das kostbarste Lebensmittel, sondern minderen Wertes und unendlich verfügbar. Im Durchschnitt verbraucht ein Bundesbürger etwa 130 Liter Trinkwasser am Tag (Zahlen von 1998). Nachdenklich macht, dass nur etwa zwei Prozent dieses Wassers bei uns als Lebensmittel verbraucht wird. Der „Rest" wird für Reinigungs- und Fertigungsprozesse in der Industrie benötigt. Durch den unvermeidlichen Wasserverbrauch sinkt besonders in den Ballungsgebieten der Grundwasserspiegel beträchtlich; dies wird unabsehbare Folgen für zukünftige Generationen haben. Ein weiterer Grund für das Absinken ist neben dem steigenden Wasserverbrauch die unsinnige Versiegelung ganzer Landschaften. Sie macht auch vor den Gärten nicht halt! So verschwindet kostbares Regenwasser in der Kanalisation, landet ungebremst in begradigten und einbetonierten Flüssen, und kann seine Aufgabe in der Natur nicht mehr erfüllen.

Jeder Gartenbesitzer kann seinen Teil dazu beitragen, dass das Regenwasser für den Garten genutzt wird und nicht in der Kanalisation verloren geht. So können zum Beispiel Auffahrten und Wege mit porösen, wasserdurchlässigen Materialien belegt werden, oder man kann das Regenwasser in einer Zisterne sammeln.

Wasser im eigenen Garten

Immer mehr Menschen möchten ihren Garten naturnah gestalten. Und so entscheiden sich viele Gartenbesitzer und Hobbygärtner dafür, in ihrem eigenen Garten ein Wasserparadies anzulegen. Dies gibt natürlich auch den im und am Wasser lebenden Pflanzen und Tieren einen Platz. Im Garten entsteht ein neuer Lebensraum für Libellen, Frösche und Wasserpflanzen. Durch reichhaltige Bepflanzung und den Betrieb eines Wassergartens können kleine Ursachen große Wirkungen zeitigen. Durch eine Rückbesinnung nach diesem Mottoist der Umgang mit Wasser neu zu definieren und zu lernen. Neben diesem Wunsch nach einem naturnahen Garten mit einem Gartenteich oder fließendem Wasser im Bachlauf kommt noch hinzu, dass die Anlage eines Wassergartens für eine breite Bevölkerungsschicht erschwinglich geworden ist.

Exotische Dschungelstimmung im Garten. Im Herbst verhindert ein Laubschutznetz, dass sich zu viel Laub im Teich sammelt und dieser mit der Zeit verlanden würde.

Am Sitzplatz kann man, umgeben von Funkien und anderen blühenden Stauden, die Seele baumeln lassen und den Alltag vergessen.

Wenn hier von einem Wassergarten gesprochen wird, so sind damit Teiche, Becken, Wasserspiele oder Bachläufe gemeint, die nicht von Natur aus an dieser Stelle im Garten vorhanden sind. Ein bestehender Naturteich ist ökologisch die wertvollste Lösung, und dieser sollte unbedingt erhalten werden. Ein Wassergarten bedeutet aber, dass es sich um ein künstlich angelegtes Gewässer handelt. Dieses wird im seltensten Fall von natürlichen Zuläufen gespeist, meist muss man selbst für die Füllung mit Wasser sorgen und auch die Pflege des Wassers, der Pflanzen und Tiere im und am Wassergarten darf nicht vergessen werden.

Der richtige Wassergarten für mich

Egal, ob groß oder klein, sonnig oder schattig, grundsätzlich kann in jedem Garten ein Wassergarten angelegt werden. Allerdings sollte vor der Planung und der Anlage eines Wassergartens Verschiedenes bedacht werden, wenn man für lange Zeit seine Freude haben möchte. Denn in einem sonnigen Garten muss man zum Beispiel auf ausreichende Be-

Bunte Stauden am Teichrand.

schattungsmöglichkeiten der Wasserfläche achten, während im schattigen Garten Seerosen nur schlecht gedeihen können. Die Beispiele auf diesen Seiten zeigen, dass statt eines pflegeintensiven Rasens Teiche angelegt wurden.

Überlegungen und Gedanken zu Beginn

Wenn man sich für die Anlage eines Teichs oder Gewässers im Garten entschieden hat, sollte man sich überlegen, was überhaupt in den eigenen Garten passt. Ein Wassergarten muss immer in die Gestaltung des übrigen Gartens passen. In einem streng formal angelegten Garten sieht ein mit üppigem Pflanzenwuchs umgebener Naturteich deplatziert aus, genauso wie ein architektonisches Becken in einem Naturgarten fehl am Platz ist.

Wasser im Garten – Was ist das Richtige für mich?

Was habe ich?	**Der richtige Wassergarten für mich**
einen großen Garten	großer Naturteich, Fischteich
einen kleinen Garten	kleiner Teich, architektonisches Becken, Quellstein oder Wasserspiel
einen Balkon, eine Terrasse oder eine Dachterrasse	Miniteich, Quellstein, Wasserspiel
kleine Kinder (bis 4 Jahre)	Quellstein, Wasserspiel
kleine Kinder (bis 8 Jahre)	Quellstein, Wasserspiel, Bachlauf
größere Kinder (älter als 8 Jahre)	Bachlauf, Naturteich, Erlebnisteich
Haustiere	Naturteich, Wasserspiele
Was möchte ich?	**Das ist dafür der richtige Wassergarten**
Entspannen	Bachlauf, Wasserspiele, Sitzplatz, Holzdeck oder Steg am Teich
Kinder begeistern	Naturteich, Bachlauf, Wasserspiele
Tiere beobachten	Naturteich, Vogelbad
den Garten bereichern	jeder Wassergarten

Naturteich

Ein Naturteich ist eine absolute Bereicherung für jeden Garten. Er lockt viele verschiedene Tiere in den Garten und gibt durch seine Vielfalt Anlass zu langen und spannenden Beobachtungstouren. Die Natur ist das schönste Vorbild für die Anlage von naturnah gestalteten Gewässern.

Artenreicher Wiesenteich – die Natur ist das beste Vorbild für einen Naturteich.

Die Natur als Vorbild

Ein Gang in die Natur zeigt die Vielfalt natürlicher Feuchtbiotope. Es gibt sozusagen nichts, was es nicht gibt. Die kleinsten Pfützen werden noch von Tieren besiedelt, doch auch in großzügig angelegten Teichen und Tümpeln findet sich reichlich Leben ein. Man entdeckt flache, fast völlig verlandete Altteiche mit artenreichem Ufersaum oder jungfräulich frische Naturteiche – fast noch frei von jeglichem Bewuchs. Wir treffen auf Kiesufer, lehmige, felsige und – anderswo – sandige Partien.

Was davon ist nun gut und richtig für den Naturteich daheim? Die Antwort liegt auf der Hand: Es ist all dies und noch viel mehr möglich und machbar. Es kommt dabei auf vielerlei Bedingungen an. Das Teichprojekt ist sozusagen ein Mehrkomponentenversuch mit offenem Ausgang. Die klimatische Situation, die geografische Lage, der spezielle Standort mit seinen Licht- und Schattenseiten sind dabei nur einige der beeinflussenden Faktoren. Hinzu kommen das Bauprinzip, die Form, die Ufergestaltung, ergänzt durch Dinge wie der Substratwahl. Das sich entwickelnde Teichszenario wird komplettiert von banal erscheinenden Dingen wie der Auswahl und Dichte der Wasser- und Sumpfpflanzen sowie der Herkunft dieser Arten. Und überdies spielen Zufälle eine wichtige Rolle. So kann es

Pflanzen für naturnahe Gewässer im Garten

Damit der Naturteich seinem Namen alle Ehre macht, sollten bei der Bepflanzung nur einheimische Arten verwendet werden. Der ökologische Wert für die Tierwelt ist bei ihnen am höchsten. Exotische Arten oder Zuchtformen von einheimischen Pflanzenarten, die zum Beispiel gefüllte Blüten haben, sind zwar auch attraktiv, dienen aber weniger Tieren als Lebensgrundlage. Spezialgärtnereien (Adressen im Anhang) bieten eine überraschend große Vielfalt an, die weit über das Standardsortiment der Gartencenter hinausgeht.

Naturteich mit gelben Sumpfschwertlilien in voller Blüte.

beispielsweise passieren, dass der gewünschte Tannenwedel als Unterwasserflora gerade nicht erhältlich ist. Dies aber hat eine ganz andere Entwicklung der Wasserpflanzengesellschaft zur Folge. Da ein Mitbewerber um freien Platz ausfällt, hat der Rest der Arten mehr Entfaltungsmöglichkeiten.

Pflanzen am Teich

Auch was die Bepflanzung betrifft, ist die Natur weit variabler, als uns unsere teils schon sehr fest gefügten Vorstellungen das erlauben. In freier Natur gibt es nie den Naturteich mit der Bepflanzung, wie wir es in Büchern immer wieder finden. Denn kein Mensch trägt bei natürlichen Biotopen die Flora nach dem Lehrbuch zusammen und pflanzt sie pünktlich zum Start neuen Lebens ein. Deshalb ist die Flora natürlich entstandener Biotope stets ein Ausschnitt des an sich so viel größeren Potenzials. Bei der Besiedlung mit Pflanzen spielt es eine entscheidende Rolle, welche der Arten zufällig im Umland vorhanden waren und sich ansiedeln konnten. Liegen die nächsten Feuchtbiotope in großer Entfernung, so reduziert sich das Spektrum an Pflanzearten auf jene , die über Flugsamen verfügen (Rohrkolben) oder sich im Gefieder von Wasservögeln ausbreiten können (Schilf). So kommt es, dass sehr nahe beieinander liegende Feuchtgebiete im Charakter oft sehr ähnlich sind, während die Artenvielfalt zwischen weit entfernten Teichen größer sein kann. Man sieht, Kommissar Zufall nimmt eine weitaus stärkere Position ein, als man anfangs anzunehmen gewillt war. Dies mag den zukünftigen Naturteich-Besitzern ein guter Trost sein. Auch sie werden mit ihrem Teichbau und ihrer Bepflanzung nur einen Ausschnitt der Möglichkeiten wahrnehmen können. Schon aus Platzgründen werden sie nicht alles realisieren, was ginge, so dass auch die Artenzahl der Pflanzen begrenzt sein muss. Dennoch hat der geplante Naturteich einen Riesenvorteil gegenüber spontan entstandenen Feuchtbiotopen: Man kann ganz gezielt denjenigen Lebensraum bauen, den man sich wünscht. Und was die Auswahl der Pflanzen betrifft, so werden wir dank gezielter Arbeit und der dazu gehörigen Pflege sicher eine weitaus größere Artenvielfalt erhalten, als der Durchschnittsteich draußen in freier Natur.

Refugium für Tiere und Pflanzen

Wie auch immer und was auch immer wir tun, es kann eigentlich kaum etwas verkehrt geraten. Mit der Wahl eines bestimmten Teichbau-Systems und der Auswahl der dazu passenden Flora wird man auf jeden Fall einen Lebensraum schaffen, der bislang im Gartenreich gefehlt hat. Es wird ein Refugium für viele schöne, teils seltene und ungewöhnliche, immer aber liebenswerte Tiere und Pflanzen sein.

Ein artenreicher Pflanzenwuchs lockt viele Insekten und andere Tiere an.

Sonniger Gartenteich

Lichte Gärten sind optimal für den geplanten Gartenteich. Auf sonnigen Plätzen werden die meisten Teichanlagen konzipiert, weil Teiche als schöner und pflegeleichter empfunden werden

Im sonnenüberfluteten Teich finden die schönsten unter den Wasserpflanzen, die Seerosen, einen idealen Lebensraum. Die vielfarbigen Seerosen-Hybriden brauchen sechs bis acht Stunden Sonne und warmes Wasser (20 bis 25 °C), um zu gedeihen und ausdauernd blühen zu können. Diese Anforderungen hängen auch mit dem Umstand zusammen, dass der Farbe wegen tropische Arten mit der einheimischen Weißen Seerose gekreuzt wurden. Seerosen-Hybriden in allen Farben und Größen werden auf Seite 132 vorgestellt.

Aber auch einheimische Wasser- und Sumpfpflanzen lieben und brauchen viel Licht. Dies zeigen Gewässer in der Natur. Sie liegen oft voll besonnt. Pflanzen für sonnige Wassergärten finden Sie auf der gegenüberliegenden Seite. Probleme mit zu viel Sonne kann es in kleinen Teichen (unter 1.000 Litern) geben, weil sich das Wasser in dem Becken zu schnell erwärmt und dadurch Sauerstoffmangel entsteht.

In sauerstoffarmem, dauerhaft zu warmem Wasser (über 25 °C) und überdüngten Kleingewässern können sich zum Beispiel Algen explosionsartig vermehren. Für Zierfische und andere Lebewesen stellt ein solches Becken einen denkbar ungünstigen Lebensraum dar. Kleingewässer und Zierfischteiche sollten aus diesen Gründen maximal sechs Stunden lang der direkten Sonneneinstrahlung ausgesetzt sein. Der optimale Standort für Teiche, die mit lichthungrigen Pflanzen oder Fischen besetzt sind, erhält während des Tages für etwa drei bis vier Stunden Schatten. Ideal wäre, wenn in etwa 5 m Abstand wegen des Laub-

Ein Jungstar am Teich – sucht er Insekten oder möchte er lieber baden?

Pflanzen, die sich in der Sonne wohl fühlen

Gewöhnlicher Froschlöffel *(Alisma plantago-aquatica)*
Kalmus (*Acorus* spp.)
Schwimmfarn *(Azolla aquatica)*
Schwanenblume *(Butomus umbellatus)*
Sumpfdotterblume *(Caltha palustris)*
Zypergras *(Cyperus longus)*
Wasserpest *(Elodea canadensis)*
Wasserhyazinthe *(Eichhornia crassipes)*
Simse (*Eleocharis* spp.)
Wasserdost *(Eupatorium cannabinum)*
Sumpfwolfsmilch *(Euphorbia palustris)*
Sumpfgladiole *(Gladiolus palustre)*
Wasserschwaden *(Glyceria maxima)*
Froschbiss *(Hydrocharis morsus-ranae)*
Tannenwedel *(Hippuris vulgaris)*
Gelbe Schwertlilie *(Iris pseudacorus)*
Sibirische Schwertlilie *(Iris sibirica)*
Kardinalslobelie *(Lobelia cardinalis)*
Blutweiderich *(Lythrum salicaria)*
Lotusblume *(Nelumbo nucifera)*
Teichrosen (*Nuphar* spp.)
Seerosen (*Nymphaea*-Arten und -Hybriden)
Goldkeule *(Orontium aquaticum)*
Schilfrohr *(Phragmites australis)*
Muschelblume *(Pistia stratioides)*
Hechtkraut *(Pontederia cordata)*
Pfeilkraut *(Sagittaria* spp.)
Krebsschere *(Stratiotes aloides)*Rohrkolben (*Typha* spp.)

falls und Wurzeldruckes in südöstlicher bis südwestlicher Richtung einige Bäume als Schattenspender stehen würden. Weiterhin besteht die Möglichkeit, durch eine entsprechende Ufergestaltung für absonnige Bereiche zu sorgen. Wenn Sie die Möglichkeit haben, Ihren Garten ganz neu anzulegen und zu gestalten, so dienen Bäume als Schattenspender zur optischen Verschönerung unter dem Aspekt der Wirkung von Licht, Schatten und Farbe. Pflanzen Sie Laubbäume auf die dem Wind abgewandte Seite, so vermeiden Sie zusätzlichen Laubeintrag.

Bis die frisch gepflanzten Gehölze aber voll wirken, kann durch Sichtblenden aus Holz oder mit Kübelpflanzen der erwünschte Schatten erzeugt werden. In den Kübeln können zum Beispiel Chinaschilf *(Miscanthus)* oder Bambus *(Fargesia)* gedeihen. Ausführliches zur Ufergestaltung finden Sie auf Seite 76.

Exotische Schönheit: die Lotusblume blüht im Sommer, muss aber frostfrei überwintern.

Sonnige Teiche haben einen üppigen Pflanzenbewuchs und locken viele Tiere an.

Schattiger Gartenteich

Auch an halbschattigen Stellen oder von der Sonne weniger verwöhnten Plätzen im Garten lassen sich Gartenteiche anlegen. Ein Teich im Schatten hat ein ganz besonders romantisches Flair.

Schattiger Gartenteich

Die Neugestaltung eines Wassergartens auf dem Grundstück sollte nie zu Lasten eines alten Baumbestands gehen. Bestehende Anpflanzungen sind daher möglichst in den geplanten Bereich mit einzubeziehen. Dies kann dann auch bedeuten, dass ein Garten einen vorwiegend schattigen Charakter bekommt.

Besonders auf alte Bäume im Garten, die vielleicht sogar einen historischen Bezug haben, sollte man Rücksicht nehmen. Es ist durchaus möglich, auch im Schatten von Bäumen einen Teich anzulegen. Nicht immer sind eben die idealen Vorraussetzungen für einen Teich in der Sonne gegeben. Aber auch an schattigeren Plätzen im Garten oder solchen, die nur wenige Stunden Sonne am Tag erhalten, muss man auf Wasser nicht verzichten. Die Natur selbst ist bei den Planungen immer ein Vorbild. In absonnigen Bereichen ist es nicht nur dunkler, sondern auch feuchter und kühler. Dies hat natürlich Auswirkungen auf das Leben im und um den Teich herum. Manche Pflanzen mögen nicht so üppig gedeihen wie in der Sonne und sollten durch Pflanzen, die besser an geringere Lichtverhältnisse angepasst sind, ersetzt werden. Die Auswahl ist größer, als man gemeinhin annehmen würde. Es gibt auch eine Vielzahl an Tieren, die sich gerade im Schatten wohl fühlen, gedeihen und sich sogar vermehren.

Zantedeschien gedeihen auch noch im Halbschatten, müssen aber im Winter ins Haus.

Nur auf blühende Seerosen muss man in einem absonnig gelegenen Gewässer verzichten, weil sie ausgesprochene Sonnenkinder sind und auch wärmeres Wasser (20 bis 25 °C) benötigen, um zu blühen.

Schattige Teiche frieren im Winter schneller zu und führen länger Eis, oft bis weit ins Frühjahr hinein. Trotzdem finden sich in kühleren Gewässern unter Laubbäumen viele Amphibien wie Molche und Kröten ein, um abzulaichen. Auch Schatten liebende Pflanzen wie Farne, Funkien, Waldschmiele und Waldgeißblatt fühlen sich hier wohl.

Nicht vergessen darf man die vielen Frühlingsblüher, die unter Laubbäumen gedeihen und vor deren Laubaustrieb blühen. Zu ihnen gehören so bekannte wie attraktive Arten wie die Schlüsselblume *(Primula elatior)*, die beliebten Buschwindröschen *(Anemone nemorosa)* und der Winterling *(Eranthis hyemalis)*. Einige dieser Pflanzen ziehen nach der Blüte die Blätter wieder ein und sind spätestens ab Juni nicht mehr zu sehen. Andere, wie die Funkien (*Hosta*-Arten und -Hybriden) oder das Schaublatt *(Rodgersia)* werden im Sommer zu attraktiven Blattschmuckstauden.

Pflanzen, die sich im Schatten am Teichrand wohl fühlen

Wald-Geißbart *(Aruncus dioicus)*
Schnee-Marbel *(Luzula nivea)*
Hufeisenfarn *(Adiantum pedatum)*
Rippenfarn *(Blechnum spicant)*
Straußfarn *(Matteuccia struthiopteris)*

Pflanzen, die sich im Halbschatten am Teichrand wohl fühlen

Prachtspiere (*Astilbe*-Cultivars)
Purpurglöckchen (*Heuchera*-Cultivars)
Funkie (*Hosta*-Cultivars)
Schaublatt (*Rodgersia* spp.)
Zwerg-Bambus *(Pleioblastus pumilus)*

Bergenien und verschiedene Gräser und Farne fühlen sich im kühlen Halbschatten der Gehölze am Teichrand wohl.

Bäume und Gartenteiche

Bäume spenden Schatten und laden zu Rast und Ruhe in Teichnähe ein. Geeignete Schattenspender, die von ihrem Wuchs her auch zum Wassergarten passen, sind Kopfweiden *(Salix viminalis)*. Sie bleiben relativ klein, wenn man sie regelmäßig beschneidet. Japanische Zier-Ahorne (zum Beispiel *Acer palmatum* und *Acer japonicum*), die durch ihre besonders hübsche Laubfärbung wirken, oder Anpflanzungen mit verschiedenen Hartriegel-Arten wie zum Beispiel Kornelkirsche *(Cornus mas)*, Nutalls Blüten-Hartriegel *(Cornus nuttallii)*, Blumen-Hartriegel *(Cornus florida)* und Pagoden-Hartriegel *(Cornus controversa)*, Kolkwitzien *(Kolkwitzia amabilis)* und Rhododendren. Auch Eiben *(Taxus baccata)* können Schatten spenden und durch ihre immergrünen Nadeln Wind abhalten. Einheimische Gehölze sind den fremdländischen Bäumen vorzuziehen. So können zum Beispiel Hecken aus einheimischen Gehölzen, wie zum Beispiel der Feldahorn *(Acer campestre)*, die Hainbuche *(Carpinus betulus)* und die Rotbuche *(Fagus sylvatica)*, in die Planung mit einbezogen werden, wenn genügend Abstand zum Teich vorhanden ist.

Bäume und andere Schattenspender können aber auch Probleme bereiten: Im Herbst, wenn die Blätter abgeworfen werden, kommt es zu Laubeintrag ins Gewässer, das dadurch mit organischen Substanzen stark belastet werden kann. Auch die Blütenblätter, zum Beispiel von Kastanien, oder Pollen, zum Beispiel von Weiden *(Salix)* oder Haselnuss-Sträuchern *(Corylus)*, und Samen wie die der Birken *(Betula)* können das Teichwasser belasten. Bei der Verrottung wird viel Sauerstoff verbraucht, und die dabei entstehenden Säuren verändern die Wasserchemie. Das bleibt nicht ohne Folgen für Pflanzen und Tiere.

Auch die Wurzeln mancher Bäume sind in der Lage, nicht wurzelfeste Teichabdichtungen zu beschädigen. Besonders aggressive Wurzeln haben Essigbäume *(Rhus typhina)*. Andere Bäume, wie zum Beispiel Birken, entziehen dem Boden sehr viel Wasser und sollten nicht in Teichnähe gepflanzt werden. Die Gestaltung der Teichumgebung ist natürlich eine Frage des persönlichen Geschmacks, aber man muss immer beachten, dass vor allem Pflanzen, die einen natürlichen Bezug zum Wasser haben, am Teich am besten wirken.

Farne, Bambus und Schaublatt fühlen sich auch im Schatten wohl.

Moderne Formen

Mit einem architektonischen Teich sind streng geometrische Formen wie rechteckig, vieleckig, rund oder oval gemeint. Solche Formen bieten sich beim Bau von Gartenteichen besonders dort an, wo der übrige Garten ebenfalls geometrische Formen aufweist.

Die geometrischen schwarz-weißen Karo-Muster ergänzen sich gut mit den natürlichen, runden Kieseln und blaugrünen Funkien.

Moderne Formen und architektonische Becken

Sich erholen und etwas erleben, wo könnte man das besser als hier, inmitten dieser architektonischen Teiche?
Leicht lassen sich architektonische Becken mit Fertigbecken selbst bauen. Die besondere Atmosphäre dieser Gärten wurde durch den Mut zu markanten Formen und durch die Ausnutzung aller gestalterischen Möglichkeiten erzielt. Die vielfältigen Variationen machen eine solche Wassergartengestaltung besonders für kleinere oder schmale Gärten geeignet, da sich die Beckenform beliebig anpassen lässt. Die gezeigten Beispiele verdeutlichen dies.
Die beiden quadratischen Becken oben sind mit schwarzen und weißen Fliesen belegt. Um die strenge Geometrie zu durchbrechen, wurde im linken Becken ein Band aus Bruchstücken wie ein Mosaik parallel zum Boden und senkrecht in der Mitte der Seitenwände eingezogen. Dies bewirkt, dass das linke Becken eher wie mit einem Karo-Muster belegt aussieht, während das rechte durch den senkrechten Mosaikstreifen und die nicht durchbrochenen Fliesen eher gestreift aussieht. Runde Schalen mit Kerzen und rundlichen Steinen und der Bodenbelag mit hellgrauen Flusskieseln sind ein schöner Kontrast zu der eckigen Beckenform. Das gestreifte Muster der Becken findet sich in der Zeichnung der Halme der Zebrabinse in der Mitte wieder und die eleganten blaugrauen Blätter der Funkien im Vordergrund passen gut zu den Kieseln. Rechts im Hintergrund wächst eine der beliebtesten Gartenpflanzen mit architektonischer Wirkung, ein Bambus.
Der Wassergarten oben rechts besteht aus einer Reihe rechteckiger Becken,

die unterschiedlich hoch sind und über eine Reihe stufenförmiger Wasserfälle miteinander verbunden sind. Die Wasserfälle haben gleich zwei Vorteile. Zum einen sorgt das angenehme Plätschern für eine entspannende Atmosphäre, zum anderen wird durch die Wasserbewegung ständig neuer Sauerstoff in die Becken gebracht.

Der warme, helle Farbton des verwendeten Sandsteins für die Beckeneinfassung und Simse passt ideal zu den Säulen der Pergola aus roten Ziegelsteinen, die nur im Ansatz zu erkennen ist. Mediterranes Flair pur! Die Bepflanzung ist eher sparsam und auf wenige Arten beschränkt. Im Becken wachsen rot blühende Seerosen, deren Farbe von den Blütenkelchen der Zantedeschien im Vordergrund aufgenommen wird. Die hohen, schlanken Blätter dieser Calla-ähnlichen Pflanzen sind ideal, um den breiten, flachen Becken einen Gegenpunkt zu setzen. Sie müssen allerdings im Winter ins Haus geholt werden, da sie nicht frosthart sind.

Das Beispiel unten zeigt zwei ovale Becken, die nebeneinander angeordnet sind. Das untere Becken ist ebenerdig eingelassen und mit blauen Ziegeln eingefasst. Das hintere ist etwas erhöht und hat dieselbe Einfassung des Rands. Farblich passende runde Schalen und Kugeln ergänzen die Becken, die Umgebung ist mit hellgrauen Kieseln eingefasst. Auch hier sind nur wenige Pflanzen verwendet worden, Seerosen im Becken sowie Thalien und exotische Taro-Pflanzen am Teichrand beziehungsweise am Ufer.

Plätschernde Wasserfälle in natürlich wirkenden Sandsteinbecken.

Ovale Formen in hellblau – mediterrane Stimmung im Garten.

Pflanzen mit architektonischer Wirkung

Fächer-Ahorn (*Acer palmatum* in Sorten)
Riesenschilf (*Arundo donax*)
Sumpf-Calla (*Calla palustris*)
Schwertlilien (*Iris-Arten*)
Scheincalla (*Lysichiton* spp.)
Zebrabinse (*Schoenoplectus lacustris* var. *tabernaemontani*)
Thalie (*Thalia dealbata*)
Rohrkolben (*Typha* spp.)
Bambus (verschiedene Arten)

Bachlauf und Wasserfall

Murmelndes Wasser zwischen üppigem Grün und bunten Blumen! Oder rauschende Wasserfälle über schroffe Felsplatten: Kein Bach gleicht dem anderen, auch nicht in der Natur. Darin liegt der besondere Reiz eines Bachlaufs im Garten.

Die Natur als Vorbild

Wie bei naturnahen Teichen ist das beste Vorbild bei der Anlage eines Bachlaufs die Natur selbst.

Das Beispiel rechts zeigt einen natürlichen Bach, der für einen Bachlauf im Garten als Vorbild dienen kann. Das Gefälle ist relativ gering, das Wasser fließt also recht langsam. Am Ufer wachsen verschiedene Farne, die jetzt im Frühjahr gerade ihre neuen Wedel entfalten. Locker verteilte Steine in unterschiedlicher Größe sorgen für eine natürlich wirkende Atmosphäre. Diese Ansicht wirkt wie ein aus dem Wald kommender natürlicher Bachlauf.

Das untere Bild zeigt ein Becken, das von einem Bach durchflossen wird. Es grenzt direkt an eine Rasenfläche in einem Garten an. Dieses Kleinod wurde so eingefügt, als wäre es schon immer vorhanden gewesen. Man ahnt das Gluckern und Sprudeln zwischen den Steinen und Pflanzen und staunt über das Spiegeln der Sonnenstrahlen. Alles entsteht sprudelnd aus einem oberhalb liegenden Quelltopf und fließt in ein großes Auffangbecken. Am Ufer stehen große Horste von Sumpfdotterblumen (*Caltha palustris*), die zu den ersten Blühern im Frühling gehören. Eine genau auf die vorhandenen Verhältnisse (Gefälle, Teichgrund, Fließgeschwindigkeit) angepasste Pumpenleistung sorgt dafür, dass keine Schwebstoffe aufgewirbelt werden und das Wasser trüben. Ein glasklarer Durchblick ist das Ergebnis, das sich sehen lassen kann.

Das Bild auf der gegenüberliegenden Seite zeigt einen, einem wilden Gebirgsbach nachempfundenen Bachlauf.

Die Natur als Vorbild: Schöner kann ein Bachlauf kaum wirken.

Sumpfdotterblumen am Bach - die ersten Boten des Frühlings im Wassergarten.

Voraussetzungen für einen Bachlauf im Garten

Wenn man einen Bachlauf im Garten anlegen will oder mit einem Teich kombinieren möchte, muss man einige grundlegende Dinge beachten:

- **Ein Gefälle muss natürlicherweise vorhanden sein oder künstlich geschaffen werden. Ein aufgeschütteter Hügel sieht unnatürlich und künstlich aus.**
- **Eine ausreichend starke Pumpe sorgt für den Wassertransport vom Auffangbecken zum Quelltopf. Idealerweise ist hier noch ein Filter zwischengeschaltet.**
- **Die Fließgeschwindigkeit muss dem Gefälle angepasst sein. Nur steile Bäche fließen schnell.**
- **Auf Grund der höheren Wasserverdunstung ist eine Schwimmschalter gesteuerte Wasserzufuhr zum Auffüllen sinnvoll.**

Die schräg liegenden Schieferplatten sind sehr natürlich geschichtet und die Felsen im Vordergrund wurden tief in den Boden eingelassen und ragen nur zu etwa einem Drittel an der Oberfläche heraus. So sehen sie sehr natürlich und nicht künstlich arrangiert aus. Das Wasser fließt in Kaskaden über die Stufen und sammelt sich am Grund in einem flachen Bach, bevor es abfließt. Die leichte Biegung und die flachen Ufer mit Kiesbelag ohne Pflanzenbewuchs, unterstreichen die naturgetreue Wirkung. Eine Bepflanzung aus Koniferen und Laubgehölzen mit verschiedenen Stauden (Funkien) rundet das Bild ab. Damit das Wasser wie hier gezeigt gut fließt, ist eine leistungsstarke Pumpe nötig, die sich im Auffangbecken befindet. Die natürliche Wasserverdunstung wird über einen automatischen Wasserzulauf im Auffangbecken mittels eines Schwimmschalters geregelt.

Ein wilder Gebirgsbach im Garten. Fast wie ein Wildbach im Voralpenland.

Früh blühende Stauden und einjährige Sommerblumen ergänzen sich perfekt. Diese Ufergestaltung ist zu jeder Jahreszeit attraktiv.

Flache Kiesel und Findlinge übernehmen die Aufgabe eines natürlichen Filters.

Die Ufer und Bachanschlusszone des oben gezeigten, steinigen Bachs sind artenreich mit vielen verschiedenen Stauden und Sommerblumen bepflanzt. Durch diese Kombination ist ein Rahmen durch die Stauden vorgegeben, der je nach Saison oder Geschmack mit einjährigen Sommerblumen wie hier Vanilleblumen *(Heliotropium)* und Goldlack *(Erysimum)* ergänzt werden kann. Die Bepflanzung ist so angeordnet, dass einige Bereiche das Wasser mehr ahnen als sehen lassen und andere Zonen völlig pflanzenfrei bleiben.

Trotz der künstlichen Anlage wirken die Ufer natürlich und fügen sich in die Gesamtanlage des Gartens ein. So lassen

Üppig eingewachsenes Bachufer mit bunten Stauden

sich feuchte Bereiche mit artenreichen Trockenmauern kombinieren und vielfältige Nischen für verschiedene Tiere schaffen.

Das Beispiel links zeigt unterschiedlich große, runde Kiesel und Steine als Bodenbelag eines Bachs, die gleichzeitig eine biologische Filterwirkung haben, da zwischen und auf ihnen viele nützliche Bakterien siedeln.

Wasser klären mit Pflanzen

Auch der oben gezeigte Bach wirkt wasserklärend: Das Substrat dient in Verbindung mit den Pflanzen auch als biologischer Filter. Die Schwertlilie, die am Ufer steht, besticht durch ihre attraktiven gelben Blüten und ist für Insekten eine wichtige Nahrungsquelle. Die vielfältige Bepflanzung der Ufer sorgt dafür, dass der Bach zu jeder Jahreszeit einen schönen Anblick bietet.

Von besonderem Wert ist jedes auch noch so kleine Bächlein, weil vielerlei Leben im und am Bach siedelt. Ganz gleich, ob eine bunte Wiese oder Blumenrabatte daran anschließt, als Sinnenreiz durch Duft und Farbe und als Insektenweide tun alle Pflanzen ihren Dienst.

Eine schöne Lösung ist auch ein Bachlauf, der durch eine Rasenfläche führt und immer für schöne optische Überraschungen sorgt. Hier fühlen sich Tiere und Pflanzen besonders wohl und lassen sich leicht beobachten. Das ist auch für Kinder ungeheuer spannend.

Pflanzen, die sich am Bachlauf wohl fühlen

Sumpfdotterblume ***(Caltha palustris)***
Bachnelkenwurz ***(Geum rivale)***
Gelbe Schwertlilie ***(Iris pseudacorus)***
Sibirische Schwertlilie ***(Iris sibirica)***
Pfennigkraut ***(Lysimachia nummularia)***
Blutweiderich ***(Lythrum salicaria)***
Bachminze ***(Mentha aquatica)***
Goldkeule ***(Orontium aquaticum)***
Wasseraronstab ***(Peltandra virginica)***

Miniteich für Balkon und Terrasse

„Klein, aber fein" ist das Motiv für den Bau eines wunderschönen Miniteiches. Wer in Ermangelung eines Gartens nur über einen Balkon, eine Terrasse oder einen Dachgarten verfügt oder einen tristen Hinterhof beleben will, für den ist ein Mini-Wassergarten geradezu ideal.

Auch auf dem Balkon muss man nicht auf einen Wassergarten verzichten.

Balkon- und Terrassenteiche

Genauso sorgfältig wie der Wassergarten ist auch seine kleinere Ausgabe zu planen. Vor allem muss die Statik der tragenden Flächen stimmen, weil doch Einiges an Gewicht anfällt. Ein Becken mit 500 Litern Inhalt wiegt mit Bodengrund, Steinen und Dekoration leicht eine dreiviertel Tonne auf die Waage. Die meisten Balkone und Dachterrassen sind für eine solche Belastung nicht ausgelegt. Ziehen Sie also immer einen Statiker zu Rate!

Als Standort ist jeder nur denkbare Platz geeignet. Ideal ist es, wenn der Standort für zwei bis drei Stunden in vollem Sonnenlicht liegt, sonst aber Halbschatten vorherrscht. An reinen Südlagen wird mit Markisen oder Pflanzen abschattiert. Tief schattige Nordseiten können zusätzlich zwei bis drei Stunden am Tag mit einem starken Pflanzenstrahler beleuchtet werden.

Der Minigarten wird auch durch Zuwanderung von hauptsächlich flugfähigen Insekten und durch Tiere, die an Pflanzen haften, besiedelt. Als Vogeltränke und -bad ist er ebenfalls wertvoll. Man wundert sich immer wieder, wie schnell Insekten und Vögel einen Miniteich auf dem Balkon entdeckt haben.

Materialien

Aus Platz und Gewichtsgründen kommen Beton und Steingefäße für Becken auf dem Balkon als Baumaterialien nicht in Frage. Solche Behälter eignen sich besser für Vorgärten oder tief gründende Terrassen wie auf der gegenüberliegenden Seite gezeigt. Völlig ungeeignet sind auch Gefäße aus Metallen wie Zink, Kupfer oder Eisen ohne Schutzan-

Terrassenbecken mit Schaumfontäne. Der einzelne Terrakotta-Topf betont das architektonische Ambiente.

strich, weil aus diesen Metallen in Verbindung mit Wasser giftige Substanzen entstehen, welche Fische und Pflanzen schädigen oder gar tödlich wirken.
Besser geeignet sind Holzfässer, wenn sie absolut sauber und auch dicht sind. Eventuell muss man sie mit 0,5 mm starker Folie auslegen. Weiterhin haben sich Behälter aus Kunststoff bewährt, weil sie haltbarer sind und ihnen der Frost im Winter nichts anhaben kann.

Pflanzen

Mini-Wassergärten sind auf Balkon und Terrasse eine schöne Ergänzung zum „normalen" Balkonkasten.
Für die gestalterische Bepflanzung gilt das Gleiche wie beim Teich. Das Gesamtbild soll wie eine Bühne wirken: vorne der freie Blick aufs Wasser und nach den Seiten und zum Hintergrund hin abgestuft ansteigend. Die Auswahl der Pflanzen ist groß, denn viele Arten werden nicht allzu groß oder es gibt klein bleibende Zuchtformen. Sogar Zwergseerosen fühlen sich im Miniteich wohl. Da sich das Wasser in den kleinen Becken schneller erwärmt, wachsen auch viele exotische Pflanzen wie Wasserhyazinthen, Muschelblumen oder Wassermohn, Zypergras oder Zantedeschien im Miniteich gut. Sie müssen allerdings im Haus überwintern.

Sogar Seerosen gedeihen im Miniteich.

Zierfische im Miniteich

Auch Zierfische können im Miniteich wie in einem Aquarium gepflegt werden. Da das Wasservolumen aber im Vergleich zu einem größeren Teich sehr eingeschränkt ist, sind eine ständige Filterung und regelmäßige Wasserwechsel wichtig. Bitte lesen Sie dazu die entsprechende Fachliteratur (Anhang). In der kalten Jahreszeit müssen Fische aus Miniteichen im Haus überwintert werden.

Moorteich

Romantisch und nicht schaurig – nur schön: So kann ein Minimoor wirken. Bei der Gestaltung geht man wie beim Teichbau vor. Mit ein paar kleinen Tricks und Torf ist ein ganz besonderes Biotop im Garten möglich.

Ein künstliches Moor gestalten und anlegen

Eine gute Teichfolie dient zum Wasserstau und zur Aufnahme des sauren Weißtorfes (gibt es im Fachhandel in Säcken bis zu 250 Litern).

In den Folienbereich kommt ein kleinerer Behälter, der als Teich fungiert. Um Torf zu sparen und als Wasserreservoir werden auf den Boden und rund um das Wasserbecken entsprechend große Blumentöpfe aus Plastik oder ausrangierte Eimer, deren Boden gelocht ist und die am Rand rundherum mit Löchern versehen wurden, mit der offenen Seite nach unten auf den Boden gesetzt. Darauf kommt eine Schicht Teichvlies, welches verhindert, dass feiner Torf das Wasserreservoir verschlammen lässt.

Können im Gartencenter gar Torfsoden erstanden werden (wenn zum Beispiel Heidedekorationen nach der Saison abgebaut werden), lassen sich hübsche, naturnah wirkende Bereiche modellieren. Das Ganze lässt sich hübsch mit winterharten Moorpflanzen ausstatten. Sicherzustellen ist, dass man immer genügend kalkarmes Regenwasser zur Verfügung hat, um das Moor vor dem Austrocknen zu bewahren. Denn weitaus die meisten Moorpflanzen gehören zu den kalkfliehenden Gewächsen, die zudem keine herkömmlichen Dünger vertragen. Ein Minimoor ist äußerst attraktiv und es lassen sich bei vielen der

Den Wasserstand im Moor prüfen

Ein möglichst hoher Blumentopf mit Abzugsloch wird mit dem Boden nach unten in den Torf gedrückt. Er zeigt uns dann immer den Wasserstand bzw. die vorhandene Feuchtigkeit in unserem Minimoor an.

*Ein Steg führt über dunkle Moorgraben Im Hintergrund erheben sich insektenfressendeSchlauchpflanzen (*Sarracenia *sp.).*

Eine Mooranlage in einem Botanischen Garten, hier in Tübingen – ein Anblick, der in der Natur selten geworden ist.

fleischfressenden Pflanzen (Insektivoren) auch interessante Beobachtungen machen.
Selbst Zwerg-Rhododendren und Zwergheiden können, je nach zur Verfügung stehendem Platz, zum faszinierenden Blickfang werden. Rhododendron und Heide wollen aber nicht im staunassen Torf stehen. Sie lieben zwar den sauer reagierenden Boden, aber man sollte sie in ein Gemisch von 80% Quarzsand (1–3 mm) und 20% Fasertorf leicht erhöht ansiedeln. Knorrige Wurzelstücke geben solch einem ausgefallenen Gebilde erst den letzten Schliff.

Moorteich mit Trittplatten aus Holz

Pflanzvorschlag für ein Mini-Moor mit etwa 4 bis 6 m² Pflanzfläche

1 Portion Torfmoos (*Sphagnum* spp.)
2 Zwergigelkolben (*Sparganium minimum*)
2 Wassernabel (*Hydrocotyle vulgaris*)
2 Sonnentau (*Drosera rotundifolia*)
2 Sonnentau (*Drosera anglica*) oder die Sonnentauarten bzw. -kreuzungen (*Drosera* × *hybrida*, *Drosera intermedia*, *Drosera* × *obovata* oder *Drosera filiformis*)
2 Fettkräuter (*Pinguicola vulgaris*, *P. alpina* oder *P. grandiflora*)
1 Purpurblütige Schlauchpflanze (*Sarraccenia purpurea*)
1 Braune Schlauchpflanze (*Sarraccenia purpurea* var. *heterophylla*)
1 Rote Schlauchpflanze (*Sarracenia rubra*)
1 Gelbblütige Schlauchpflanze (*Sarrcenia flava*)
1 Venusfliegenfalle (*Dionea muscipula*)
1 Horstbildendes Wollgras (*Eriophorum vaginatum*)
1 Scheuchzers Wollgras (*Eriophorum scheuchzeri*) oder 1 Russisches Wollgras (*Eriophorum russelianum*)
1 Rosmarinheide (*Andromeda polifolia*)
2 Moorheiden (Glockenheide, *Erica tetralix*)
1 Moosbeere (*Vaccinium oxycoccus*)
1 Krähenbeere (*Empetrum nigrum*)
1 Moltebeere (*Rubus chamaemorus*)
1 Kriechweide (*Salix repens*)
1 Sumpfporst (*Ledum palustre*)
1 Zwergbirke (*Betula nana*)

Für das Wasserbecken im Moorteich

Sumpf-Calla (*Calla palustris*)
Wasserschlauch (*Utricularia* spp.)
Froschbiss (*Hydrocharis morsus-ranae*)
Wasserlinse (*Lemna trisulca*)
Papageienfeder (*Hottonia palustris*)

Die Sonnentauarten sind wie die meisten Moorpflanzen streng geschützt und dürfen, wie alle andern Pflanzen, nicht der Natur entnommen werden. Es gibt sie als Nachzuchten bei Spezialgärtnereien.

Schwimmteich

Ein eigener Schwimmteich – der Traum vieler Gartenbesitzer. Ist genügend Platz vorhanden, lässt sich der Badespass im Teich mit der Schönheit eines normalen Gartenteiches gut verquicken.

Von der Terrasse ins kühle Nass – mit einem Schwimmteich lässt sich dieser Traum verwirklichen.

Den Wunsch, bei gutem Wetter schwimmen zu können und sich trotzdem der Romantik eines Zierteiches hinzugeben, kann man sich heutzutage gut erfüllen. Ein Teich mit Doppelnutzen – zum zierenden Element kommt der chlorfreie Badespaß. Viele Gartenbesitzer wollen weder auf ein erfrischendes Bad noch auf die zierende Wasserfläche verzichten, der Schwimmteich bietet beides.

Voraussetzungen

Eine Voraussetzung ist, genügend Platz zu haben: 70 bis 100 m² Fläche für den Schwimmteich und die Teichumgebung inklusive Filterteich sollte man schon rechnen. Es lässt sich jedes Badebecken zu einem Kombiteich umgestalten und auch jeder große Zierteich zum Schwimmteich. Auf das wunderbare Flair eines Wassergartens braucht man

Pflanzen, die das Wasser klären

Schilfrohr ***(Phragmites australis)***
Sumpfschwertlilie ***(Iris pseudacorus)***
Rohrkolben (***Typha*** **spp.)**
Froschlöffel ***(Alisma plantago-aquatica)***
Kalmus (***Acorus*** **spp.)**
Tannenwedel ***(Hippuris vulgaris)***

dabei keinesfalls zu verzichten. Dabei gilt es aber einige Grundsätze zu beachten. Um schwimmen zu können, sollte auf 40 bis 60% der Fläche eine Wassertiefe von 1 bis 2,5 m vorhanden sein. Dabei ist eine Fläche des Teichs von 70 m² als Minimum anzusehen. Eine windgeschützte Lage ist von Vorteil und die Kronen von Laubbäumen sollten mindestens 10 m vom Gewässer entfernt sein.

Die bepflanzten Filterbereiche am Rand sorgen für klares Wasser und ungetrübten Badespaß in Schwimmteich. Der Schwimmbereich selbst ist tiefer und frei von Pflanzen.

Filterbecken

Grundsätzlich sollten etwa 60 % der zur Verfügung stehenden Wasserfläche als Filterbecken genutzt werden. Dann können selbst ausgediente Schwimmbecken zum nutzbaren Erlebnisteich werden. Damit das Wasser ausreichend in die Filterzone gelangt, ist eine gute Umwälzpumpe das A und O des Erfolgs. Dazu kommen noch ein Skimmer sowie Ab- und Zulauf. Um sicher in den Teich zu gelangen, sind Stege und Leitern einzuplanen. Insgesamt ist die Anlage eines Schwimmteichs für den Laien ausgesprochen aufwändig. Um Enttäuschungen zu verhindern, ist eine gute Beratung unumgänglich. Im Gegensatz zum Swimmingpool muss man auf jegliche Chemie (Produkte, die klares Wasser versprechen) im Wasser verzichten. Nur spezielle Filterbakterien können eingesetzt werden. Außer im Regenerationsbereich bleibt der Bodengrund substratfrei, da es sonst zu Aufschwemmungen und Wassertrübungen kommen kann. Die Pflanzareale werden als durchströmte Regenerationszone beziehungsweise Biofilter genutzt. Vom Schwimmbereich getrennt, gelangen weder Pflanzenteile noch Substrat ins tiefe Wasser. Eine ausgewählte Bepflanzung des Filterbereiches (Regenerationsbereich) kann relativ klares Wasser garantieren, wenn der Durchfluss stetig, aber relativ langsam erfolgt. Je größer der Filterteich und die Pflanzzonen (Regenerationsbereich) sind, desto besser bleibt die Wasserqualität.

Ein zusätzliches, externes Mehrkammerfiltersystem oder ein Bachlauf, der über ein Klärbeet geleitet wird, kann den Regenerationsbereich entlasten und unterstützen.

Der Einstieg vom Holzdeck in den Teich sollte immer einen Handlauf haben.

Pflege

Die nötige Pflege umfasst regelmäßiges Säubern, rigoroses Abfischen von Eintrag und unbedingten Duschzwang vor der Benutzung des Schwimmbereichs. Der Filterbetrieb ist jederzeit – auch und besonders während der Nutzung – zu gewährleisten. Auf Sonnenöl und Körperpflegemittel muss man verzichten, sie führen zu unschönen Ölschlieren auf der Wasseroberfläche und belasten das Wasser zusätzlich.

Besondere Gestaltungen

Wer das Besondere schätzt, ist mit einem Wassergarten genau richtig. Kombinieren Sie doch einfach verschiedene Gestaltungselemente oder übertragen Sie Ideen aus dem Garten auf das Element Wasser – heraus kommt ein besonderer Wassergarten.

Koiteiche sind begeisternde Elemente des Japangartens.

Koiteiche

Koi und Teiche im Japan-Stil werden immer beliebter. In Verbindung mit Elementen des typischen Japangartens lassen sich ungewöhnlich attraktive Teichlandschaften gestalten. Ausgesucht schönes Gestein, das als Symbol für zerklüftete Landschaft gilt, oder in Dreiergruppen angeordnete Findlinge sind ein Blickfang im Garten. In Verbindung mit formalen Holzelementen, edlem Bambus und formvollendeten Gehölzen wie Kiefern- und Ahornarten rund um einen möglichst großen und tiefen Teich, kann man in solchen Gewässern prächtige Koi halten.

Japangarten

Brücken im Japangarten sollen dem Betrachter das Wasser ganz nahe bringen. Vielgestaltig, meist rot gefärbt, wirken sie unübersehbar. Sie gründen meist ganz knapp über dem Wasser, weil dies die Fütterung der Koi per Hand erleichtert und der Kontakt zwischen Fisch und Mensch gut möglich ist. Da Koi sehr zahm werden, kann man sie aus der Nähe berühren, ohne dass sie in Panik geraten und flüchten. In Brückennähe findet sich im Japangarten meistens eine „Rankai gati" (Steinlaterne). Für den Japangarten muss man, wenn er seine Originalität bewahren soll, besonders kritisch aus dem Sortiment der angebotenen Steinlampen und Stelen wählen.

Ahorn-Arten, geformete Kiefern und auffällige Gräser oder Rhododendren vervollständigen das Bild des asiatischen Gartens.

Steingarten

Ideenreich und exklusiv zugleich ist die ungewöhnliche Art, an den Teich ein begeisternd schönes Alpinum anschließen zu lassen. Auf dem Bild rechts ist gut zu erkennen, wie das zur Verfügung stehende Gelände in die Teichrandgestaltung einbezogen wurde. So kann man die Erde, die beim Teichaushub anfällt, im eigenen Garten nutzen.
Viele der gepflegten alpinen Pflanzen wachsen in ihren natürlichen Habitaten zwar relativ trocken, aber das günstige Mikroklima am Teich mit der bekanntermaßen vorhandenen „Kühle" lässt auch alpine Pflanzen besonders bei großer Hitze noch gut gedeihen.
Auch viele Sukkulenten, wie Fetthenne oder Hauswurz, oder aromatisch duftende Zwergsträucher wie Lavendel und Thymian fühlen sich zwischen den großen und kleinen Steinen am Teich wohl. Zwerggehölze, aus so genannten „Hexenbesen" entstandene Mutationen, lockern diese aparte Teichanschlusszone auf, sodass die heitere Note dieses Wassergartens gewahrt bleibt.

Das einzigartige Mikroklima am Teichrand ist ideal für viele Steingartenpflanzen.

Herrschaftliches Ambiente

Im Gartenfachhandel gibt es eine große Auswahl an Statuen, Figuren, Putten, Wasserspeiern und Zierbrunnen, die Eleganz und auch Romantik, eben ein klassisches Ambiente vermitteln. Bei der Gestaltung von Becken und Teichen im klassischen oder barocken Stil sind aber ein paar grundsätzliche Gestaltungshinweise zu beachten. Die Zierelemente müssen zum übrigen Garten und zum Haus passen, sonst wirkt das Ganze deplatziert. Ein Zuviel an Figuren zerstört den gewünschten, eleganten Effekt, wirkt schnell überladen und im schlimmsten Fall sogar kitschig.
Steilufer von Becken müssen mit einer Tierleiter ausgestattet sein, damit sie für Haustiere oder Wildtiere wie Igel und Co. nicht zur Todesfalle werden. Spritzwasser von Springbrunnen oder Fontänen sollte die Blätter und Blüten von Seerosen nicht dauerhaft benetzen, da diese darunter leiden und vor allem die Blüten Schaden nehmen.

Attraktives Ambiente für den Garten

- **ausgefallene Skulpturen**
- **gusseiserne/bronzene Tierfiguren**
- **große bizarre Findlinge**
- **große Naturstein-Trittsteine**
- **edle Natursteinplatten als Weg**
- **Lampen aller Art (Steinlampen)**
- **ausgefallene Sitzgelegenheiten aus Stein, Metall und witterungsbeständigem Holz**
- **Terrakottagefäße in allen Formen (unbedingt auf Frost und Winterbeständigkeit achten!)**
- **Pflanzgefäße aus Metall, zum Beispiel alte Badewannen und Fässer**
- **Wandbrunnen mit Wasserspeiern**
- **eine Wassertreppe aus Stein**
- **streng formal geschnittene Sträucher und Bäume wie Buchs, Liguster oder Stechpalmen, Kiefernarten und Eiben**
- **Zwerggehölze wie Japan-Ahorne**

Brücken sollen im Japangarten dem Betrachter das Wasser ganz nahe bringen.

Wasserspiele

Sprudlersteine, Springbrunnen, Fontänen – bewegtes Wasser hat einen ganz besonderen Reiz und wirkt belebend und entspannend zugleich. Für Kinder ergeben sich an plätschernden Brunnen unendliche Spiel- und Beschäftigungsmöglichkeiten.

Perfekts Wasserspiel – Fontäne und Lichtkugeln

Wasserspiele

Nutzen Sie die Vorteile bewegten Wassers. Attraktive Wasserfontänen, romantische Schaumquellen, vor sich hin sprudelnde Springbrunnen oder sanft fließende Wasserglocken haben eines gemeinsam: Sie bringen Bewegung ins Wasser und damit Sauerstoff. Außerdem sorgen sie für einen optimalen Gasaustausch und ein gesundes Mikroklima rund um das Gewässer. Kurzum: Mensch und Tier fühlen sich im kühleren Kleinklima um unser Gewässer viel wohler. Das Klangbild eines Wasserspiels beruhigt nicht nur, es wirkt zugleich auch aufmunternd. Man fühlt sich angehalten, am Wasser zu verweilen und zu träumen.

Heutzutage macht es moderne Technik möglich, dass sich jeder Gartenfreund ein individuelles Wasserspiel schaffen kann, um seine grüne Oase im Garten zu genießen.

Angetrieben wird das Wasser mit eigens dafür konstruierten Hochleistungspumpen. Man muss zu seinem Wasserspiel nur die richtige Förderpumpe auswählen. Meistens reicht es schon, die Pumpe, die das Filtersystem betreibt, mit einem so genannten Bypass (zum Aufstecken oder -schrauben) zu versehen, ohne dass die Filterleistung wesentlich geschwächt wird. Regelbare Filterpumpen sind dafür besonders geeignet.

Selbst abends, während der Dämmerung, kann man sich am Glitzern und Gleißen fallender Tropfen erfreuen, wenn man einen so genannten Lichtfontänenaufsatz benutzt. Tolle Düsen mit integrierten Halogenleuchten (ab-

Wasserspeier reichern das Teichwasser mit Sauerstoff an.

solut wasserdicht) ermöglichen diesen optischen Kitzel. Größere Springbrunnen und Wasserspiele platziert man am besten in abgeteilten Bereichen des Teiches, damit Seerosenblätter nicht dauerhaft benetzt werden und Fische durch das unentwegte Prasseln des aufklatschenden Wassers nicht nachhaltig gestört werden.

Quellsteine haben einen natürlichen Zauber.

Spritzhöhe beachten

Der Kaskadenstrahl beziehungsweise die Spritzhöhe dürfen nur so hoch sein, dass auch der stärkste Windstoß das Wasser nicht über den Beckenrand hinaustreiben kann. Wählt man als größte Höhe des Strahls die Hälfte des Teichradiusses, so dürfte auch bei Wind kaum ein Tropfen des kostbaren Nass den Teichrand passieren können. Bei Qualitätspumpen lässt sich die Spritzhöhe über den Wasserdruck sogar mittels Funkfernsteuerung oder Handregulierung einstellen. Ist der Teich tiefer, benötigt man eine starke Pumpe und ein Steigrohr nach oben. Achten Sie darauf, dass die Pumpe nicht direkt an der tiefsten Stelle (so bleibt sie länger sauber und es wird wenig Bodensatz aufgewirbelt), sondern auf einem Podest senkrecht steht.

Schmales, architektonisches Becken mit Wasserspielen und bunten Sommerblumen

Bewegtes Wasser auf kleinem Raum

Gluckst, gurgelt oder plätschert es im Garten oder auf einem Balkon, so mag das für den einen Romantik pur sein. Es soll aber nicht verschwiegen werden, dass es auch Leute gibt, die absolut gar nichts von bewegtem Wasser vor der Haustür, dem Fenster oder auf der Terrasse halten. Dies gilt es zu beachten, um dauerhaften Ärger zu vermeiden. In einem freundlichen Gespräch von Haus zu Haus kann man meist relativ problemlos klären, wie der Nachbar es mit solcherlei Geräuschen hält.
Mit regelbaren Pumpen, mit denen sich der Wasserauslauf steuern lässt, dürfte es aber kein Problem mehr geben. Gute Pumpen lassen sich auch mit einer Schaltuhr so steuern, dass sie nur tagsüber laufen. Mit ihnen kann man dann so genannte Wasserspeier, die es in vielen verschiedenartigen Formen und Figuren gibt, betreiben.
Ganz gleich, ob lustig oder romantisch, ob schlicht gefertigt oder kunstvoll verspielt: Wasserspeier sind dekorative Elemente am Teich. Sie können wesentlich dazu beitragen, Wasser zu bewegen, die Oberfläche aufzureißen, was den Gasaustausch fördert und das Wasser mit Sauerstoff anreichert.

Stege und Brücken

Brücken verbinden und Stege laden zum Sonnen ein – beides perfekte Elemente für den Wassergarten. Sie dienen dazu, über schmale Wasserstreifen in andere Gartenbereiche zu gelangen oder einfach nur, um in der Sonne die Seele baumeln zu lassen.

Der Steg aus Beton fügt sich gut in die übrige Ufergestaltung ein.

Holzbrücken

Brücken verbinden! Auch der im unteren Bild gezeigte hölzerne Steg, ein handelsübliches Fertigmodell, verbindet die durch den Teich getrennten Gartenareale wieder zu einem harmonischen „Ganzen" zusammen. Da das Wasser an der vom Steg überspannten Stelle nicht sehr tief ist, konnte auf einen Handlauf verzichtet werden.

Ein mit niedrigen Stauden bewachsenes Ufer lässt den Blick von einem zum anderen Ufer über die Wasseroberfläche zu.

Zur Modellierung der Teichanschlussflächen wurde der Aushub verwendet und großflächig verteilt. Findlinge und Kieselsteine in vielerlei Größen vermitteln in Verbindung mit geschwungenen Ufern natürlichen Charme und Anmut. Im lichten Schatten der Birken und Wacholderpflanzen gedeiht eine Vielzahl von verschiedenenHeidepflanzen, die sich am Teich wohlfühlen.

Steinbrücken

Eine betonierte Brücke biegt sich mit sanftem Schwung über einen dicht bewachsenen Bachlauf. Der Farbton passt genau zum Belag des Wegs und zur Färbung der großen Findlinge und Steine am Ufer. So fügt sie sich perfekt in das Gesamtbild ein und fällt trotz der Tatsache, dass es sich um ein künstliches Objekt handelt, nicht auf.

Eine solche Brücke muss im Kern mit Eisengittern (Baustahlgittern) verstärkt werden, damit sie die nötige Belastbarkeit erhält. Die Oberfläche darf nicht zu glatt sein, da sonst bei Nässe Rutschgefahr besteht.

Brücken verbinden, wie hier zwei durch den Teich getrennte Gartenbereiche.

Stege und Holzdecks am Ufer laden zum Sonnen ein. Die hohe Bepflanzung im Vordergrund schützt vor unerwünschten Blicken.

Holzdecks und Stege

Holzdecks bringen sofort ein mondänes Ambiente in den Garten und lassen die Erinnerungen an den letzten Urlaub aufleben. Es gibt Holzfliesen mit verschiedenen Mustern, die einfach auf einen Holzrahmen gelegt werden können oder man legt Planken längs oder quer zum Teich. So kann man kleinere Teiche optisch verlängern oder lange schmale etwas kompakter erscheinen lassen.

Der eigentliche Reiz eines Stegs oder Holzdecks liegt aber darin, dass er Picknickplatz, Sitz- oder Sonnenplatz, und Ort für eine Gartenparty sein kann oder als Ausgangsort und Beobachtungsplatz für Teichexpeditionen dient.

Bei der Planung muss man schon zu Beginn überlegen, wie die Pflöcke, die den Steg tragen, am oder im Teich verankert werden können. Folien müssen mit einer dicken Schicht Sand, Styroporplatten und einem Fundament aus Beton vor der punktförmigen Belastung geschützt werden. Das Holz, das verwendet wird, muss entweder aus speziellen Harthölzern sein, oder mit besonderen Mitteln imprägniert werden. Normale, kesseldruckimprägnierte Gartenhölzer (erkennbar an der grünlichen Farbe) sind nicht geeignet, da sie giftige Stoffe an das Wasser abgeben können. Lassen Sie sich also gut beraten und verlangen Sie eine Unbedenklichkeitsgarantie vor dem Bau.

Ein Handlauf oder Geländer ist in jedem Fall empfehlenswert, damit man nicht unbeabsichtigt ins Wasser fallen kann.

Pflege

Richtig angelegte Holzdecks brauchen wenig Pflege, sie müssen leicht abtrocknen, damit sich keine schmierigen Algenbeläge bilden können. So beschränkt sich die Reinigung auf gelegentliches Bürsten (ohne Reinigungsmittel!) und Fegen. Robuste Decks können auch mit einem Hochdruckreiniger gesäubert werden, dabei muss man nur auf benachbarte Pflanzen aufpassen.

Handläufe und rutschfeste Beläge

Damit Stege, Brücken und Holzdecks bei Nässe oder im Winter nicht zu einer glatten Rutschpartie werden, muss man die Oberfläche regelmäßig reinigen. So kann sich glatter, schmieriger Algenbewuchs oder Moos kaum ansammeln. Eine geriffelte Oberfläche bei Holzdecks erhöht die Rutschfestigkeit zusätzlich.

Damit man sicheren Halt hat, ist ein Handlauf auf jeden Fall zu empfehlen.

Kinderspaß

Forscht man nach den Gründen, warum gerade Gartenteiche so beliebt sind, so stellt man schnell fest, dass Kinder aller Altersstufen sich – soweit Platz vorhanden ist – sehnlichst einen Gartenteich wünschen, der ihnen reiche Betätigungs- und Beobachtunsmöglichkeiten bietet.

Sind die Kaulquappen aus dem Laich schon geschlüpft? Ein kleiner Naturforscher auf Entdeckungstour.

Wasser im Garten ist spannend und faszinierend – nicht nur für Erwachsene, sondern auch für Kinder jeden Alters. Sie werden von einem Teich geradezu magisch angezogen. Er lädt zum Schauen, Staunen und Planschen ein, man kann darin Schiffe schwimmen lassen oder unbekannte Tiefen ausloten.

Die Betätigung am Wasser birgt allerdings Gefahren, wenn die Kinder noch recht klein sind und nicht schwimmen können. Daher darf man kleine Kinder nicht allein im Garten spielen lassen, sondern muss sie ständig beaufsichtigen, also seiner Fürsorge- und Aufsichtspflicht nachkommen, wie es auch der Gesetzgeber verlangt.

Einfacher und sicherer ist es deshalb, das Gewässer von vornherein mit Zäunen, Gittern oder anderen Barrieren absolut kindersicher zu machen, so lange der Nachwuchs noch nicht schwimmen kann. Mehr zum Thema Sicherheit, nicht nur im Zusammenhang mit Kindern am Gartenteich, können Sie ab Seite 44 lesen.

Kinder können stundenlang das Leben am Teich beobachten. Ein Baustahlgitter unter der Wasseroberfläche sorgt für mehr Sicherheit.

Wasserspiele für kleine Kinder

Auch wenn für kleine Kinder der Zugang zum Teich mit einem Zaun oder Ähnlichen verwehrt ist, gibt es trotzdem vielfältige Spielmöglichkeiten mit Wasser. Im Sandkasten kann eine große Schüssel oder Wanne mit Wasser platziert werden, die zum Matschen und Sandburgenbauen einlädt. Am besten verwendet man im Sandkasten nur käuflichen Markenspielsand, denn dieser ist sicher frei von Scherben oder anderem Material, das zu Verletzungen führen könnte.

In einer Schüssel werden selbst gebastelte Schiffchen aus Rinde oder Papier zu Wasser gelassen und per Puste angetrieben. Das berühmte Spielentchen – das schwimmen kann –, feiert dort fröhliche Renaissance.

Ähnlich beliebt sind im Sommer Planschbecken oder mit Wasser gefüllte Wannen. Sie werden am besten in einem Bereich des Gartens aufgestellt, an dem eine Überschwemmung nicht stört, der aber von Haus beziehungsweise Terrasse einsehbar ist. Hier muss ein Bodenbelag aus Holz oder Stein ausreichend griffig sein, um einem Ausgleiten beim Spielen vorzubeugen.

Bei sommerlicher Hitze bietet eine am Gartenschlauch montiere Brause oder ein einfacher Rasensprenger eine willkommene Erfrischung und lädt zum Duschen und Spritzen ein.

Diese jungen Forscher können schwimmen.

Gefahrloses Planschen am Sprinngbrunnen! Wer ist am schnellsten nass?

Kinder mit Wasser vertraut machen

Der beste Weg, Kinder mit Wasser vertraut zu machen, ist der, sie langsam an das nasse Element heranführen. So beugt man Unfällen und Missgeschicken am besten vor. Wasser übt eine unwiderstehliche Anziehungskraft auf Kinder aus. Sie vom Teich fernzuhalten, ist deshalb beinahe unmöglich. Es gibt kaum einen Zaun, den Kinder nicht überwinden könnten. Wenn sie aber von klein an mit dem kühlen Nasse vertraut sind, kennen sie auch die Gefahren. Flache Springbrunnen, Gartenduschen oder Quellsteine sind ideal, um kleine Kinder ans Wasser zu führen. Später bietet sich ein flacher Bachlauf mit verstecktem Auffangbecken zum Staudammbauen und für Wasserspiele an.

Wenn die Kinder groß genug sind, kann dann aus dem ursprünglichen Quellstein mit Bachlauf eine Quelle, und aus dem Auffangbecken ein Teich werden.

So ist es am sichersten: Planschbecken statt Teich, bis die Kinder schwimmen können.

Können die Kleinen dazu noch in einem „eigenen" Areal des Gartens (möglichst weg vom Teich) tun und lassen, was sie wollen und sich mit Wasser beschäftigen, so können sie schnell eigene Erfahrungen machen, die für ihre Entwicklung sehr wertvoll sind.

Ein flacher Miniteich mit allen dazugehörigen Gerätschaften (Netz, Schaufel und Sieb und so weiter) lädt zur kindlichen Kreativität. Ein selbst gebasteltes Mühlrad – über den Miniteich gelegt – lässt sich mit gedrosseltem Wasserstrahl aus dem Schlauch oder einem Pumpen-Bypass trefflich bewegen.

Mit einer selbst gebastelten Angel können Kinder „im Trüben fischen". Dazu wird an einem Stock eine Schnur mit einem Magneten am Ende befestigt. Damit kann „Fische" (längliche Metallteile) aus dem Wasser angeln. Mit einem kleinen feinmaschigen Netz (aus dem Aquariengeschäft) lassen sich ebenfalls allerlei Schätze aus dem Wasser fischen (wasserfester Krimskrams, den die Eltern dort deponieren). All das macht Spaß und lenkt vom elterlichen Gartenteich ab.

Bewegtes Wasser

Gerade für kleinere Kinder ist ein Sprudelstein oder Quellstein eine ungefährliche Möglichkeit, am Wasser zu spielen und zu planschen. Auch ein flacher Bachlauf ist für Kinder ungefährlicher als ein Teich und bietet ebenfalls vielfältige Betätigungsmöglichkeiten wie Blätter, Stöcke oder Schiffchen aus Papier oder Rinde schwimmen lassen, die Wasserströmung umlenken, Brücken oder einen „Staudamm" bauen.

Spannende Beobachtungen am Teich

Von klein an kann man die Kinder ans Beobachten heranführen, wobei Tiere zunächst mehr Interesse wecken als Pflanzen. Was gibt es am Teich nicht alles zu entdecken: Rückenschwimmer ziehen mit kräftigen Ruderbewegungen knapp unter der Wasseroberfläche dahin, den Bauch nach oben. Amseln und Kohlmeisen kommen, um an flachen Stellen des Teiches zu baden. Spitz-

Bäche lassen sich wunderbar mit Staudämmen versehen und mit Steinen Stromschnellen erzeugen.

schlammschnecken oder Posthornschnecken kriechen im flachen Wasser dahin und raspeln mit ihrem Maul den Pflanzenbelag von der Teichfolie.

Die Köcherfliegenlarven im Teich sehen auf den ersten Blick wie zusammengeklumpter Schmutz aus: Sie tarnen den Köcher, in dem sie leben, mit aufgeklebten kleinen Stöckchen und winzigen Steinchen. Schillernde Libellen durchkreuzen ihr Revier und suchen höhere Pflanzen am Teich als Ansitz auf. Wer Glück hat, kann sogar eine Libellenlarve beim Schlupf beobachten und später die leere Larvenhülle, die Exuvie, einsammeln.

Im Frühling kommt vielleicht ein Stockentenpärchen angeflogen, das ein Revier zum Brüten sucht. Im Winter sind

Quizfrage: Was wächst zuerst? Die Vorder- oder die Hinterbeine?

Tümpeln am Teich, unter elterlicher Aufsicht

die Vögel, die das Futterhäuschen aufsuchen, dankbar für kleine offene Wasserstellen, an denen sie ihren Durst stillen können. Auch das Jahr über kommen allerlei Heimlichtuer zum Trinken, etwa Igel, Mäuse und Bilche wie der Siebenschläfer. Erdkröten kommen im zeitigen Frühjahr zum Teich, um zu laichen. Dabei tragen die Weibchen die Männchen huckepack. Kröten legen ihre Eier in Schnüren um Pflanzenstängel. Im Gegensatz dazu setzen die Wasserfrösche ihren Laich in großen Ballen ab. Auch Moorfrösche stellen sich manchmal am Teich ein. Ihr besonderes Merkmal ist die bläuliche Färbung der Männchen zur Laichzeit. Wenig später schwimmen Schwärme von Kaulquappen im Teich. Meist halten sie sich am Teichrand auf, wo das Wasser schon etwas wärmer ist. Gerne nehmen sie etwas zusätzliche Nahrung in Form von Fischfuttertabletten auf.

Mit Kescher und Lupe

Außerordentlich beliebt bei Kindern ist das Tümpeln: Mit einem feinmaschigen Kescher werden die Teichbewohner wie Insekten, Würmer, Schnecken und so weiter vorsichtig herausgefischt, in eine flache Schale mit Teichwasser gegeben und beobachtet. Bücher helfen beim Bestimmen der verschiedenen Tiere, die schließlich in den Teich zurückgesetzt werden.
Viele Wasserbewohner sind so klein, dass man sie mit bloßem Auge kaum erkennen kann. Man kommt ihnen auf die Spur, wenn man Wasser in einen Becher mit Lupe schöpft. Jetzt kann man das so genannte Teichplankton beobachten: grüne und bläuliche Algen, kleine Würmer, Pantoffeltierchen, Wasserflöhe, Mückenlarven usw. Wer ein kleines Mikroskop zur Verfügung hat, kann noch weiter in diese geheimnisvolle Wasserwelt eindringen.
Spannend sind nicht nur die Tiere und Pflanzen selbst, sondern auch die Spuren, die sie hinterlassen: Fußabdrücke im Schnee, eine bunte Feder, leere Schneckenhäuser oder bizarre Samenkapseln und Fruchtstände geben beredtes Zeugnis von ihrer Anwesenheit. Das ganze Jahr lassen sich so die vielfältigsten Beobachtungen anstellen. Viele Kinder haben großen Spaß daran, sie in einem Teich-Tagebuch aufzuschreiben, Zeichnungen zu machen, Bilder dazuzukleben. Ältere Kinder können auch selbst mit Fotoapparat oder Videokamera auf die Pirsch gehen.

Die Fische im Teich

Und natürlich laden die Hauptakteure des Gartenteichs, die Fische, zum Beobachten und Mitmachen ein: Kinder können unter Anleitung das Füttern übernehmen, genau schauen, ob es allen Fischen gut geht, die Wassertemperatur kontrollieren und bei den Wassertests mithelfen. Mit zu den interessantesten Fischen dürften die Koi gehören: Sie können durch ihre unterschiedliche Zeichnung individuell unterschieden werden, werden recht groß und vor allem so zahm, dass sie buchstäblich aus der Hand fressen und gestreichelt werden können.
Viele Fische lernen sogar, auf ein Zeichen hin zur Futterstelle zu schwimmen. Dazu kann man zum Beispiel

immer auf einen Stein, ein Holzstück oder ähnliches klopfen, wenn man zum Füttern kommt. Um die Fische geistig rege zu halten, kann man das Futter auch gezielt an unterschiedliche, gut einsehbare Stellen des Teiches werfen.

Wenn die Kinder größer sind

Dann steht einer uneingeschränkten Betätigung am und gegebenenfalls im Teich nichts mehr entgegen. Sei es der Badespaß in einem Schwimmteich oder die Regatta mit selbst gebastelten Modellschiffen. Aber auch hier gilt: Selbst wenn die Kinder schwimmen können, muss beim Baden immer ein Erwachsener dabei sein und ein wachsames Auge auf die sich amüsierende, planschende Schar gerichtet haben.

Wer entdeckt am meisten Tiere im Pflanzendschungel?

Schwimmen und Planschen im eigenen Teich – aber nur unter Aufsicht der Erwachsenen!

Sicherheit

„Vorbeugen ist besser als heilen" gilt auch beim Gartenteich. Mit guter Planung und Voraussicht kann man die meisten Gefahrenquellen eindämmen oder beseitigen. Und für den Fall der Fälle sollte man schon vor dem Teichbau regeln, dass die Haus- und Grundstücksversicherung den Gartenteich mit einschließt.

Kinder und Wasser

Wasser übt auf Kinder eine geradezu magische Anziehungskraft aus. Die eigenen Kinder kennen „ihren" Teich, aber Spielkameraden und andere Besucher sind besonders gefährdet. Vor allem Kleinkinder können in einem unbewachten Augenblick zu Schaden kommen, wenn sie sich auf Entdeckertour begeben. Da werden Verbote missachtet, niedrige Zäune überklettert oder unter ihnen durchgeschlüpft. Daher ist jeder Grundstückseigentümer verpflichtet, sein Grundstück und den Teich kindersicher zu machen: am besten mit einem genügend hohen (nicht übersteigbaren) stabilen und lückenlosen Zaun; mit einer stets abgeschlossen zu haltenden Pforte, damit kein Unbefugter Zutritt hat. (Besonders wichtig, wenn der Wassergarten an einen Kindergarten, Spielplatz oder an eine Schule grenzt.) In Gemeinschaftsanlagen oder wenn der Zugang zum Grundstück wegen Praxen oder ähnlichem offen bleibt, muss das Gewässer selbst wie beschrieben gesichert sein.

Kündigt sich in der Familie ein Baby an, so kann ein bestehendes Gewässer mit großen Hohlblocksteinen verfüllt werden, bis der Nachwuchs schwimmen kann. Bis dahin können ein Springbrunnen für bewegtes Wasser sorgen und Pflanzen am Ufer üppig wachsen.

Überhaupt verführen dicht bewachsene Feuchtufer mit Hindernissen in Form von Baumwurzeln und kleinen Findlingen weniger zum Betreten. Im dichten Röhricht kann ein weiterer, grün ummantelter Drahtzaun, den Zugang zu tieferem Wasser verwehren. Netze oder ein Baustahlgitter, knapp unter der Wasseroberfläche fest montiert, sind nur ergänzende Maßnahmen. Sie entheben keinesfalls der Aufsichts- und Verkehrssicherungspflicht.

Bis zum Freischwimmer müssen Teiche unbedingt mit einem Zaun gesichert sein.

Wo ist die Libellenlarve hin? Ein kleiner Forscher beim Tümpeln.

Weitgehende Sicherheit bietet das neue G&F-Sicherheitsgitter, das am oder im Teich installiert wird – gleich ob über (besser) oder knapp unter der Wasseroberfläche. Es eignet sich für Folienteiche und Fertigteiche (sie gibt es mit bereits vormontiertem Gitter) bis zu einer Breite von 4,30 m. Die Ränder lassen sich sehr gut mit Steinen kaschieren, so dass das Teichbild kaum gestört wird.

Erwachsene

Damit Erwachsene keinen Schaden nehmen, sind schon beim Bau Stege und Ufer, die direkt am Wasser entlang führen, sicher zu gründen und mit einem Handlauf zu versehen. Wege, Stege und der Sitzplatz erfordern einen rutschfesten (geriffelten) Belag. Licht am Wasser verhindert Fehltritte. Allen Besuchern hat die uneingeschränkte Aufmerksamkeit zu gelten – besonders bei Gartenfesten und -partys mit Alkoholgenuss.

Besonders wichtig ist ein Fehlerstromschutzschalter (FI-Schalter) vor elektrischen Geräten im Garten. Elektroinstallationen dürfen nur vom Elektriker ausgeführt werden! Es empfiehlt sich, im Freien stets wassergeschützte und abschließbare Behältnisse für den Schutz der Steckdosen zu verwenden. Beim Kauf von elektrisch betriebenen Geräten wie Pumpen, Lampen oder ähnlichem stets auf TÜV-, VDE- und GS-Zeichen achten. Also Hände weg von Flohmarktschnäppchen!

Tiere

Ein Schutzgitter über dem Teich – trotzdem muss man immer ein Auge auf Kinder haben.

Auch Tiere zieht es zum Wasser! Vögel suchen es zum Trinken und Baden auf. Sie lieben dabei übersichtliche Stellen, die gerade seicht genug sind, dass sie noch darin stehen können. Auch gerade noch aus dem Wasser ragende Inseln werden gerne aufgesucht.
Bevorzugt werden stets solche Plätze, die es Katzen oder anderen Feinden unmöglich machen, sich unbemerkt anzuschleichen. Mit einem scharfen Wasserstrahl lassen sich Katzen von den Badestellen fernhalten. Besonders im Winter brauchen die Vögel offene, eisfreie Stellen, zum Beispiel an den Stielen von Röhricht.
Hunde und Katzen trinken gerne aus dem Teich. Für sie gilt es, eine flache Stelle gut zugänglich zu gestalten. Manche Hunderassen wie Labrador Retriever oder Neufundländer baden leidenschaftlich gerne. Allerdings kann die Folie unter den spitzen Krallen und dem Gewicht großer Hunde Schaden nehmen. Außerdem kann es Probleme geben, wenn der Vierbeiner den Ausstieg durch die Pflanzzone wählt oder die Seerosen als Insel ansieht. Da heißt es erzieherisch gegensteuern: Trinken ja, baden nein!
Plattenüberstände oder gemauerte Steilwände sind Todesfallen für Igel und andere Tiere! Eingehängte Igelbretter erfüllen ihren Zweck nur dann, wenn sie an der Wandung möglichst eng anliegen und im Abstand von 1,50 m vorhanden sind. In jedem Fall sollte man ein Ufer flach halten oder für andere Ausstiegsmöglichkeiten sorgen. Auch ins Wasser reichende Stubben oder dickere Baumwurzeln können lebensrettend sein.
Um Fische vor Raubzeug aller Art zu schützen, kann ein tief gelegter elektrischer Weidezaun ungebetene Besucher fernhalten. Bewährt hat es sich auch, die Fische vom Ufer entfernt in einem Futterring zu füttern. Eine kreuz und quer über den Teich gespannte Anglersehne hält unter anderem Reiher vom Fischen ab. Schlüpfende Kaulquappen schützt man am besten unter einem Laubschutznetz. Dünger, Ameisengift und andere Chemikalien können den Wassertieren gefährlich werden. Wenn überhaupt, sollte man nur solche Produkte im Garten verwenden, die weder bienen- noch fischgiftig sind.

Giftige Pflanzen

Giftige Pflanzen können eine besondere Gefahr für Menschen (vor allem Kinder) und Haustiere darstellen. Sicherheitshalber sollte man auf solche Pflanzen ganz verzichten. Es empfiehlt sich auch, bereits vorhandene giftige Pflanzen zu entfernen. Da die Aufstellung nur die häufigsten Arten rund um den Teich und die Teichanschlusszone enthalten kann, sei auf Fachliteratur (Anhang) verwiesen.

Adonisröschen (*Adonis* spp.)
Akelei (*Aquilegia* spp.)
Aronstab *(Arum maculatum)*
Berglorbeer (*Kalmia* spp.)
Besenginster *(Sarothamnus scoparius)*
Bilsenkraut *(Hyoscyamus niger)*
Calla, Schlangenwurz *(Calla palustris)*
Christrosen (*Helleborus* spp.)
Efeu *(Hedera helix)*
Eibe *(Taxus baccata)*
Eisenhut *(Aconitum* spp.)
Fingerhut (*Digitalis* spp.)
Froschlöffel *(Alisma plantago-aquatica)*
Gagelstrauch *(Myrica gale)*
Gefleckter Schierling *(Conium maculatum)*
Geißblatt (*Lonicera* spp.)
Ginster (*Genista spp.*)
Gnadenkraut *(Gratiola officinalis)*
Goldlack *(Erysimum cheiri)*
Goldregen (*Laburnum* spp.)
Hahnenfuß (*Ranunculus* spp.)
Herbstzeitlose *(Colchicum autumnale)*
Kalmus *(Acorus calamus)*
Kirschlorbeer *(Prunus laurocerasus)*
Lavendelheide (*Pieris* spp.)
Lupine (*Lupinus* spp.)
Maiglöckchen *(Convallaria majalis)*
Nachtschatten (*Solanum* spp.)
Pfaffenhütchen (*Euonymus* spp.)
Poleiminze *(Mentha pulegium)*
Rittersporn (*Delphinium* spp.)
Rosmarinheide *(Andromeda polifolia)*
Salomonssiegel (*Polygonatum* spp.)
Seerosen (*Nymphaea* spp.)
Seidelbast (*Daphne* spp.)
Teichrose *(Nuphar luteum)*
Waldmeister *(Galium odoratum)*
Wasserfenchel (*Oenanthe* spp.)
Wasserschierling *(Cicuta virosa)*
Wolfsmilch (*Euphorbia* spp.)

Tiere am Gartenteich

Sie möchten einer Vielzahl von Tieren eine neue Heimat bieten? Dann sind Sie mit dem Thema Naturteich hundertprozentig richtig. Selbst falls Sie das gar nicht beabsichtigen, sondern nur eine meditative Oase der Ruhe für sich selbst anlegen wollen, so erschaffen Sie doch gleichzeitig eine Oase des Lebens.

Eine Turteltaube hat sich am Teich zum Trinken und Baden eingefunden.

Oase des Lebens

Ein einigermaßen naturgerechter Teich wird jede Menge heimische Tiere anlocken. Viele davon wird der Teichbesitzer mit Freuden willkommen heißen, manche aber wohl auch nicht. Eine unabdingbare Voraussetzung für eine möglichst zahlreiche tierische Besucherschar ist die Verwendung heimischer Wildpflanzen in und am Teich (Seite 204 ff.). Auch sollten möglichst viele naturnahe Lebensräume im Garten angelegt sein.

Während man sich bei den Tieren um die wenigen und flexiblen Gefiederten nicht allzu große Sorge machen sollten, legt man bei der Gestaltung das Hauptaugenmerk auf die langsamen, schwerfälligen Säuger, die nicht mit jedem Teichufer zurecht kommen. Kurz gesagt: Zu steile Ufer sind gerade für Igel und andere Kleinsäuger tödliche Fallen. Ab Seite 216 finden Sie einige wichtige Tipps für eine tierfreundliche Ufermodellierung. Werfen wir nun einem Blick auf die möglichen Nutznießer eines Naturteiches.

Insekten

Sie werden die schnellsten Besiedler sein. Die meisten Insekten (Seite 210) sind uns dabei willkommen. Nur wenige würden wir gern ausschließen, wenn es denn ginge (Tabelle Unliebsame Teichgäste Seite 49). Insekten kommen in der Regel von alleine. Zusätzliches Leben bringt man durch das Impfen mit natürlichem Teichwasser (Seite 210) ein. Ansonsten können wir uns über die sich einstellenden Insekten eigentlich nur freuen. Schon wieder ein

Libellen – filigran und zerbrechlich und doch gefräßige Räuber am Teich.

Amphibien

Mit den Froschlurchen ist das so eine Sache. Entweder man hat sie. Oder man hat sie eben nicht. Sie müssen, wie Vögel und Reptilien von alleine kommen. Das heißt, es muss ein zuträgliches natürliches Umland geben und relativ sichere Zuwanderungsstrecken. Die einzelnen Amphibienarten (Tabelle Seite 218) haben dabei unterschiedliche Erwartungen an den Lebensraum. Wer gestalterisch die Richtung vorgeben will, kann den Naturteich so gezielt für bestimmte Amphibienarten anlegen. Doch das macht freilich nur dann Sinn, wenn die fraglichen Arten bereits im Umland vorkommen.

Stück Lebensraum für Tiere geschaffen. Die Anzahl der Tiere wächst dabei proportional mit der Artenzahl der Wasserpflanzen und der Dichte der Bepflanzung. Mit anderen Worten: pflanzenreiche und ältere Gewässer beherbergen mehr Insekten als artenarme und junge. Gestalter mit Herz für Tiere planen folglich viele Lebensräume im und am Teich mit möglichst unterschiedlichem Wildpflanzenbesatz.

Libellen

Sie fallen sofort auf. Seien es Groß- oder Kleinlibellen (Seite 210), die pfeilschnellen Flieger beherrschen schon bald die Optik eines Teiches. Ab Mai ist mit ihnen zu rechnen. Gegen Libellen gibt es manches Vorurteil, doch alle sind falsch. Die Kunstflieger beißen nicht, stechen nicht und rasen auch nicht versehentlich in die Haare der Gattin. Libellen sind für solche Fehltritte viel zu intelligent und darüber hinaus zu reaktionsschnell.

Mücken

Stechmücken sind im Naturteich kein wirkliches Problem. Sie legen ihre schwimmenden Eipakete lieber in kleine stehende Wasserreservoire, etwa in Astlöcher, ab oder halten sich an faulendem Wasser, wie etwa in einer alten Regentonne, auf.

Mosaikjungfer kurz nach dem Schlupf.

Reptilien

Die Kriechtiere brauchen, wenn man ihnen denn überhaupt helfen kann, ganz bestimmte Biotopstrukturen (Seite 208 ff. und Seite 223). Auch hier sollte man sich nur nach den Ansprüchen dieser Arten richten, wenn sie im näheren Umland vorkommen. Bei Blindschleichen und Waldeidechsen ist das sehr viel öfters der Fall, als man ahnt.

Vögel

Für die Freunde der Vögel am Teich gilt Ähnliches wie bei den Insekten. Gestaltungsreichtum mit flachen Uferzonen und pflanzenartenreichen Rändern steigert die Vielfalt der Besucher. Vögel nutzen dabei den Teich keinesfalls nur als Badegelegenheit (Seite 226). In einigen Gegenden nutzen sogar Eisvögel den Gartenteich als Nahrungsrevier. Das mag zwar mitunter zu schmerzlichen Verlusten bei den geliebten Molchen führen, darf aber getrost hingenommen werden. Eisvögel sind noch größere Raritäten als Molche.

Enten

So possierlich es auch zu Anfang erscheinen mag, das Stockentenpärchen oder schlimmer noch Hausenten oder Laufenten und ein Naturteich vertragen sich nicht. Das wird im besten und schlimmsten Fall eine schlammige Algenbrühe ohne große Hoffnung auf Zukunft. Deshalb sollte man die zuweilen flugs sehr schnell eintreffenden Teichbesucher gezielt vergraulen. Manchmal genügt Händeklatschen, in hartnäckigeren Fällen darf es dagegen ein absichtlich daneben geworfener Stein sein. Eine effektive Entenabwehr stellt übrigens ein Hund im Garten dar.

Reiher

Hätten wir hierzulande dieselben Verhältnisse wie unsere holländischen Nachbarn, so müssten wir uns an Reiher gewöhnen. Denn im dicht besiedelten Nachbarland haben die Leisetreter oft jedwede Menschenscheu verloren und besuchen auch die kleinste Teichoase im Garten. Doch soweit sind die meisten Grau- oder Silberreiher hierzulande gottlob noch nicht. Sie sind relativ scheu und lassen sich nur ungern inmitten von Wohnsiedlungen in engen Gärten nieder. So stehen die Chancen also gut, den recht gefräßigen Räuber erst gar nicht zu sehen. Kommt er dennoch, kann der Schaden groß sein. Innerhalb weniger Tage angelt er sich den Molchbesatz heraus.

Säugetiere

Wollen Sie den Teich gezielt für Säugetiere wie Mauswiesel, Hermelin oder

Katze am Teich – sei wachsam, Goldfisch!

Wasserspitzmaus gestalten, so müssen Sie in wesentlich größeren Räumen denken als ein normaler Garten Quadratmeter aufweist. Denn vor allem die größeren Arten benutzen den Gartenteich nur zeitweise. Auch hier gilt: Vielfalt mit heimischen Pflanzen und reichhaltigen Lebensräumen fördert nicht nur die Zahl der Besucher, sondern verlängert auch ihre Anwesenheit und damit die Chancen zur Beobachtung.

Eine kleine Leiter ermöglicht es Tieren, aus dem Teich ans Ufer zu klettern.

Igel

Noch ein Wort zugunsten des Igels. Er wäre sehr zufrieden, wenn viele Teichufer nicht so steil wären, dass er aus eigener Kraft nicht wieder herauszukrabbeln vermag. Sie können zwar schwimmen, aber irgendwann erschöpft auch ein Igel. Bei unzugänglichem Steilufer (etwa bei einer Kunststoffteichen) müssen unbedingt ein oder zwei Notausstiege angelegt werden. Hierzu baut man mit Ziegelsteinen und/oder Holzbrettern wie links gzeigt am Rand einen Ausweg. Nebenbei bemerkt: So ein Kleintierausstieg hilft auch weitere Leben retten.

Katzen

Während man dem Igel aus dem Teich in den Garten helfen sollte, wäre es schön, wenn man Katzen draußen hal-

Zwei kecke Gesellen warten auf die nächste unvorsichtige Fliege.

ten könnte. Das geht aber in aller Regel nicht, da Katzen den besonderen Flair eines naturnahen Garten mit seinen vielen (fangbaren) Tieren ungemein zu schätzen wissen. Der sonst so zahme Stubentiger wird im Garten unversehens zum archaischen Raubtier, dem jede Beute recht ist, vorausgesetzt, sie lässt sich haschen. Und darin sind Katzen Weltmeister: im Lauern und Beute machen. Mit der Zeit kann eine liebenswerte Miezekatze so den Bestand an Eidechsen oder Fröschen ruinieren. Und immer wieder trägt sie Rotkehlchen und Meisen vor die Haustür. Dagegen hilft fast nichts, denn die Jäger mit der starken Persönlichkeit kann man weder dressieren, noch irgendwie sonst im Zaum halten. Im Zweifelsfall also lieber zugunsten vieler gefährdeter Wildtiere auf die eigene Katze verzichten. Und wenn es denn die fremden sind? Dann hilft probaterweise nur ein anderes Haustier: Der Hund.

Hunde

Hunde halten Gärten wunderbar katzenfrei. Da sie sich leicht abrichten lassen und auf das Menschenwort hören, kann man ihnen ziemlich schnell abgewöhnen, die Wildtiere des Garten zu jagen. So seltsam es klingen mag: Aber ein agiler Hund wirkt quasi als Überlebensversicherung für viele andere tiereische Bewohner und Besucher am Gartenteich.

Unliebsame Teichgäste

Tiergruppe	Daran erkennt man sie	Maßnahme
Mücken	Larven und Puppen von Stechmücken im Wasser. Erwachsene Tiere am oder im Haus sind kein Beweis für Mücken im Teich, denn sie fliegen sehr weit.	Die Mehrzahl der Mückenarten gehört zum Naturteichleben. Sie fallen dem Menschen nicht zur Last. Falls dennoch Stechmücken auftreten, sollte man den Teich mit natürlichen Gegenspielern impfen und das Wasser kontrollieren bzw. wechseln. Vielleicht ist der Teich „umgekippt“ und fault?
Enten	Aufgewühltes, schlammig trübes Wasser. Fußabdrücke im Schlamm. Kotstellen.	Verscheuchen. Besonders in der Brutzeit (März bis Mai) sind Enten sehr hartnäckig. Dann muss der Teichbesitzer es auch sein.
Bisamratte	Aufgewühltes Wasser. Herausgerissene und abgefressene Wasserpflanzen. Kotwürstchen am Rand. Unterwühltes Ufer mit Bauen.	Vertreiben. Baue zerstören. Notfalls mit dem zuständigen Jäger Fallen aufstellen.
Reiher	Fußspuren im Schlamm. Kalkige handgroße Kotstellen am Ufer.	Vertreiben. Notfalls eine Zeit lang Netze oder Schnüre über den Teich spannen.

Planung und Anlage

Wenn die Entscheidung für einen Teich gefallen ist, stellt sich die Frage nach dem optimalen Standort. Sonnig oder im Schatten, sollen Fische in den Teich gesetzt werden oder möchten Sie sich lieber an duftenden Seerosen erfreuen? Kann ich den Bau selbst übernehmen oder brauche ich Hilfe? Die folgenden Kapitel geben Ihnen alles auf den Weg, was Sie zur Anlage eines Teichs, Bachlaufs oder Wasserspiels wissen müssen.

Was vorher zu beachten ist

Bevor man mit dem Spaten loslegt und eine Grube für den zukünftigen Teich aushebt, steht die Feinplanung an. Wenn man sich für eine Art des Gewässers entschieden hat (Seite 15), kann es losgehen!

Auch Schwimmteiche wollen gut geplant sein, damit die Badefreuden ungetrübt sind.

Die Planung vorweg

Haben Sie sich für die Art des Gewässers für Ihren Garten entschieden, kann die Planung beginnen. Dabei müssen verschiedene Kriterien beachtet werden: Welchen Teich wünschen Sie sich? Soll es ein Zierfischteich sein, ein Naturteich mit besonders vielen Pflanzen oder aber ein Teich mit Wasserspielen. Wünschen Sie sich eine Kombination mit allen Elementen oder gar einen Wassergarten mit Steg und Bademöglichkeit? Wie groß soll der Teich werden? Welche Form soll er haben? Wo ist der bestgeeignete Standort im Garten? Was passiert mit dem Aushub? Welche Teichdichtung kommt in Frage: Ein Fertigbecken, eine Foliendichtung oder aber ein Betonteich? (Die Vor- und Nachteile der verschiedenen Teichdichtungen sind ab Seite 60 aufgeführt.) Und schließlich: Welche Sicherheitsmaßnahmen müssen eingeplant werden, wenn zum Beispiel Kinder da sind? (Seite 38 f.). Viele Fragen also, über die man sich im Vorfeld Gedanken machen muss.

Standort und Platzierung im Garten

Zunächst stellt sich die Frage, wo der Teich im Garten platziert werden soll. Oft wird diese Frage sogar schon vor der Entscheidung für oder gegen ein Gewässer gestellt. Auf keinen Fall sollten vorhandene Bäume oder Kleinbiotope dem Wunsch nach einem Gartenteich zum Opfer fallen. Der Standort im Garten wird durch verschiedene Faktoren bestimmt. Grundsätzlich aber sollten Sie für den Teich einen Platz im

Zum Kiesgrubenteich passt eine Legestenmauer.

Gartenbild finden und nicht an dessen Rand. Für einen guten Gestalter und Künstler gilt dasselbe wie für den Gärtner: Er sind für das Bild verantwortlich, der Rahmen ist nur das i-Tüpfelchen. Leider sehen Gärten oftmals eher wie schlechte Bilder aus, das Bild an sich ist recht langweilig mit einer Rasenfläche in ökologisch wertlosem Grün, und der Rahmen überstrahlt durch ein bunte Masse von Stauden, Zwiebel- und Sommerblumen.

Die Geländeform

Die Form des Geländes auf Ihrem Grundstück beeinflusst entscheidend den zukünftigen Standort des Teiches. Üblicherweise sammelt sich Wasser an der tiefsten Stelle des Gartens. Dies ist ein wichtiger Punkt bei der Planung, denn genau dies erwarten Sie in der freien Natur: Zum Wasser geht man talwärts. Ausnahmen davon gibt es zum Beispiel im Gebirge. Daher sollte auch der Teich in Ihrem Garten an der tiefsten Stelle, zumindest vom optischen Eindruck her, liegen. Wenn diese Stelle für etwa sechs Stunden in der Sonne liegt, macht dies den Umstand wett, dass sich dort Schnee und Eis länger halten können. Wenn man einen ganz ebenen Garten hat, so kann man sich mit dem Bodenaushub eine höher gelegene Teichumgebung modellieren. Hinter dem Teich wird der Boden leicht ansteigend aufgefüllt – und die Wasserfläche liegt für den Betrachter an der tiefsten Stelle im Garten. Es ist gestalterisch immer schöner, wenn der Bodenaushub großflächig verwendet wird. Mit dem Aushub lassen sich je nach der anfallenden Menge kleine Hügel oder auch Höhenunterschiede für den Bachlauf oder Wasserfall erstellen.

Die Umgebung bestimmt das Bepflanzungsbild.

Diese Lage an der tiefsten Stelle bedeutet aber auch gleichzeitig, dass, vom Wasser aus gesehen, der Lebensraum nach außen hin immer trockener wird. Erst dadurch lässt sich eine Wasseranlage natürlich in den Garten integrieren. So sind die Pflanzen-Porträts (ab Seite 130) nach dieser zunehmenden Trockenheit des Lebensraumes gegliedert, und Sie können dadurch leicht die für jede Zone von der Wasserfläche bis zu den trockeneren Flächen um den Teich passenden Pflanzen auswählen.

Licht und Wind

Weitere Gesichtspunkte für die richtige Standortwahl sind die Lichtverhältnisse und der Windeinfall.

Sonnenstrahlen, die auf das Wasser treffen, erhöhen die Wassertemperatur. Ab einer Wassertemperatur von 30 °C werden die Lebensbedingungen für viele Lebewesen im Teich kritisch. Um daher bei kleineren Teichen, also Teichen mit einer Wasserfläche von weniger als 15 Quadratmetern und dem dadurch bedingten geringen Wasservolumen, ein schnelles Aufheizen zu verhindern, sollte zumindest ein Teil des Gewässers über Mittag im Schatten liegen. Günstig ist es, wenn ein Drittel der Wasserfläche in der heißesten Tageszeit beschattet ist. Dies kann auch durch die richtige Bepflanzung erreicht werden. Der Wind sollte das Gewässer erreichen können, um die natürliche Vermischung von oberflächennahem und tieferem Wasser zu fördern. Dies geschieht leicht in Wassergärten mit flachen Böschungen oder mit großen Wasserflächen. Um die positive Wirkung des Windes ausnutzen zu können, sollte der Teich nicht so im Garten positioniert werden, dass das Gewässer von hohen Mauern, hohen Hecken oder Ähnlichem abgeschottet wird.

Bäume am Teich

Das Thema Bäume am Teich wurde schon auf Seite 18 im Zusammenhang mit Licht und Schatten angesprochen. Wenn sich alter Baumbestand mit viel Laubfall in der Nähe des geplanten Teiches befindet, muss man einige Aspekte bei der Planung berücksichtigen. Machen Sie dazu in Gedanken einen Spaziergang durch einen nahen Wald oder durch die schöne „intakte" Natur an Ihrem Urlaubsort. Dort finden Sie bestimmt auf einer kleinen Lichtung so manchen kleinen Teich. Wenn Sie nun auf den Ufergrund schauen und diesen ertasten, können Sie die Schlickschicht fühlen und riechen. Trotzdem ist das Wasser oft klar und optisch sauber. Hier konnte sich also trotz extremen Laubfalls ein intakter Kreislauf und ein natürliches Gleichgewicht einstellen.

Das Gleiche würde auch in Ihrem Teich passieren, solange Sie nicht eingreifen. Wie in der Natur würde das Gewässer ganz langsam, aber sicher verlanden.

Deshalb muss man den Teich im Garten vor Laub- oder Nadelfall von direkt am Wasser stehenden Bäumen schützen. Entweder man baut den Teich an einer anderen Stelle im Garten, wo kaum Laub ins Wasser fallen kann, oder man wird um das Anbringen von so genannten Laubschutznetzen im Herbst nicht herum kommen. Bei Neuanlagen pflanzt man die Bäume auf der dem

Berücksichtigt man die natürlichen Begebenheiten bei der Planung, entsteht immer eine Gartenidylle.

Über die Mittagsstunden kann das Gewässer einige Stunden im Schatten liegen.

Wind abgewandten Seite, das vermindert den Eintrag von Falllaub im Herbst zusätzlich.

Baumwurzeln wachsen besonders gerne in der leicht zu durchdringenden Sandschicht, die unter der Folie oder der Teichschale aufgebracht wird. Sie können im Laufe der Jahre, wenn sie an Umfang zunehmen, durchaus zu Problemen führen. Deshalb sollten Pflanzen mit agressiven Wurzeln, wie Essigbäume oder Bambusarten, erst gar nicht in unmittelbarer Nähe zum Zeich gepflanzt werden. Will man das exotische Flair des Bambus trotzdem genießen, ist eine Rhizomsperre sinnvoll.

Wege und Sitzplätze

Um nach der Fertigstellung trockenen Fußes an das Gewässer zu gelangen, ist es sinnvoll, auch einen Weg in die Planung aufzunehmen, denn der Gang über den Rasen kann oft feucht und rutschig sein. Ein schön gestalteter Weg kann den optischen Wert des Wassergartens noch steigern, zumal wenn dieser an einem lauschigen Sitzplatz endet oder sich zu einer sonnigen Terrasse öffnet. Um das Leben im Wasser gut beobachten und notwendige Pflegemaßnahmen durchführen zu können, hat es sich als vorteilhaft erwiesen, wenn das Gewässer von mehreren Stellen aus leicht zugänglich ist. Sitz- und Beobachtungsplätze legt man also so an, dass man eine freie oder mit niedrig bleibenden Pflanzen bewachsene Stelle hat und so eine freie Sicht auf die Wasserfläche und den Teichhintergrund. Diese Stelle sollte auch so angelegt sein, dass die Sonne im Rücken des Beobachtenden steht.

Weitere ideale Beobachtungsplätze sind Brücken, Holzdecks oder Stege, die den ungestörten Blick auch unter die Wasseroberfläche in eine wunderbare Welt eröffnen. Man kann auf ihnen sitzen oder liegen und dem bunten Treiben im Wasser zuschauen: Den flinken Rückenschwimmern, wie sie mit einem erbeuteten Insekt zum Boden fliehen, um es dort ungestört zu verzehren, oder den Unterwasserpflanzen, wie sie sich der Wasseroberfläche und dem Licht entgegenrecken.

Dieser Sitzplatz auf dem Holzdeck ist ideal: sonnig, windgeschützt und mit freiem Blick auf den Teich und die Wasseroberfläche.

Das richtige Dichtungsmaterial

Am Markt werden viele verschiedene Materialien zur Teichabdichtung angeboten. Am häufigsten sieht man Teichschalen, oft auch Fertigteich genannt und verschiedene Folien. Auf dieser Seite erhalten Sie einen Überblick über die gängigen und besten Materialien zur Teichabdichtung.

Sorgfalt beim Bau beugt späteren Problemen vor.

Entscheidungshilfen

Bei der Planung von Wassergärten taucht bald die Frage auf, welches Dichtungsmaterial für Ihre Zwecke am besten geeignet ist. Gartenteiche und Bachläufe können nämlich aus verschiedenen Materialien gebaut werden. Dem Hobbygärtner und Gartenbesitzer stehen zur Verfügung: Folien, Fertigbecken und Beton. Andere Dichtungsmaterialien haben sich nicht durchgesetzt. Jedes Material hat seine Vorteile, aber auch Nachteile. Diese sollten nicht verschwiegen werden.

Die Entscheidung für das Material Ihrer Wahl fällt Ihnen sicher leichter, wenn folgende Kriterien als Entscheidungshilfen zur Anwendung kommen:

- Sicherheit
- Langlebigkeit
- Dichte und Garantie
- Umweltverträglichkeit
- variable Gestaltungsmöglichkeiten
- naturnah zu gestalten und harmonisch in die Gartengestaltung einzufügen
- gute Pflege und Reparaturmöglichkeiten
- Ist das Bauvorhaben im Do-it-your-self-Verfahren machbar oder braucht man dazu einen qualifizierten Fachbetrieb?

Auf Grund dieser Vorgaben scheiden einige, geradezu abenteuerlich anmutende Baumaterialien schon von vornherein aus, wie zum Beispiel Dachpappe, Plastikfolien aller Art, Kunstharzbecken im Eigenbau, Betonringe und so weiter.

Folienteich

Der Bau eines Folienteiches ist ausführlich ab Seite 66 beschrieben.

Vorteile: Der PVC-Folienteich ist wohl der meist gebaute, weil sich diese Folien gut verarbeiten lassen und das Preis-Leistungsverhältnis stimmt. Mit Folien kann man jede Teichform und -größe bauen. Ganz gleich, ob man einen Teich, einen Bachlauf, einen Sumpf

Folien sind für eine einzige Person zum Tragen meistens zu schwer.

oder ein Klärbeet, Ufer oder Inseln und Buchten gestalten will, das sehr elastische Material der Teichfolien passt sich jedem Niveau und jedem Untergrund an. Auf der mitgelieferten Garantie wird UV-, Witterungs- und Temperaturbeständigkeit garantiert. Darüber hinaus gibt es noch eine Dichtegarantie von 15 bis 20 Jahren. Gute Teichfolien geben keine unerwünschten Stoffe an das Wasser im Teich und an das Grundwasser ab. Sie sind zu 100 % tier- und pflanzenfreundlich, dazu fischverträglich und halten Steinen und Wurzeldruck (wurzel- und reißfest nach DIN-Norm 4062 und 53455) stand. Qualitätsfolien sind darüber hinaus auch noch regenerat- und kadmiumfrei. Einige Hersteller garantieren auch die Rücknahme der gebrauchten Folie zur Weiterführung an ein Recycling-System. Der Blick auf die Garantiekarte gibt Auskunft über die positiven Eigenschaften. Auch Merkmale wie Schweißnahtbeständigkeit und Ozonbeständigkeit sowie Kältebeständigkeit nach DIN 53361 sollten vermerkt sein. Dabei sollte man die Garantiekarte unbedingt genau lesen und unterschiedliche Anbieter vergleichen, denn die Garantiebedingungen sind je nach Hersteller sehr unterschiedlich.

Mit einfachen Folienflicken und einem Spezialkleber lässt sich jedes Leck leicht wieder verschweißen. Teichfolien gibt es im Fachhandel als Rollenware mit unterschiedlichen Materialstärken ab 0,5 mm (nur für Kleinstgewässer zu empfehlen) und ab 0,8 mm für Bauvorhaben mit sauberem Untergrund (ohne Steine und Wurzeldruck oder mit einem Schutzvlies oder Geotextil-Vlies als Unterbett). Eine noch größere Sicherheit bietet die 1-mm-Folie, zu der man immer raten sollte. Denn ein Gartenteich soll ja nicht nur für kurze Zeit, sondern langfristig erfreuen. Die Rollen gibt es standardmäßig in 2, 4, 6 oder 8 m Breite und seit einiger Zeit auch in Sondermaßen wie 10 x 20 m oder 12 x 15 m. Eine Rolle enthält je nach Breite eine Bahn mit bis zu 50 m Länge. Man kann auch jedes Sondermaß anfertigen lassen oder Bahnen aneinanderschweißen. Am besten ist die Verwendung von fertig verschweißter Folien, die es in vielen Größen gibt. Das Einbringen in die Teichgrube lässt sich am besten bewerkstelligen, wenn mehrere Personen mithelfen. Für eine Person alleine ist die Folie zu schwer.

Der Fachhandel bietet eine große Produktpalette an verschiedenen Teichdichtungsmaterialien wie Folien und Fertigschalen.

Nachteile: Schwarze Folien wirken, bis sie mit einer natürlichen Patina überzogen sind, oft recht unnatürlich. Außerdem heizen sie sich bei direkter Sonneneinstrahlung stark auf, wenn sie nicht mit Substrat bedeckt sind oder können am Rand leicht beschädigt werden. Wenn die Folien aber mit Sand oder Kies abgedeckt werden, spielt die Farbe gar keine so große Rolle. Mittlerweile gibt es auch braune oder grün gefärbte Folien oder solche mit einer Sand- oder Kiesbeschichtung. Sie wirken auch sehr schnell natürlich.

Es werden im Markt auch noch andere geeignete Folien angeboten: Da wäre zunächst die EPDM-Kautschukfolie, die sich auf Grund ihrer Elastizität, auch bei kühlem Wetter, sehr gut verlegen lässt. (EPDM steht für Ethylen-Propylen-Dien-Ter-Polymer.). Seriöse Anbieter garantieren auch, dass diese Folien

Verschiedene Baumaterialien im Vergleich

Material	Vorteil	Nachteil
Folie	einfach zu verlegen flexibel lange haltbar leicht zu reparieren	Folie kann durch Grabearbeiten im Teich beschädigt werden
Fertigschale	ideal für kleinere Becken durch den starren Rand auch für Hanglagen	oft steile Ufer Einbau erfordert große Sorgfalt, damit der Teich in der Horizontalen ist schwierig zu reparieren
Beton	sehr lange haltbar bei richtigem Bau ideal bei schwierigem Gelände	schwer zu entfernen
Ton	natürliches Baumaterial	nur vom Fachmann zu bauen Dichtigkeit schwer zu kontrollieren für Wurzeln durchdringbar

besonders umweltfreundlich sind, also frei von Regeneraten, von Schwermetallen und Weichmachern. Es gibt sie in verschiedenen Rollenbreiten und -längen, sodass viele der normalen Teichgrößen ohne Sonderanfertigung und direkt ab Rolle bezogen werden können. Es entfallen somit auch bei diesen Folien Kosten und Wartezeiten für Sonderanfertigungen. Es soll aber nicht verschwiegen werden, dass der Abgabepreis im Vergleich zur PVC-Folie höher als bei dieser liegt.

Bei der PE-Folie (Polyethylen) liegen die Verhältnisse ähnlich. Sie ist aber etwas steifer und deshalb auch schwerer zu verlegen. Nachteil beider Folien ist aber, dass sie sich nur von einem Fachbetrieb verschweißen lassen!

Vor dem Einbau muss sichergestellt sein, dass keine spitzen und scharfkantigen Steine oder gar Scherben oder ähnliches die Folie durchstechen können. Ein Schutzvlis unter der Folie verhindert dies wirksam.

Aus Wettbewerbsgründen gibt es auch ganz besonders billige Teichfolien, die aus eingeschmolzenen Folienresten bestehen oder andere Nachteile haben, insbesondere Qualität- und Garantieleistungen vermissen lassen. Spätestens beim ersten Leck wird man feststellen, dass sich der Kauf einer Billigfolie nicht gelohnt hat.

Besonders für kleinere Flächen sind Teichschalen gut geeignet.

Teichschalen

Der Einbau von Teichschalen- oder Fertigbecken ist ausführlich ab Seite 70 beschrieben.

Vorteile: Wie der Name schon sagt, sind dies industriell gefertigte Teichbauelemente aus thermoplastischen Kunststoffen. Es gibt sie aus PE-(Polyethylen) und GFK-(glasfaserverstärkter Kunststoff). Diese hochwertigen und langlebigen Teichschalen werden nach DIN-Normen hergestellt. Sie sind UV-, frost- und hitzebeständig, bruch-, schlag- und formsicher, und halten erhöhtem Stein- und Wurzeldruck problemlos stand. Eine Garantie auf Dichte und Beständigkeit wird je nach Hersteller für 15 bis 20 Jahre gegeben. Teichschalen gibt es in vielen Formen und Tiefen, auch mit Uferrinnen. Beim Kauf sollte man auf eine Recyclingfähigkeit des Materials achten.

Seit kurzem gibt es auch Teichschalen, deren Oberfläche mit einer feinen Schicht aus Natursand bedeckt ist und die viel natürlicher aussehen und schneller eine schöne Patina bekommen, als die bislang üblichen schwarzen Becken mit glatter Oberfläche.

Als Baukastensysteme lassen sich vielerlei Kombinationen für unterschiedliche Zwecke nach individuellem Geschmack zusammenstellen. So kann zum Beispiel als Anschluss an eine Terrasse ein Fertigbecken gewählt werden, wobei die gartenseitigen Partien geschwungen und die Terrassenseite gerade verläuft. Auch kleinere Ablaichbecken zum nachträglichen Einbau als Teichanschlusszone oder eine Fertigbeckenform als Klärbecken sind im Handel erhältlich.

Selbst Höhenunterschiede sind mit solchen Fertigschalen problemlos zu bewältigen. Becken für Springbrunnen und Quellsteinbehälter, die ja besonders stabil sein müssen, gibt es als

Miniteich auf der Terrasse – mit dem passenden Schalenteich kein Problem.

Einzelelemente im Gartenfachhandel. Es sind auch Fertigteiche als Anbaumodule erhältlich, die man beliebig, je nach Geschmack und Verwendungszweck, zur gewünschten Form zusammenstellen und mittels Schrauben und Dichtung fest aneinanderfügen kann. Da es neben runden, nierenförmigen oder anderen natürlichen Formen auch streng geometrische gibt, eignen sie sich hervorragend, um auch architektonische Gartengestaltungen zu verwirklichen. Teichschalen empfehlen sich auch dann, wenn wenig Platz zur Verfügung steht, als Element bei der Teichanschlussgestaltung oder als Bach- oder Wasserfallendstufe (zur Aufnahme der Förderpumpe) sowie zum Bau eines Mini-Wassergartens, eines Balkon- oder Terrassenteichs im Hochbau und als Kinderplanschbecken.
Sollte es nötig werden, kann man mit ihnen sogar umziehen.

Nachteile: Die Beckengröße und -form ist bei Fertigschalen vorgegeben begrenzt. Wünscht man sich einen größeren Wassergarten, so ist man auf Teichschalen mit Anbaumodulen angewiesen.
Bei größeren Becken kann es beim Transport zum vorgesehenen Platz und beim Einbau Probleme geben. Im Alleingang sind Becken, die mehr als zwei Meter im Durchmesser aufweisen, nur noch schwer in die gewünschte Richtung zu bewegen.
Sinkt der Wasserstand ab, erhitzen sich die dann freiliegenden Uferpartien bei schwarzen Becken so stark, dass zum Beispiel Amphibien oder andere Kleinlebewesen bei Berührung des Materials zu Schaden kommen können. Sie können sich buchstäblich „die Finger verbrennen". Deshalb sind Becken, deren Oberfläche bereits vom Hersteller mit Sand belegt sind, besser geeignet. Diese Becken gibt es in verschiedenen Farbtönen, von gräulich über ocker bis ins Rötliche.
Enden die Uferpartien ganz glatt (ohne Randzone), können solche Behälter auch zu Todesfallen für hineingefallene Tiere werden, wenn nicht für mehrere Ausstiegsmöglichkeiten gesorgt wurde.
Auf Grund der doch relativ geringen Abmessungen der am häufigsten gehandelten Becken, ist das Wasservolumen nicht gerade berauschend. Einige wenige Hersteller bieten auch Modelle von über 4 m Länge, 2,5 m Breite und einer Tiefenzone von 1 m an. Der Transport zum vorgesehenen Standort und der Einbau müssen dann besonders gut geplant werden.

Betonteich

Der Bau eines Betonteiches ist ab Seite 74 genau beschrieben.
Vorteile: Betonteiche, sind, wenn sie richtig gebaut werden, eine ausgesprochen langlebige und dauerghafte Anlage. Bei steinigem oder felsigem Untergrund oder wenn der Teich an ein anderes Betonfundament (zum Beispiel einer Terrasse) anschließen soll, kann sich eine Betondichtung durchaus bewähren. Betons ist gegenüber mechanischen Belastungen äußerst unempfindlich. Im Betonteich lassen sich Stege und Holzdecks oder Brücken besonders gut gründen und befestigen.

Nachteile: Beton schafft unverrückbare Tatsachen, denen im Notfall nur mit dem Presslufthammer und schwerem Transportgerät begegnet werden kann. Sie müssen außerdem vor dem Füllen mit einem wasserfesten und fischverträglichen Anstrich (ISO-Grund) isoliert und versiegelt werden. Ohne diesen Schutzanstrich gibt Beton sehr lange Fisch und Pflanzen schädigende Stoffe an das Wasser ab.
Der Aushub muss etwa 20 bis 30 cm tiefer als der beim Folienteich sein, damit die Betonschicht samt der nötigen Armierung eingebracht werden kann.

Fazit

Heutzutage haben sich Folienteiche, Fertigschalen, speziell gebaute Becken aus GFK (Glasfaserkunststoff) oder Teiche aus Beton gegenüber allen anderen Baumaterialien durchgesetzt. Ihre Flexibität, was Anlage, Bau und Pflege betrifft, ist unübertroffen. Mit diesen Materialien können Sie in Ihrem Garten jeden Wunsch erfüllen.

Geometrische Formen lassen sich mit Beton besonders schön verwirklichen.

Teichbau und Anlage

Wenn der Platz für den Teich gefunden ist, kann Form, Größe und Tiefe festgelegt werden. Auch der Aushub muss in die Gartengestaltung mit eingeplant werden, wenn man ihn nicht abfahren lässt.

Größe des Teiches

Unabhängig von den Dichtungsmöglichkeiten sollten Sie sich auch über die Größe des Teiches im voraus Gedanken machen.

Ein Teich sollte nie zu klein sein! Nur in größeren Teichen (also etwa ab 15 m² Wasserfläche) kann eine ausreichende Wassertiefe erreicht werden. Das hängt damit zusammen, dass steile Ufer – wie sie in kleinen Teichen erforderlich wären – zu einer großen Gefahrenquelle für Mensch und Tier werden können. Kinder halten sich gerne am Wasser auf und spielen im Uferbereich. Dabei können sie leicht in den Teich fallen (zur Sicherheit siehe auch Seite 44). Zum anderen sind steile Ufer auch ungünstig für die spätere Teichbepflanzung sowie für viele Tiere, wie zum Beispiel den Igel, die gerne aus dem Teich trinken und dabei hineinfallen können. Am Steilufer können sie das Wasser ohne Ausstiegsmöglichkeiten nicht mehr verlassen und müssen – sofern keine menschlichen Retter zugegen sind – jämmerlich ertrinken. Sie brauchen also für einen Teich mehr Platz als nur ein paar Quadratmeter. Größere Teiche haben aber noch weitere Vorteile. Sie unterliegen geringeren Temperaturschwankungen! In größeren Teichen

Beim Aushub arbeitet man sich von innen nach außen vor.

Maß nehmen: Auf Papier lassen sich der Standort, mögliche Teichformen, sowie ein Bachlauf oder Wasserfall nahezu maßstabsgetreu zeichnen. Ausgeschnitten, ausgelegt, hin und her geschoben, findet man spielend das zukünftige Bild seines Wassergartens.
Nicht vergessen: In den Plan werden auch die Wege zum Teich sowie Alblageplätze für den Aushub und alle vorgesehenen Hügel, Senken, Steinhaufen und Trockenmauern, die später als Refugium für Tiere und Pflanzen dienen, eingetragen.

wird durch die größere Wassermenge auch das ökologische Gleichgewicht stabil sein. Empfehlenswert sind Teichgrößen ab etwa 25 m² Wasserfläche. Ein Bachlauf sollte mindestens 50 cm breit und mehrer Meter lang sein.

Teiche auf kleinen Grundstücken

Auch kleine Teiche können schön sein und gut funktionieren.
Viele Gartenbesitzer befürchten, dass ihr Grundstück für einen Gartenteich zu klein ist. Hier sind interessante Naturteiche mit flach abfallender Uferzone die Lösung, um den Wunsch nach Wasser im eigenen Garten zu realisieren: Bauen Sie zum Beispiel auf der gesamten freien Fläche eine Teichanlage! So könnte auf dem Gelände ein idyllischer Quellteich über einen Wasserfall in einen plätschernden Bach führen, der in einen größeren Teich mündet. Zudem könnte ein Holzsteg diese Wasserfläche überbrücken. Auch attraktive Sitzplätze können leicht integriert werden.

Wunsch nach einem kleinen Teich

Aus Platzgründen wünschen sich viele Menschen nur einen kleinen Teich auf ihrem Grundstück. Hier empfehlen wir die Anlage eines Mini-Wassergartens (Seite 26).
Auch mit kleinen Becken, zum Beispiel aus Holz, Kunststoff, lasiertem Ton oder Stein lassen sich attraktive Naturausschnitte verwirklichen.

Einen Gartenplan erstellen

Sind sämtliche Grundlagen der Planung erfasst, so sollten Sie einen Gartenplan mit allen Gebäuden sowie mit den bestehenden Baumbeständen und Pflanzungen maßstabsgerecht anlegen und darauf das Gewässer einzeichnen. Wie das aussehen kann, zeigt die Zeichnung auf dieser Seite. Noch leichter geht es, wenn Sie den Teich auf einem Extrablatt im gleichen Maßstab wie den Grundstücksplan zeichnen. Nun schneiden Sie diesen aus und bewegen ihn auf dem Gartenplan, bis Sie eine gute Vorstellung von den Proportionen und dem Standort gefunden haben. Spätestens jetzt können Sie entscheiden, welche Form der Teich haben soll.

Auch runde Teiche wirken toll, wenn sie richtig bepflanzt werden.

Formgebung des Gartenteiches

Die Form des Teiches ist von den örtlichen Gegebenheiten abhängig, also von der Form und von der Anlage des Gartens oder von schon bestehenden Gartengestaltungen, die man nicht ändern möchte. Mit Folien- und Betonteichen ist jede Teichform machbar. Fertigteiche gibt es in den verschiedensten Größen und Formen, an die man trotz großer Vielfalt gebunden ist. Natürliche Gewässer sind vielgestaltig: Sie haben Steil-, Flach- und Bruchufer, Buchten und manchmal sogar Inseln. Gartenteiche sind im Vergleich zu natürlichen Gewässern aber relativ klein. Deshalb sollte man eher einfache und nicht zu verschnörkelte Formen wählen.

Für Tiere und Pflanzen spielt es keine Rolle, ob der Teich quadratisch, rund oder sonst wie geformt ist. Diesen Lebewesen liegt mehr an flachen und großen Uferzonen sowie an einer abwechslungsreichen Teichumgebung.

Aushub und Vorbereitung des Teichbetts

Nachdem man mit Sägespänen, Sand, einem Gartenschlauch oder mit einer kräftigen Schnur die Umrisse des Beckens festgelegt hat, wird mit dem Ausschachten begonnen.

Von der Mitte aus werden die Rasensoden rechteckig mit einem Spaten abgehoben und sofort an den vorgesehenen Platz gebracht. Mit dem Gras nach unten kann man sie kreuz und quer schichten. So verrotten sie schnell zu ausgezeichnetem Humus.

Danach wird Schicht für Schicht des Erdreiches zu den Ufern hin abgegraben. Dazwischen empfiehlt es sich immer wieder nachzumessen, ob das angestrebte stufenförmige Teichprofil nach Plan gerät. Steilwände sind möglichst zu vermeiden. Bei einem Gefälle von 1:3 (10 cm Tiefe auf 30 cm Länge) bleibt nach Fertigstellung das Substrat auf dem Dichtungsmaterial besser liegen.

Ist die Tiefenzone erreicht, wird nochmals nachgemessen. Ganz wichtig ist, dass die Ufer auf einer Ebene liegen. Zum Nachmessen kann man eine Schlauchwaage verwenden: ein durchsichtiger Schlauch wird mit Wasser gefüllt und in das Teichbett gelegt. Der Wasserstand in den beiden Schlauchenden ist stets gleich hoch, was man mittles einer Schnur zwischen den Schlauchenden und einer Wasserwaage prüfen kann. Der Untergrund wird nun sorgfältig geglättet. Unebenheiten oder kleine Wurzeln oder gar spitze Steine können später zu Problemen führen. Diesen Arbeitsschritt sollte man sehr sorgfältig ausführen. Denn ein einziger übersehener spitzer Gegenstand kann die ganze Arbeit in Minutenschnelle zunichte machen.

Dort, wo der Untergrund zu locker scheint, wird er mit einem Rüttler oder Stampfer verdichtet. Wenn man einen Folien- oder Fertigteich anlegen will, gräbt man 10 bis 20 cm tiefer als die vorgesehene Teichtiefe. Dieser Raum wird anschließend mit Feinsand aufge-

füllt und verdichtet und eventuell mit Magerbeton bestrichen. So eine Schicht schützt zusätzlich vor mechanischen Schäden aus dem Untergrund.
Nicht vergessen: Immer wieder nachmessen, ob alles (besonders die Ufer) im Lot ist. Ist ein Überlauf vorgesehen, darf der Uferbereich an dieser Stelle wenige Zentimeter tiefer als das übrige Profil liegen.

Ein Schutzvlies gibt Sicherheit

Ein Wurzelschutzvlies mag im ersten Moment überflüssig erscheinen, zumal die Folienqualität immer besser geworden ist. Aber viele Risiken tauchen erst im Nachhinein auf. Mäuse- oder Rattenfraß oder deren einbrechende Nester unter der Folie können auch das beste Material gefährden. Das Gleiche gilt, wenn Wurzeln das Dichtungsmaterial erreichen. Ein Schutzvlies kann die Teichfolie auch gegen spitze Steine, die durch Bodenbewegungen oder Frost nach oben gedrückt werden, oder gegen Festkleben an Eis schützen. Testen Sie die Qualität des Vlieses vor dem Kauf mit einem Nagel oder einem Kugelschreiber. Gutes Vlies lässt sich trotz starken Drucks nicht oder nur mit Brachialgewalt durchstoßen.

Wohin mit dem Aushub?

Ein weiterer wichtiger Punkt, über den man sich von vornherein Gedanken machen muss, ist: Was passiert mit dem Aushub? Egal ob Fertigbecken, Folienteich oder Bachlauf – jedes Mal fällt eine große Menge Erdmaterial an.
Ein Beispiel: Der Teich soll eine Oberfläche von 3 m × 5 m und eine durchschnittliche Tiefe von 80 cm aufweisen. Es fallen etwa 10 Kubikmeter Aushub an, den es zu bewegen gilt. Dies kostet viel Zeit, aber auch Körperkraft. Ideal ist es, wenn man schon beim Hausbau eine brauchbare Grube für den späteren Gartenteich mit ausheben lässt.
Die beste Lösung ist, den Aushub für die Gestaltung der Teichumgebung zu verwenden. Dies sollte allein schon aus Kostengründen realisiert werden, denn das Abfahren (Entsorgen) kostet Geld. Den wertvollen Humus in einiger Entfernung vom Teich lagern, damit bei Regen nichts in die Baugrube schwämmt!

Wohin mit der Grasnarbe?

Wird ein Teich in einen schon angelegten Garten integriert, so wird er meist an der Stelle platziert, an der sich vorher eine Rasenfläche befand. Für die Gasnarbe gibt es verschiedene Lösungen. Auf jeden Fall sollte man sie exakt ausstechen oder flach abtragen und idealerweise kompostieren oder zu Rasenerde durch eine Kompostierung verarbeiten. Mit den grünen Soden lassen sich auch schadhafter Rasen und kahle Stellen wieder begrünen. Oder man baut aus den aufgeschichteten Grassoden eine schöne Soden-Trockenmauer.

Das Werkzeug

Als Handwerkszeug braucht man dazu wenigstens eine Schaufel, eine Spitzhacke und einen Spaten, um gerade Flächen abstechen zu können. Außerdem wird eine Schubkarre benötigt, um das Erdreich abzufahren, sowie Holzbretter als Karrweg, um das Gelände (besonders bei Regen) zu schonen. Eventuell noch eine Plane zum Abdecken des Aushubs bei Dauerregen. Dazu noch ein Durchwurfsieb, wenn Steine aus dem Aushub aussortiert werden sollen, um sie als Bachbelag oder anderweitiges Gestaltungselement zu verwenden. Kann oder möchte man den Aushub nicht von Hand machen, so bietet sich der Einsatz eines Minibaggers an. Diesen kann man in jeder Stadt oder Gemeinde von einem ansässigen Betrieb (Adressen in den Gelben Seiten unter der Rubrik Baumaschinen oder Fachbetriebe des Garten- und Landschaftsbaus) ausleihen, entweder zur eigenen Benutzung oder aber mit Bedienungspersonal, was natürlich teurer ist. Vor der Bestellung ist es ratsam, zu prüfen, ob der Bagger problemlos – ohne Schaden anzurichten – zur vorgesehenen Teichbaustelle fahren kann. Auch der Umgang mit dem Minibagger muss bekannt sein. Ungeübten ist vom „Selbstbetrieb" aus Sicherheitsgründen abzuraten! Findet man keinen Verleiher, muss man einem Unternehmer den Auftrag zum Aushub geben. Mit einem Bagger kann der grobe Aushub erfolgen, die Feinarbeiten könnte man – um Kosten zu sparen – selbst machen.
Bei einem relativ kleinen Teich mit etwa 30 oder 40 m² Wasserfläche und normalem Boden braucht man eigentlich keine Maschinen für den Aushub. Mit einem oder zwei Freunden oder Nachbarn kann der grobe Aushub innerhalb eines halben Tages erfolgen. Es gab schon Leute, die zu diesem Zweck mit bestem Erfolg eine „Aushubparty" gestartet haben.

Gut gefaltet legt sich die Teichfolie beim Füllen glatt auf dem Untergrund an.

Bau eines Folienteichs

Haben Sie sich dazu entschieden, als Dichtungsmaterial Folie zu verwenden, so steht Ihnen eine optimale Lösung zum Bau eines individuell gestalteten Wassergartens zur Verfügung. Mit Folien lassen sich die verschiedensten Formen für jeden Garten verwirklichen.

Vor dem ersten Spatenstich

Bevor Sie mit dem Teichbau beginnen, empfiehlt es sich, alles, was Sie dazu benötigen, zurechtzulegen. Die Checkliste auf dieser Seite hilft Ihnen dabei. Nichts ist frustrierender, als während der Arbeit feststellen zu müssen, dass etwas fehlt und vielleicht schwierig zu besorgen ist, weil zum Beispiel die Geschäfte schon geschlossen sind.

Die Form festlegen

Bevor es an den Aushub geht, muss die Form und der Umriss des Teichs auf den Garten übertragen werden. Dazu gibt es verschiedene Möglichkeiten, wie man dies bewerkstelligen kann: Zum Eine mit einem Schlauch, oder mit Schnur und Holzpflöcken sowie, noch einfacher, mit Sand oder Sägespänen. Ganz leicht kann mit all diesen Materialien die Form so lange geändert werden, bis sie wirklich gefällt und am besten in den Garten passt.

Mit Sand oder Sägespänen: Mit diesen Materialien wird der Umriss vorgezeichnet. Kurven, Inseln und Ähnliches sind so problemlos zu markieren. Für einen durchschnittlich großen Teich mit einer Wasserfläche von etwa 20 m^2 werden zwei 10-Liter-Eimer Sand oder Sägespäne benötigt. Den Sand oder die Sägespäne streut man ganz einfach mit der Hand als schmalen Streifen in der gewünschten Form aus. Gefällt die Form nicht oder werden an einzelnen Stellen Änderungen gewünscht, so harkt man das Material auseinander und beginnt von neuem.

Mit Schnur und Holzpflock: Die Form des Teiches kann auch mit Schnur und Holzpflöcken übertragen werden. Dazu setzt man Holzpflöcke in der gewünschten Form in etwa 1 bis 3 m Abstand, je nachdem, wie kompliziert die gewünschte Form ist. Zwischen den Holzpflöcken spannt man eine Schnur, die nun den Umriss zeigt.

Eines ist bei dieser Arbeit zu bedenken: Die mit dem Schlauch oder mit anderen Materialien ausgelegte Form darf man nicht mit der Wasserfläche gleichsetzen. Die Umrandung, die man vorgibt, ist in der Regel nicht identisch mit der Wasserfläche, sondern stellt die äußere Grenze der Teichuferzone dar. Immer wieder soltle man das abgesteckte Areal mit Abstand von vielen Seiten betrachten, um sich vorzustellen, wie der fertige Teich am Ende wirken wird.

Checkliste für den Bau:

Arbeiten:		**Geräte und Werkzeug:**
Maschineneinsatz	Minibagger?	Schubkarren
	Handarbeit?	Holzbretter
Mithilfe	Nachbam?	(zum Überfahren bei weichem Boden)
	Freunde?	Schaufeln
		Spaten
Material:		Hacken
Sand, körnig??	x m^3	Harken/Rechen
Vlies	x m^2	Stampfer
Folie oder Ton	x m^2	Schnüre/Schlauch/Sägespäne
Fertigbecken		Holzpfähle (ca. 40 cm lang)
Kies, Schotter, Kiesel	x t	Wasserwaage und Richtlatte
Pflanzsubstrat	x t	Gummihammer
Ausstattung wie		Kellen
Pumpe, Filter,		Durchwurfsieb
Zulauf- und Ablaufschläuche usw.	x Stück	Arbeitshandschuhe
		Werkzeugkasten (bestens bestückt)
		eventuell Elektrokabel

Kauf der Folie

Vor dem Kauf empfiehlt es sich, genau abzuwägen, für welche der angebotenen Folien Sie sich entscheiden. Neben der üblichen PVC-Folie werden auch PE-Folien und EPDM-Folien im Handel angeboten, Näheres zu diesen Folienmaterialien können Sie auf Seite 56 nachlesen.

Lassen Sie sich grundsätzlich vergleichbare Angebote vorlegen. Wenn möglich, sollte die Entscheidung zugunsten der Sicherheit, Langlebigkeit, Umweltverträglichkeit (Regeneratfreiheit), Entsorgungsmöglichkeit, und natürlich der Garantieleistungen fallen. Noch vor dem Kauf wird der Umriss des zukünftigen Teiches abgesteckt.

Folienbedarf

Man kann leicht eine Grobberechnung anstellen, um den ungefähren Folienbedarf zu bestimmen. Unterschiedliche Tiefen und geschwungene Ufer sind schlecht zu berechnen. Da ist es sicherer, nach dem Ausschachten und wenn das Teichbett der Wunschform nahe kommt, die Länge und Breite des Bettes genau zu vermessen. Dazu braucht man eine Schnur, die von einem Ufer auf dem Untergrund aufliegend zum anderen Ufer verläuft. Die verbrauchte Schnurmenge ist dann mit einem Metermaß abzumessen. Mit dieser Methode kann man einfach die benötigte Folienlänge und -breite berechnen. Zu den gemessenen Längen und Breiten schlägt man noch etwa ein bis drei Prozent zu und hat damit die zu besorgende Foliengröße. Im Handel sind fertig konfektionierte Folien in vielen Maßen erhältlich. Grundsätzlich sollten Sie immer auf diese Folien zurückgreifen, so dass Sie kaum selbst Folien verschweißen müssen. Selbst kleben ist risikoreich und unrentabel, denn für Fehler gibt es keine Garantie. Hersteller von Markenfolien fertigen auch Sondermaße innerhalb von weniger Wochen an. Diese Sondermaße sind in der Regel etwas Prozent teurer als Normalmaße.

Empfehlung für den Folienkauf

Kaufen Sie im Fachgeschäft, dort wo noch richtig beraten wird, oder lassen Sie den Teich von einem seriösen Garten- und Landschaftsbau-Unternehmen erstellen.

Folienbedarf – Beispielberechnung für einen 6 × 4 m großen Teich

Geplante Oberflächenlänge	**= 6 m**
+ Teichtiefe 1 m × 2 = 2 m	
+ Teichränder 0,50 m × 2	**= 1 m**
Benötigte Folienlänge	**= 9 m**
Geplante Oberflächenbreite	**= 4 m**
+ Teichtiefe 1 m × 2 = 2 m	
+ Teichränder 0,50 m × 2	**= 1 m**
Benötigte Folienlänge	**= 7 m**

Folien selbst verschweißen

Sollte es trotzdem einmal nötig sein, dass Sie die Folie selbst verschweißen müssen, so halten Sie sich an die Arbeitsanleitung der Klebemittelhersteller. Die unterschiedlichen Verfahren lassen ein immer gültiges Rezept an dieser Stelle nicht zu. Je nach angewendetem Verfahren (Kaltschweißverfahren mit Quellschweißmitteln oder Heißschweißen) gelten die gleichen Vorbe-

Nicht mehr lange, dann wächst hier ein grüner Hort prallen Lebens heran.

Beim Anschluss der Folie an das Ufer, muss man immer an eine Kapillarsperre denken. Hier wurde eine Steinfolie verwendet, die besonders natürlich wirkt und schnell durch Moose und Algen einen natürlichen Ufereindruck entstehen lässt.

reitungen. Geschweißt wird nur im Freien, außerhalb des Teichbettes, also vor dem Verlegen der Folie. Wichtig sind Schutzbrille und Arbeitshandschuhe. Die Nahtstellen müssen glatt, sauber, trocken und fettfrei sein.

Am besten verschweißt man die Folienbahnen auf einem ebenen, trockenen Boden aus Beton oder Pflastersteinen. Muss man aber auf unebenen und feuchten Flächen, bei sehr großen Teichen (also ab etwa 500 m²) und bei Erweiterungen und Anschlüssen gar im Teichbett schweißen, so wird ein Brett unter die zu verschweißende Naht gelegt. Zum Beschweren beim Trocknen benötigt man außerdem Steine oder einen Sandsack. Die Naht ist nach etwa zehn Minuten Trockenzeit belastbar, dann schadet auch Regenfall nicht.

Aushub

Beim Ausschachten für einen Folienteich achtet man darauf, dass der Böschungswinkel nie steiler als etwa 1 zu 3 zur Tiefwasserzone hin wird. Ein Böschungswinkel von 1 zu 3 bedeutet, dass vom Ufer aus zur Teichmitte hin gesehen nach einer Länge von 3 m eine Tiefe von 1 m erreicht wird. Oder auf eine Länge von 1 m eine Tiefe von 30 cm. Die Arbeitsweise beim Aushub wurde ausführlich ab Seite 62 besprochen. Er erfolgt wie üblich von der Mitte aus. Die Aushubtiefe für den Folienteich berechnet sich aus der gewünschten Wassertiefe plus 10 bis 20 cm für die Sandschicht. Die wenigen Millimeter der Folie und die des Schutzvlieses sind vernachlässigbar.

Zum Schluss werden die Seichtwasser- und Uferbereiche in die erwünschte Form gebracht. Der Uferbereich wird so flach wie möglich, eventuell sogar als Mulde, gestaltet. Der Böschungswinkel sollte in diesem Bereich nie über

20 Prozent liegen. Ein Böschungswinkel von 20 Prozent bedeutet, dass vom Ufer aus zur Teichmitte hin gesehen nach einer Länge von 5 m eine Tiefe von 1 m erreicht wird, oder auf einem Meter Länge eine Tiefe von 20 cm. Das ist ein Verhältnis von 1 zu 5.
Zur Probe des richtigen Böschungswinkels können Sie ein paar Kiesel auf die Folie fallen lassen. Sie sollten liegen bleiben, ohne nach unten zu rollen.
Aushubmaterial wird nach Soden, Humus (Mutterboden), Sand, Lehm und Steinen getrennt gelagert. Die Zwischen- oder Endlagerplätze haben Sie bei der Teichplanung je nach Verwendung des anfallenden Materials bereits festgelegt. Aushub, den man noch für

Mögliche Fehlerquellen beim Bau:

- Es werden häufig Fehler beim Schweißen von PVC-Folien gemacht. Daher muss nach Arbeitsanleitung gearbeitet werden. Der Untergrund muss zum Verschweißen besenrein sauber sein. Beim Ausschachten darf man nicht vergessen, dass das Uferniveau im Lot, das heißt waagerecht, sein muss (Seite 62).
- Der Untergrund muss vor dem Verlegen der Folie von allen spitzen und scharfen Gegenständen, wie zum Beispiel Steinen oder Wurzeln befreit werden. Zur Sicherheit muss man ein Schutzvlies unter die Folie legen (Seite 63).
- Mechanische Beschädigungen sind auch immer dann möglich, wenn in Foliennähe mit scharfen oder spitzen Gegenständen wie Harken oder Messern hantiert wird.
- Trittschäden beim Bepflanzen oder Verarbeiten der Folie sind möglich, aber eher selten.
- Vor dem Bepflanzen oder Einbringen von Deko-Gegenständen muss der Teich gefüllt sein, damit sich die Folie an den Untergrund anschmiegen kann. Es darf zu keinen Überdehnungen (besonders im Nahtbereich) kommen.

Bei soviel Platz und einem großen Teich kann man zum Aushub einen Bagger verwenden. Das spart Zeit und Geld.

Erster Schritt: Die Umrandung des Hauptteichs und der danebenliegenden kleineren Becken wird mit Sand, Sägespänen oder einer festen Schnur markiert.

Zweiter Schritt: Von innen nach außen wird der Teich ausgeschachtet und bekommt seine Form. Die unterschiedlichen Tiefenzonen werden modelliert.

Dritter Schritt: Ein Schutzvlies wird über die gesamte Fläche des Teichgrunds gelegt. Auch die Teichränder sollten dabei nicht ausgespart werden.

Nicht vergessen: Manche Seerosenarten und -sorten brauchen eine Wassertiefe von 80 Zentimetern oder mehr.

Letzter Schritt: Nach einer Schicht feinem Kies oder grobem Sand kommt das Wasser. Langsam einfüllen und dabei die Falten in der Folie glatt streichen.

den Teichbau braucht (zum Beispiel Sand), kann in Teichnähe lagern. Dies sollte jedoch in einem Abstand von mindestens 1 bis 2 m von der Baugrube entfernt geschehen, damit der Teichrand während des Baus jederzeit begehbar ist und bei Regen nichts in die Grube schwämmt.

Einbringen der Sandschicht

Nach dem Erreichen der Teichsohle wird auf den glatten Untergrund als Puffer zwischen Mutterboden und Folie eine Sandschicht von 10 bis 20 cm Stärke aufgebracht. Dies ist immer dann besonders nötig, wenn der Bodengrund sich schwer oder überhaupt nicht glätten lässt.

Teichschutzvlies

Stellt sich beim Ausschachten heraus, dass der Untergrund sehr steinig oder mit Wurzelteilen durchsetzt ist, kann es nötig werden, ein Geotextil-Vlies als Schutzschicht unter die Folie zu legen. Die im Fachhandel angebotenen Teichvliese sind extrem widerstandsfähig und bestehen aus synthetischem Gewebe oder aus Recyclingmaterial. Sie sind leicht und bequem zu verlegen und schützen dauerhaft vor spitzen Steinen und Wurzeldruck.

Einbau der Folie

Am besten wählt man für den Einbau der Folie einen warmen Tag. Teichfolien lassen sich nämlich am besten verlegen, wenn sie handwarm sind und sich weich und elastisch anfühlen. Dazu legt man die gerollte oder gefaltete Folie kurzzeitig in die Sonne (nie ausgebreitet auf den Rasen, weil dieser darunter leidet). Wenn die Sonne nicht scheint und es trotzdem trocken ist, kann sich die Folie in einem warmen Raum erwärmen: Mit einem Fön lässt sich die erwünschte Geschmeidigkeit auch relativ schnell erreichen. Im Alleingang kann das Einbringen der Folie zur Qual werden, denn das Gewicht einer Folie von 20 m² beträgt immerhin 25 bis 30 kg. Mit vier Personen geht es viel leichter, vor allem dann, wenn die Folie vom Verkäufer nach dem Zuschnitt richtig zusammengefaltet wurde. Richtig gefaltete Folien lassen sich von innen nach außen hin gut auslegen. Dazu wird die gefaltete Folie in die Mitte des Teiches gelegt und nach links und rechts gleichmäßig auseinander gefaltet.

Wichtig: Wenn Sie eine gefaltete Folie gekauft haben, so sollten Sie vor dem Verlegen derselben die Aushubgrube mit einem Geotextil-Vlies auslegen, damit die Feinarbeiten nach dem Grobaushub nicht durch das Betreten zerstört werden.

Für kleinere Teiche sind auch Folien auf einer Rolle im Handel erhältlich. Diese sind auf dieser einmal gefaltet. Diese Folie legt man so in den Teich, dass die Hälfte des Teiches bedeckt ist und dabei die Folienfaltung in der Mitte zu liegen kommt. Nun muss man nur noch die Folie aufklappen und kann die zweite Hälfte mit der Folie bedecken. Bleiben nach dem Ausbreiten Falten zurück, schadet das nicht. Falten, die in den Ecken liegen, werden glatt gelegt und später bei der Ufergestaltung endgültig fixiert. Falten sind auch deshalb kein Problem, weil man ja für die Ufergestaltung genügend Folie eingeplant hat. Anschließend lässt man Wasser zulaufen, bis der Teich zu zwei Dritteln gefüllt ist. Bevor mit der Ufergestaltung begonnen wird, sollte ein Tag gewartet werden. So hat die Folie ausreichend Zeit, sich an den Untergrund anzuschmiegen.

Während der Einbauarbeiten sollte man vermeiden, mit Schuhen auf der ungeschützten Folie laufen. Außerdem muss man scharfkantige Werkzeuge möglichst weit von der verlegten Folie entfernt zu lagern.

Ein erster Besucher am neuen Teich

Bau eines Schalenteichs

Mit einem Schalenteich, der häufig auch Fertigteich genannt wird, lassen sich schnell und relativ problemlos viele verschiedene Teich- und Beckenformen verwirklichen.

Fertigteiche werden so eingebaut, dass sie absolut plan und im Lot liegen.

Vorbereitung für den Einbau

Fertigbecken oder Schalenteiche sind aus festem Kunststoff gefertigt. Sie haben unveränderliche Formen, die beim Einbau berücksichtigt werden müssen. Grundsätzliches zu den Fertigbecken, Vor- und Nachteile wurden schon auf Seite 58 angesprochen.

Wenn Sie sich für ein Fertigbecken entschieden haben, sollten Sie dafür sorgen, dass für die Anlieferung des Beckens der Weg ab Straße bis zum vorgesehenen Platz möglichst ohne Hindernisse passierbar ist.

Nach der Anlieferung empfiehlt es sich, sofort am vorgesehenen Platz das Becken auf Beschädigungen (Dellen oder Risse) zu untersuchen.

Aushub

Zur Vorbereitung des Aushubs wird die Teichform auf den vorgeplanten Platz im Garten gestellt. Achten Sie dann darauf, dass ein geschwungen geformter Behälter seitenrichtig liegt. Das heißt, dass der Boden nach unten liegen muss, damit Sie den genauen Umriss zum Aushub festlegen können. Zu-

Im Handel gibt es eine große Auswahl an verschiedenen Teichschalen und Behältern.

erst wird die Bodenfläche mit Sand, Holzpflöcken oder Sägespänen (siehe dazu auch Seite 64) nachgezeichnet. Anschließend werden die Konturen der Beckenränder zuzüglich eines etwa 50 cm reiten Randstreifens rundherum für den Arbeitsbereich beim Einbau ebenfalls mit Sand, Sägespänen oder Pflöcken markiert. Dazu eignet sich eine Latte, an die man eine Wasserwaage bindet. Die Latte wird senkrecht gestellt und eingemessen. Um das Becken herum setzt man auf diese Weise alle 10 cm eine Markierung.

Probleme beim Einbau

Sollte sich das Becken während des Einbaus noch setzen, so kann man folgendes versuchen: Sind der Wasserstand innen und außen im eingeschlämmten Sand annähernd gleich hoch, versucht man den Rand des Beckens vorsichtig (!) anzuheben. Dadurch kann der verflüssigte Sand unter das Becken fließen. Mit der Wasserwaage muss aber laufend kontrolliert werden, denn der Rand lässt sich später nicht mehr wieder nach unten drücken.

Ist das Becken beim Einbau aufgeschwommen oder steht schief, hilft nur eines: Sie müssen das Fertigbecken ganz herausnehmen, alles nochmals neu ausgraben und das Becken wieder einsetzen.

Anschließend wird das Becken wieder aus dem Arbeitsbereich herausgerückt und mit dem Aushub von innen nach außen, wie geplant, begonnen. Zuerst wird die Tiefenzone bis auf die angestrebte Tiefe ausgehoben, zuzüglich 10 cm für das Sandbett und nochmals etwa 5 cm, damit der Beckenrand unter der vorgesehenen Uferzone liegt.

Beispiel zur Berechnung der richtigen Tiefe

Bei einer Beckentiefe von 80 cm plus 10 plus 5 cm ergibt sich eine Aushubtiefe von 95 cm! Hat das vorgesehene Becken eine gleichmäßig umlaufende Abstufung, kann relativ viel Mutterboden stehen bleiben. Anderenfalls, wenn also mehrere unterschiedlich hohe Abstufungen in verschiedenen Größen vorhanden sind, ist es besser, bis auf den angestrebten Rand **hin** auszuheben. Es wird also ein stufenloses Aushubloch gemacht. So hat das Becken nach fachgerechten Einschlämmen ausreichend Stabilität.

Arbeitsraum um das Becken

Je nach Beckengrößen wird um den Teichumriss (Wände des Beckens) ein zusätzlicher Streifen als Arbeitsraum mit ausgehoben. Bei großen Teichschalen mit vielförmigen Abstufungen und Tiefen über 80 cm kann es nötig werden, dass der Arbeitsraum 50 cm und mehr beträgt. Nur so bleibt genügend Platz, um per Hand den Untergrund in der Baugrube verdichten zu können.

Das Teichbett

Grundsätzlich muss man das Teichbett wie beim Bau eines Folienteichs gut säubern, einebnen und in jedem Fall verdichten. Auf den Boden kommt eine mindestens 5 cm dicke Sandschicht, besser sind 10 cm. Als Alternative zum Sand bietet sich auch eine mindestens 5 cm starke Splittschicht (Splitt mit einer Körnung von 1 bis 5 mm) an.

Mit einer Wasserwaage wird nun die gesamte Auflagefläche vermessen. Das ist äußerst wichtig, denn nur wenn das Fertigbecken fest und gerade steht, bleibt der Beckenrand und damit der Wasserspiegel dauerhaft in der Waage.

Einbau der Teichschale

Ist das Teichbett fertig, kann das Becken in die Aushubgrube gestellt werden. Man kontrolliert ein letztes Mai, ob die Oberkante des Beckens überall gleichmäßig 5 cm unterhalb der späteren Endhöhe liegt.

Markenqualtität ist beim Kauf von Teichschalen der Garant für ungetrübte und dauerhafte Freude am Gartenteich.

Um den äußeren Rand des Beckens werden die Grassoden ausgestochen.

Die Grube wird von innen nach außen ausgehoben und der Boden planiert.

Der Grund muss absolut plan und in der Waagerechten sein, sonst steht das Becken schief.

Als nächsten Schritt füllen Sie den Fertigteich etwa 20 cm hoch mit Wasser auf und warten eine bis zwei Stunden, bis sich alles gesetzt hat.
Nun können Sie die vorhandenen Hohlräume zwischen Erdreich und Teich mit Sand auf die Höhe des Wasserspiegels im Becken verfüllen und mit etwas Wasser einschlämmen.

Achtung: Nie zu viel Wasser verwenden! Denn wenn der Wasserspiegel auf der Außenseite höher ist als innen, schwimmt das Becken auf.
Jetzt sollten Sie nochmals nachmessen, ob alles im Lot ist. Dann wird Schritt für Schritt 20-cm-weise Wasser in die Teichschale eingefüllt und nach jedem Einfüllen der 20 cm hohen Wasserschicht wieder neuer Sand an den Rändern eingebracht, verdichtet und eingeschlämmt. Es dürfen dabei keinerlei Hohlräume zurückbleiben. In diese-Hohlräume könnte später Sand nachrutschen und das Becken aus der Horizontalen bringen. Der optische Eindruck eines schrägen Wasserspiegels wäre die Folge. Bevor es weiter geht, bleibt das Becken dann einige Tage so stehen. Es kann sich nochmals setzen und man kann gegebenenfalls erneut mit einem Handstampfer im Bereich der Verdichtung rund um das Becken nacharbeiten. Bei Fertigbecken neuerer Herstellung sind die Ecken und Kanten verstärkt. Die gegossenen Elemente weisen eine hohe Eigenstabilität auf, sodass beim Einbauen normalerweise kaum Bruchgefahr besteht.

Ausstiegsmöglichkeiten für Tiere

Um Tieren, die in den Teich hineingefallen sind, eine Ausstiegsmöglichkeit zu geben, sollten man die steilen Wände durch ins Becken gelegte Steine abflachen. Auch ein Ast oder eine Wurzel, die ins Wasser ragen und sicher am Rand oder Ufer verankert sind, können als lebensrettende Leiter dienen. Denn nicht nur Landtiere wie Igel oder andere Kleinsäuger, auch Amphibien wie Kröten und Frösche können ertrinken, wenn sie sich bei der Suche nach einem Ausstieg erschöpfen. Diese Ausstieghil-

Ist die Grube fertig, wird geprüft, ob das Becken überall genau hinein passt.

Ist alles im Lot, wird an den Seiten Sand mit dem Schlauch eingespült.

Ist das Becken komplett mit Sand eingeschlämmt, wird am Rand mit Erde angefüllt.

fen sollten im Abstand von etwa 1,50 m rings um das Becken angelegt und direkt vom Rand aus erreichbar sein. Ein in den Teich gefallenes Tier wird nicht erst zur Mitte des Beckens schwimmen, um einen Ast zu erreichen, sondern immer direkt am Rand nach einem Fluchtweg suchen.

Aus Becken, deren Oberfläche besandet sind, können viele Tiere noch leichter herausklettern, da die raue Beschichtung für Amphibien und kleine Säuger ausreichend halt gibt.

Ufermodellierung

Ist alles im Lot und fertig eingebaut, werden die abgesenkten Ufer bepflanzt und die Abschlusswülste am Rand des Beckens mit Platten so belegt, dass keine freien Stellen des Kunststoffs mehr sichtbar sind. So verhindert man, dass sich diese dunklen Bereiche bei Sonneneinstrahlung stark erhitzen und Tiere oder Pflanzen Schaden nehmen könnten. Auch hier haben Becken mit besandeter Oberfläche den Vorteil, dass sie sich nicht so stark erhitzen und auch optisch schöner aussehen.

In die vorgefertigten Randbereiche können dann die Sumpf- und Uferpflanzen gesetzt werden, Unterwasserpflanzen oder Seerosen kommen in die Mitte an die tiefsten Stellen.

Mögliche Fehlerquellen beim Bau:

Wenn der Aufriss fehlerhaft war, passt der Fertigteich nicht in die ausgehobene Form. Deshalb muss man diesen sehr sorgfältig ausführen.

Wenn die Bodenauflage nicht exakt in der Waage war, weil zum Beispiel die Auflagefläche nicht genug verdichtet oder schräg war, läuft das Wasser im ungünstigsten Fall an einer Uferseite über, und die andere Seite liegt blank. Der Wasserspiegel wirkt dann unnatürlich schräg.

Wenn beim Einschlämmen des Sands das Becken aufschwimmt, weil die Seitenteile zu stark gewässert wurden, hat man das notwendige zeitgleiche Befüllen des Beckens vergessen.

Andere Baumaterialien

Außer Folien und Fertigschalen können Teiche auch aus anderen Materialien gebaut werden. Am häufigsten kommt dabei Beton zum Einsatz, seltener auch Ton oder andere Dichtungsstoffe.

An manchen Plätzen, wie auf dieser Terrasse, ist ein Hochteich aus Beton die ideale Lösung für einen Wassergarten.

Betonteich

Immer wieder wird in Beratungsgesprächen der Vorschlag gemacht, einen Betonteich auch im Privatgarten zu bauen. Vor allem in Verbindung mit geradlinigen, architektonischen Bauwerken ist dieses vielseitige Baumaterial zu empfehlen. Auch geometrische Formen wie Vier-, Fünf- oder Sechsecke lassen sich so realisieren. Der Bau von Becken mit komplizierteren Formen ist schwieriger und sollte einem Fachmann überlassen werden. Man kann auch mit Betonringen schöne Miniteiche für die Terrasse bauen. Die Vor- und Nachteile des Baumaterials Beton werden ausführlich auf Seite 59 beschrieben.

Vorbereitung

Schon bei der Planung eines Betonteiches muss bedacht werden, dass der Beton stark genug ist, um bei Frost dem Eisdruck standhalten zu können. Dies bedeutet, dass Betonteiche frostfrei gegründet sein müssen, und zwar unterhalb der Bodenplatte. Die Bodenplatte gründet man auf frostfreie Streifenfundamente aus Beton.
Alternativ dazu kann man sich auch vom Fachbetrieb des Betonbaues eine wasserundurchlässige Wanne in einem Stück gießen lassen. Dies ist auch zum Beispiel im Hausbau bei Kellern mit „drückendem Wasser" üblich.

Aushub

Der Aushub muss mindestens 20 cm tiefer erfolgen, als die gewünschte Wassertiefe. Sollen Fische im Teich leben, so muss man eine Tiefe von mindestens 80 cm einplanen. Daraus folgt eine Aushubtiefe von einem Meter.
Außerdem muss um den geplanten Teich ein gewisser Arbeitsraum für die Randzonen eingeplant werden. In diesem Arbeitsraum werden die Seitenwände geschalt. Alle weiteren Aushubarbeiten entsprechen denen, die ab Seite 62 ausführlich beschrieben wurden.

Bau des Betonteiches

Da für den Bau eines Betonteiches eine Armierung zur Stabilität erforderlich ist, muss ein Statiker hinzugezogen werden. In den manchen Bundesländern ist ab einer Teichgröße von 50 Quadratmeternauch eine Baugenehmigung notwendig. Auskünfte erteilt Ihre lokale Baubehörde. Für das Anbringen der Verschalungen und das Gießen des Betons wendet man sich am besten an einen Fachbetrieb des Garten- und Landschaftsbaus.

Pflege

Durch einen Farbanstrich mit speziellen Betonfarben (ISO-Grund) aus dem Fachhandel schützt man das Teichwasser vor schädlichen Stoffen, die aus dem beton gelöst würden.
Achtung: Möchte man nachträglich Veränderungen an seinem Betonteich ausführen, so muss man mit dem Presslufthammer anrücken. Dehalb ist eine genaue Planung und sorgfältige Bauausführung nötig.

Mögliche Fehler beim Bau:

Fehler, die bei der Planung und der Baudurchführung gemacht werden, ziehen immer ausgedehnte und teure Reparaturarbeiten nach sich; ein fehlerhafter Betonteich kann so schnell zum Generationenproblem werden.

Weniger geeignete Dichtungsmaterialien

Es gibt außer den vorgestellten Dichtungsmaterialien noch die Möglichkeit, einen Teich mit Ton abzudichten. Dazu werden spezielle Tonziegel übereinander geschichtet und verdichtet. Ein solcher Teich ist zwar natürlich im Sinne der „Nicht-Verwendung" von Kunststoffen, bringt aber viele Probleme mit sich. Zum einen ist eine enorme Menge an wasserundurchlässigem Ton notwendig, um den Teichgrund zu belegen. Arbeitsaufwand und Arbeitszeit sind höher als bei anderen Verfahren und eine Entfernung zu einem späteren Zeitpunkt ist ohne enorme Erdarbeiten praktisch nicht möglich. Die Dichtigkeit kann nicht dauerhaft garantiert werden, da einige Sumpfpflanzen mit ihren Wurzeln durch die Tonschicht dringen können. Auch dürfen die Uferzonen nicht austrocknen, da durch die entstehenden Trockenrisse Wasser versickern kann.
Ein anderes Material ist Hydrosil. Dies ist ein Tonpulver aus Montmomillorit-Ton, das beim Kontakt mit Wasser quillt und eine dichte Schicht bildet. Eine dauerhafte Abdichtung ist schwierig und der Bau für Laien praktische nicht durchführbar.

Wenn die Pflanzen im Teich so üppig wachsen, sollte man auch mal ans Auslichten denken.

Ufergestaltung

Wie weit Ihre Wunschvorstellungen von dem neuen Teich in Erfüllung gehen, hängt in hohem Maß von der richtigen Ufergestaltung ab. Wenn man sich Vorbilder aus der Natur sucht, kann man selten etwas falsch machen.

Die Teichufer sind so anzulegen, dass zum einen die Beckenränder gut abgedeckt sind und kein Wasser überlaufen kann. Außerdem sollte man eine direkte Sonneneinstrahlung auf die Folie vermeiden. Wenn mittelhoch wachsende Pflanzen die Seitenpartien bedecken und die höher werdenden den Hintergrund, also das der Sichtseite gegenüberliegende Ufer, entsteht der Eindruck einer wunderbaren Naturbühne, auf der das Leben seine schönsten Stücke aufführt. Wichtig ist , dass der Teich so gestaltet wird, dass er auch noch nach Jahren ein harmonisches Bild abgibt und sich nahtlos in das Gesamtbild der Gartenanlage einfügt, als wäre der Teich ein Stück ursprünglicher Natur.

Flache Ufer mit Kies und unterschiedlich großen Steinen sind ideal.

Ufer beim Folienteich

Wenn sich im Teich die Folie endgültig gesetzt beziehungsweise an den Untergrund angepasst hat, muss sie anschließend befestigt werden. Zuvor sind noch die letzten Falten (vor allem in den Ecken) zu glätten und gut zu fixieren. Zur Befestigung wird die Folie, wie auf den Zeichnungen rechts dargestellt, rundherum eingegraben. Als Kapillarsperre wird die Folie am Rand senkrecht gezogen und steht einige Zentimeter über den Boden hinaus.

Ufer bei Teichschalen

Die meisten der im Handel erhältlichen Teichschalen weisen einen Sumpfrand, den so genannten Biorand, auf. Um die Ufer solcher Teiche zu gestalten, gilt es daher zuerst, die Pflanzen in den vorgegebenen Sumpfrand oder den entsprechenden Pflanzenebenen einzuordnen. Bitte achten Sie dabei darauf, dass nur solche Pflanzen in die engere Auswahl kommen, die nicht wie ein Docht wirken, das heißt, Wasser aus dem Teich über die Uferränder hinausleiten. Auf Rohrkolben zum Beispiel, dessen Wurzeln über den Rand wachsen können, sollte man aus diesem Grund verzichten. Beim Fertigteich können die Ränder mit flachen Steinen belegt werden. Schöner als ein eintöniger Steinrahmen sieht es aus, wenn die Abdeckung eine Fortsetzung außerhalb des Teichs findet. Gestalten Sie das Ufer so, dass das Dichtmaterial weder der Witterung noch der Sonne ausgesetzt ist und ins Becken gefallene Tiere über schräg gelegte Steine oder Wurzeln problemlos aussteigen können. Moderne Teichschalen haben eine gesandete Oberfläche, die schnell von Moosen und Algen besiedelt wird und so eine natürlich wirkende Patina ansetzt.

Die Kapillarsperre

Kapillaren wirken wie Löschpapier. Sie saugen das Wasser aus dem Teich und geben es an den umgebenden Boden, Sand oder ähnliches ab. Diese Dochtwirkung kann so groß sein, dass sehr kleine Teiche innerhalb von nur ein bis zwei Wochen fast gänzlich trocken fallen können. Um dieses zu verhindern, legt man Kapillarsperren an. Kapillarsperren werden mit Hilfe von Teichfolien gebaut. Dazu wird die Folie am Rand hochkant etwa 1 bis 2 cm aus dem Boden geführt. Es besteht somit eine klare Trennung zwischen dem Teich (oder Bachlauf) und den umliegenden Trockenflächen. Im Extremfall bedeutet dies aber, dass ein feuchter Wasserstandort innerhalb der Folie direkt an einen sehr trockenen außerhalb der Sperre angrenzt. Durch diese scharfe Trennung lässt sich kaum eine fast natürliche Lebensgemeinschaft von Wasser-, Sumpf-,

Feuchtzonepflanzen und denen der Feuchtwiese im Garten anlegen. Daher sollte man zumindest in diesen Bereichen auf eine Kapillarsperre verzichten.

Uferbepflanzung und Uferdekoration

Sind die Ränder dauerhaft befestigt, so können die Ufer anschließend mit unterschiedlichen Materialien naturnah dekoriert werden. Innerhalb des Teiches kommt nun auf die flach auslaufenden Ufer eine Schicht mit runden und gemischten Kieseln, Splitt, Schotter oder ein Kies-Sand-Gemisch, damit die Folie an keiner Stelle mehr sichtbar ist. Bei der richtigen Ufergestaltung bleibt die Folie unsichtbar und ist vor Witterungseinflüssen, wie zum Beispiel Sonne oder Eisgang, geschützt.

Die Teichumgebung

Die Gestaltung des Teichufers sollte sich nahtlos in die der Teichumgebung einfügen, ganz gleich, ob man eine Feucht- oder eine Blumenwiese, einen Trockenbereich oder eine Prachtstaudenrabatte anlegen möchte. Auch in Teichnähe wachsende Gehölze müssen in den Kontext der Gesamtanlage miteinbezogen werden. Erst, wenn alle Gestaltungselemente aufeinander abgestimmt sind, erhält man einen harmonischen Gesamteindruck.

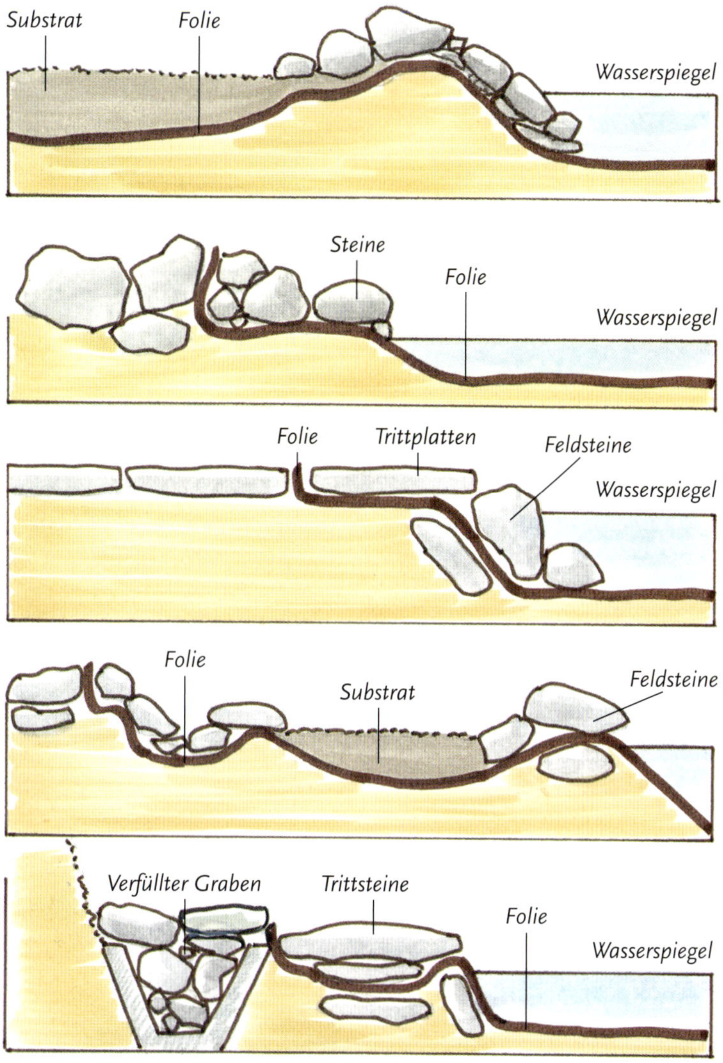

Verschiedene Möglichkeiten, den Übergang zwischen Folie und Teichrand anzulegen.

Mit Böschungmatten begrünte Ufer sehen sehr natürlich aus, durch die Kapillarwirkung muss man aber den Wasserstand des Teichs regelmäßig kontrollieren.

Böschungsmatten

Steilere Uferbereiche bis zu einer Böschungsneigung von 40% können bei einem Folienteich mit so genannten Böschungsmatten verschwinden. Diese Böschungsmatten sind im Handel auch als grob strukturierte Kokosmatten mit integrierten Pflanztaschen erhältlich. Richtig bepflanzt, sind die Matten schnell mit Moos, Algen und Pflanzen bewachsen und wirken sehr natürlich.

Allerdings verliert der Teich durch die Kapillarwirkung der Matten mehr Wasser an die Teichanschlusszone und muss deshalb eventuell häufiger mit frischem Wasser aufgefüllt werden.

Bau von Bachlauf und Wasserfall

Das i-Tüpfelchen im Wassergarten könnte ein Bachlauf oder Wasserfall sein. Bachläufe sind nicht nur romantisch, sie sind auch außerordentlich nützlich, denn sie bringen den lebensnotwendigen Sauerstoff ins Wasser.

Ein wunderschöner Bachlauf mit Wasserfällen. Damit das Wasser läuft, muss auf eine ausreichende Pumpenleistung geachtet werden.

Vielen Kleinlebewesen dienen Bachläufe als Kinderstube, denn sie bevorzugen kleinere, auch flache Gewässer, um sich darin zu vermehren. Außerdem verbessert ein Bachlauf das Mikroklima und ist ein wertvoller Lebensraum für viele Pflanzen, die hier besonders gut gedeihen. Der Bau eines Bachlaufs erfordert eine äußerst genaue Planung, denn wenn er erst einmal in Betrieb genommen ist, darf er nicht mehr trocken fallen, um die Neusiedler in Form von Mikroorganismen, INsekten und andere nicht zu gefährden. Je nach örtlichen Gegebenheiten sollte die Anlage so großzügig wie möglich und mit natürlich wirkenden Baumaterialien geplant und gebaut werden. Mit den im Markt angebotenen Baumaterialien lassen sich nahezu alle gestalterischen Wünsche verwirklichen, von der Quelle über einen Bachlauf zum Teich oder zum Teichanschlussbecken. Es lassen sich selbst attraktive Wasserlandschaften schaffen, indem bereits bestehende Teiche mit einem Bachlauf miteinander verbunden werden. Niveauunterschiede sind dabei eher erwünscht als ein Problem. Gestaltungsbeispiele für Bachlauf und Wasserfall finden Sie auf den Seiten 22 bis 25. Weil die Wasserverdunstung beim Betrieb von Bachläufen und Wasserfällen erfahrungsgemäß sehr groß ist, bei Hitze können das durch den niedrigen Wasserstand und die Verwirblung durchaus zwei bis drei Zentimeter sein, sollte auch ein so genannter Schwimmschalter zur Wasserregulierung gleich mit eingeplant werden. Dieser Schwimmschalter ist im Pumpenreservoir zu montieren.

Der Untergrund

Der tragende Untergrund darf nicht lose geschüttet sein, damit es im Laufe der Zeit zu keinerlei Niveauverschiebungen durch das Setzen von Humus, Sand usw. entstehen können. Am besten ist es, wenn sich unter den abgehobenen Soden stark verdichteter Untergrund befindet. Nachverdichten sollte man aber immer. Wird der Aushub als Untergrund und zum Modellieren verwendet, so ist die Aufschüttung jeweils nach 10 cm Höhenzuwachs festzustampfen. Wenn der Untergrund aus Feinsand oder einer mehr als halbmeter dicken Humusschicht besteht, so empfiehlt es sich, ein Bett aus Trassbeton aufzuschütten. Als Deckschicht im Bach wird Kies mit einer Körnung von 1 bis 5 cm aufgebracht sowie unterschiedlich große Steine zur Dekoration. Mit geeigneten Steinen lassen sich außerdem sowohl die Fließgeschwindigkeit als auch der Fließverlauf des Bachs beeinflussen. Damit der Gesamteindruck ruhig und harmonisch erscheint, empfiehlt es sich, gleich geformtes, also nur rundes oder nur kantiges Gestein zu verarbeiten.

Wasserfall aus Fertigschalen: auf das Gefälle der Fallstufen achten!

Das Dichtungsmaterial

Bei der Auswahl des Baumaterials sollten Sie die vielfältigen Möglichkeiten gut abwägen und vergleichen. Es bieten sich Teichfolien und Fertigelemente an. Je nach den örtlichen Begebenheiten ist das eine oder andere System besser.

Tönerne Amphoren als Quelltöpfe

Nicht vergessen: Die Kapillarsperre

Damit man beim ersten Einschalten der Bachlaufpumpe keine Enttäuschung erlebt, weil das ganze Wasser nicht „den Bach runter geht", sondern an den Seiten im Uferbereich versickert, muss man auch beim Bachlauf auf eine Kapillarsperre (Seite 77) achten. Durch hochgezogene Folienränder verhindert man ein Auslaufen des Wassers in den benachbarten Uferbereich.

Ein Bachlauf aus Fertigelementen. Wenn die Bepflanzung ersteinmal richtig eingewachsen ist, und die Ränder überdeckt, wirkt das ganze auch natürlicher.

Dichtung aus Kunststoffschalen

Der Gartenfachhandel bietet eine Vielzahl and fertig vorgeformeten Kunststoffschalen. Ihr Vorteil: Sie lassen sich leicht und problemlos zu Bachläufen oder Wasserfällen zusammenstellen. Fertigschalen gibt es auch mit naturbesandeter Oberfläche. Ihre Formen sind mit Mulden – für Stillwasserbereiche – und Fallstufen bereits vorgegeben. Zum Bau eines Wasserfalls kann eine Endstufe mit Quellbereich, Kaskade und Fallrinne Verwendung finden. Die Wasserfallschalen lassen sich mit jedem Bachbauelement verbinden und zu jedem Gefälle übereinander angeordnet passend zusammenstellen. Auf unsichere Dichtungselemente oder besondere Schweißverfahren kann man also beim Bau verzichten. Beim Einbau wird wie beim Fertigteich gearbeitet. Auf das Niveau und Gefälle muss selbstverständlich geachtet werden. Wenn man sich an die Herstellervorgaben halt, kann nichts schief gehen.

Probleme beim Wasserfall

Beim Betrieb eines Wasserfalls tritt häufig ein Ärgernis auf. Das Wasser läuft nicht, wie angestrebt, auf dem direkten Weg in den vorgesehenen Teich,

Bei zu geringer Pumpenleistung ist der Wasserfluss zu gering. Ein eher traurig tröpfelndes Bild ist das Ergebnis.

Durch die Verwendung desselben Materials im Uferbereich wie im Bachbett fügt sich der Bachlauf harmonisch in die Umgebung ein. Die Pflanzen wachsen mit etwas Abstand zum Bach, damit der Wasserverlust durch die Kapillarwirkung und Wurzeln gering bleibt.

sondern rinnt auf der Unterseite des Wasserfalls nach hinten – oft genug auch noch darüber hinaus –, um im Untergrund zu versickern. Wenn man dies beobachtet, muss das Gefälle des Wasserfalls am Auslauf überprüft werden. Liegt alles richtig im Lot, kann die Pumpenleistung zu schwach sein. Wenn auch dies nicht als Fehlerquellen in Frage kommt, klebt man einfach mit Silikon oder einem anderen Kunststoffmaterial einige Tropfen – so genannte Nasen – an das Ende des Wasserfalls. Dann fließt das Wasser nicht mehr unter den Überstand, sondern tropft oder fließt im stetigen Fall nach unten.

Bepflanzung und Dekoration

Bei der Bepflanzung und beim Dekorieren mit Wurzelstubben und Ähnlichem im Bach oder im Wasserfall leiten Pflanzen und Holz Wasser durch die Kapillarwirkung nach außen. Deshalb muss man den Bach am Anfang genau kontrollieren, dass nirgends Wasser seitlich verloren geht. Der Wassereinlauf darf nicht direkt auf Seerosen und andere Schwimmblattpflanzen gerichtet sein. Seerosen vertragen weder das Spritzwasser noch starke Wellen, wenn diese die Blatter überspülen.

Fehler beim Bau:

Wenn die Bauelemente nicht waagerecht oder mit zu steilem oder flachem Gefälle angeordnet wurden, fließt das Wasser nicht so wie gewünscht.
Eine schlechte Verdichtung hat nachträgliche Veränderungen im Untergrund zur Folge und kann dazu führen, dass Wasser seitlich aus dem Bachbett sickert.
Mechanische Beschädigungen des Dichtungsmaterials können durch ungeeignete Auflasten, wie zum Beispiel übergroße und zu schwere Findlinge, passieren.

Mit Steinen, die ins Bachbett gelegt werden, lässt sich die Fliegeschwindigkeit verändern.

Durch künstliche „Nasen“ aus Silikon oder Kunststoff auf der Unterseite der Fallstufen lässt sich der Wasserfall ins rechte Bett lenken.

Dichtung aus Folie

Mit Teichfolien als Baumaterial lassen sich vielfältige Bachformen und -läufe verlegen. Sie passen sich gut einem sauberen Untergrund und allen örtlichen Gegebenheiten an.
Aus Sicherheitsgründen ist eine Foliendicke von 0,8 mm oder sogar 1 mm Stärke zu empfehlen. Im Fachhandel gibt es schon fertig konfektionierte Folien mit unterschiedlichen Breiten.
Soll Ihr Bach eine Breite von etwa 50 cm haben, so benötigen Sie eine Folie von 1 m Breite, weil die beidseitigen Ufer – um als Kapillarsperre zu wirken – etwa 25 cm höher als der Wasserspiegel liegen sollten. Das bedeutet, dass zu der jeweilig erwünschten Bachbreite für die Ufer 50 cm hinzugerechnet werden müssen.
Das Gefälle sollte nur wenige Zentimeter pro laufendem Meter Bach aufweisen. Eine schnellere oder langsamere Strömungsgeschwindigkeit kann durch Verengung oder Erweiterung des Bachbettes erreicht werden. Vertiefungen im Stauwasser haben sich im Dauerbetrieb ebenfalls als nützlich erwiesen. Diese Vertiefungen kann man leicht bauen, indem man kleine Teiche hintereinander reiht. Das Wasser läuft dann über Staustufen von einem Teich in den nächsten. Der Vorteil dieser Anlage zeigt sich beim Abstellen der Pumpe: In allen Kleinteichen bleibt das Wasser stehen und die Bewohner können auch einen Pumpenausfall überleben.
Sonst sind alle Arbeitsgänge die gleichen, die beim Aushub (Seite 62) und beim Bau eines Folienteiches (Seite 64) bereits beschrieben wurden.

Fehler beim Bau:

Oft wird der Bach zu steil oder ohne Staustufen angelegt, er fällt dann nach Abstellen der Pumpe trocken.
Steile Ufer lassen sich nicht gut verdecken. Wenn das aufgebrachte Substrat abrutscht, sind ganze Bereiche der Witterung ausgesetzt und wirken nicht mehr natürlich. Außerdem kann sich der Bach aufstauen und überlaufen.
Wenn bei der Uferbefestigung Mulden entstanden sind oder die Folie nicht richtig fixiert ist, entweicht Wasser, oder die Folie dient nicht mehr als Kapillarsperre.
Wenn kein Sicherheitsbereich von 15 bis 25 cm Folie über dem Wasserspiegel berücksichtigt wurde, kann sich Wasser stauen und über das Bachbett hinausfließen.

Zuerst wird der Untergrund des zukünftigen Bachlaufs vorbereitet: Das Bachbett wird verdichtet und mit einer schützenden Sandschicht (etwa 10 cm stark) ausgebettet. Anschließend wird die Folie ausgelegt. Wenn man die Folie aus mehreren Stücken zusammenstezt, müssen die oberen Teilstücke unteren überlappen, damit beim Fließen kein Wasser aus dem Bett entweicht.

Mit grobem Sand, Kies und größeren Findlingen wird das Bachbett modelliert. Unter die Steine wird Styropor gelegt, damit die Folie keinen Schaden nimmt. Vor steileren Abschnitten werden große Steine platziert, die zum Einen für Verwirbelungen sorgen und zum Anderen verhindern, dass Sand und Kies mit der Strömung nach unten fortgespült werden.

Zum Schluss kommt eine Abdeckung aus unterschiedlich großen Kieseln oder Schotter zwischen die Steine. So wird der Übergang von Bachbett zum Ufer und in die Teichanschlusszone fließend und ein natürliches Bild entsteht. Durch die Kapillarsperre (mittleres Bild) wird verhindert, dass Wasser aus dem Bach in der Umgebung versickert.

Ein gelungenes Beispiel für einen perfekt angelegten Bachlauf: Bachufer und Umgebung gehen nahtlos ineinander über, die Pflanzen der Anschlusszone haben genug Abstand zu Bach und der Einlauf ist soweit von den Seerosen entfernt, dass diese nicht bespritzt werden.

Bewegtes Wasser

Bewegtes Wasser bringt Leben in den Garten – und in den Teich! Durch das Sprudeln und Vermengen gelangt Sauerstoff ins Wasser – derselbe Effekt wie ein Bachlauf oder Wasserfall.

Bewegtes Wasser ist eine Wohltat für die Sinne!

Springbrunnen und Wasserspiele

Um bewegtes Wasser in den Garten zu bekommen, reicht es auch aus, einen Sprudelaufsatz auf die Pumpe zu installieren. Sie können auch einfach ein kurzes Stuck Förderschlauch so zwischen Findlingen oder Bruchsteinen integrieren, dass das geförderte Wasser über diese Steine in den Teich zurückfällt. Haben oder wollen Sie keinen Teich, können Sie auch einfach einen Brunnen oder Quellstein in Ihre Gartenanlage integrieren.

Quellsteine

Ein einfaches Kunststoff-Mörtelfass aus dem Baustoffhandel graben Sie so ein, wie beim Fertigbecken beschrieben (Seite 70). Auf dieses Fass legen Sie einen Fußrost. Hierauf können Sie nun einen durchbohrten Findling platzieren. Eine kleine Tauchpumpe mit einem kurzen Förderschlauch versenken Sie in dem Fass und ziehen den Schlauch von unten durch das Bohrloch bis etwa 1 bis 2 cm unterhalb des Lochausganges. Um diesen Findling legen Sie nun kleinere Steine oder Kiesel, damit von dem Rost sowie dem Fass nichts mehr zusehen ist. Wenn Sie jetzt nicht vergessen haben, Wasser einzufüllen, kann bei Einschaltung der Pumpe das Wasser munter sprudeln.

Auch aus einem Leichtbetonstein (Ytong) lässt sich ein schönes und einmaliges Wasserspiel zaubern. Diese Bausteine lassen sich mit einfachstem Werkzeug bearbeiten. So können Sie zum Beispiel eine Sonne oder einen Menschenkopf daraus modellieren. Der Mund wird durchbohrt, um hier von hinten den Schlauch integrieren zu können. Mit einer Bürste und einem

Kühle Schönheit: Ein Wasserspiel mit elegantem, architektonischem Charakter.

Quellsteine und Wasserspiele im Winter

Damit im Winter keine Schäden an der Pumpe im Vorratsbecken entstehen, sollte diese im Spätherbst vor dem ersten Frost entfernt werden.
Bei die-ser Gelegenheit kann man geich das Wasserreservoir und die Pumpe reinigen.

Regulierung der Pumpenleistung

Wenn bei einem Quellstein das Wasser in einer hohen Fontäne austritt oder nur mit aller Mühe überhaupt aus dem Bohrloch quillt, stimmt die Pumpenleistung nicht. Sie muss auf den Durchmesser des Bohrlochs, die Höhe und den Durchmesser des Quellsteins abgestimmt sein. Pro Zentimeter Durchmesser des Quellsteins oder des Steinhaufens muss man mit einer Pumpenleistung von 60 Litern pro Stunde gerechnet werden. Bei einer Höhe von 30 cm ist also eine Förderleistung von 1.800 Liter pro Stunde nötig.

Gemisch aus Zement, Wasser und Sand (im Verhältnis 2 : 1 : 1) können Sie jetzt die Figur mit einer künstlichen Patina überziehen und ihr den Charakter einer Sandsteinskulptur geben.
Nun brauchen Sie nur noch einen schönen Platz im Garten oder an der Hauswand, an dem Sie die Figur befestigen. Auch hier muss natürlich ein Behälter mit der Pumpe und für das Wasser eingebaut werden, um einen funktionsfähigen Kreislauf zu bekommen. (Pumpen für bewegtes Wasser werden ab Seite 102 beschrieben).

Die Größe von Quellsteinen

Die Findlingsgröße und die umliegenden Steine müssen so gewählt sein, dass das Wasser immer wieder in das Fass zurückfließen kann. Nur dann funktioniert der Kreislauf richtig und nichts geht daneben.

Ein Quellstein aus natürlichem Kalktuff. In den Nischen siedeln sich bald viele Mosse an.

Licht am Gartenteich

Eine romantische Stimmung im Garten ist garantiert, wenn man den Gartenteich bei Dunkelheit mit Strahlern und Leuchten in einem völlig anderen Licht erscheinen lässt. Der Effekt und das Erscheinungsbild ist ein völlig anderes als tagsüber.

In warmes Licht getaucht, zaubert ein Teich am Abend eine romantische Stimmung in den Garten.

Auch bei Dunkelheit kann sich der Gartenteich von einer schönen Seite präsentieren. Zudem spielt der Sicherheitsaspekt eine Rolle, wenn Wege zum Gewässer oder an einem ungesicherten Teich entlang führen. Das Leuchtenangebot ist ungeheuer vielfältig. Es gibt nahezu alle Formen, von runden, schwimmenden Wasserkugeln über streng futuristische Elemente bis hin zum japanischen Ambiente. Unter rein optischen Aspekten fällt die Auswahl ausgesprochen schwer. Die folgenden Entscheidungshilfen können Ihnen die Wahl zwar nicht abnehmen, aber beim Entscheidungsprozess weiter helfen:

- Wählen Sie nur Beleuchtungselemente aus, die alle technischen Bestimmungen erfüllen (TÜV, GS und DIN-Normen).
- Abzulehnen sind so genannte Insektenkiller, also Lampen, an denen jedes Insekt verschmort.

Zeitschaltuhr und Bewegungsmelder am Teich

Mit einer dämmerungsgesteuerten Zeitschaltuhr lässt sich die Brenndauer der Leuchten am Gartenteich genau einstellen und der Teich in Szene setzen. In Kombination mit einem Bewegungssensor sorgt die Beleuchtung für zusätzliche Sicherheit.

Beleuchtete Schwimmkugeln tauchen den Teich in ein märchenhaftes Licht.

Mit Punktstrahlern lassen sich einzelne High-Lights in Szene setzen.

- Um stimmungsvolle Effekte zu erzielen, sollte unmittelbar am Wasser nur diffuses Licht herrschen. Einzelne Pflanzen oder Baumgruppen in Teichnähe wirken dagegen besser, wenn sie direkt angestrahlt werden.
- Mehr als zwei Stunden zusätzliche Beleuchtungen über das normale Tageslicht hinaus sind aber weder ökologisch noch ökonomisch sinnvoll.
- Optische Schwerpunkte wie Fontänen, Quellsteine oder Dekorationselemente wie Wurzeln und Findlinge wirken noch schöner, wenn man sie ins rechte Licht rückt.
- Mehrfarbige Lichteffekte in einem Gartenteich sind nicht sinnvoll, demzufolge auch verzichtbar.

Technik

Bewegtes Wasser übt einen ganz besonderen Reiz auf den Menschen aus. Plätschernde Springbrunnen oder leise gurgelnde Bachläufe lassen sich mit moderner Pumpentechnik für jeden Geschmack individuell verwirklichen.

Wer garantiert klares Wasser im Teich haben möchte oder Fische einsetzen will, kommt um eine Filterung des Wassers nicht umhin. Auch hier gibt es für jeden Teich und Teichbesitzer die ideale Lösung.

Technik am Teich

Um Wasser zu bewegen benötigt man Pumpen, Filter für klares Wasser und Leuchten für tolle Lichteffekte. Für jeden Zweck, ob Bachlauf, Wasserfall, Springbrunnen oder für eine Filteranlage, gibt es spezielle Pumpen, die genau auf die jeweiligen Bedürfnisse zugeschnitten sind.

Technik im Wassergarten

In der Natur gibt es ja auch keine Filter oder Pumpen, die das Wasser klären, mag man sich bei der Planung und Anlage eines Teichs denken. Aber ein Teich im Garten ist immer ein künstliches, von Menschenhand geschaffenes Gewässer. Ein Teich ist Teil der Gartengestaltung und soll in das Gesamtkonzept eines Gartens eingepasst werden. Dazu gehören Beleuchtung, Wasserbewegung und, wenn man Fische im Teich halten will, eine Filterung.

Pumpen für den Teich

Wenn Wasser bewegt werden soll, braucht man dazu eine Pumpe. Je nachdem, welchen Zweck eine Pumpe erfüllen soll, gibt es spezielle Geräte. Es ist schließlich ein Unterschied, ob man einen Bachlauf mit Wasser versorgen, einen Springbrunnen oder einen Sprudlerstein betreiben oder einem Filter Teichwasser zuführen will. Auch die Wassermenge, die die Pumpe fördern soll, muss dem Zweck angepasst sein.
Die Belastungen, denen eine Teichpumpe im Dauerbetrieb ausgesetzt ist, sind enorm. Deshalb sollte man sich beim Kauf gleich für ein Qualitätsprodukt entscheiden. Solche Pumpen sind in der Anschaffung zwar etwas teurer als Billigprodukte, haben aber eine wesentlich längere Lebensdauer. Manche Hersteller gewähren eine Vollgarantie zwischen drei und fünf Jahren!

Eine Wasserglocke im Miniteich.

Pumpentechnik

Eine hochwertige Pumpe hat einen so genannten Spaltrohrmotor, das heißt, der gesamte Rotorraum ist mit Wasser gefüllt und nur zum elektrischen Teil statisch abgedichtet. Andere Pumpentypen benötigen Dichtungen an sich bewegenden Teilen und sind verschleißanfälliger. Man unterscheidet zwischen Synchron- und Asynchronmotoren. Erstere nennt man auch Magnetkreiselmotoren. Sie sind mit einem Rotor (Flügelrad) ausgestattet, der eine geschwungene Form haben sollte. Dadurch dreht er sich immer in derselben Richtung und die Pumpe bringt eine höhere Leistung. Synchronmotoren sind durch ihre kompakte Bauweise und den leisen Lauf ideal für kleinere Pumpen mit einer Leistung bis etwa 3.000 Liter pro Stunde, zum Beispiel für Wasserspiele.
Asynchronmotoren sind äußerst robust und leistungsstark, sie werden besonders für Bachläufe verwendet, oder wenn Schmutzwasser (bei der Zuführung zum Filter) befördert werden soll. Sie lassen sich auch über eine Funkfernsteuerung bedienen.
Das Gehäuse besteht aus Kunststoff oder Edelstahl. Alle elektrischen Teile müssen vom mechanischen Teil getrennt (am besten in einen Kunstharzkern eingegossen) und es muss ein Erdungsblech vorhanden sein.
Ein Vorfilter minimiert die Verschmutzung der Pumpe und damit den Aufwand zur Pflege. Außerdem werden so keine Fische oder andere Kleinstlebewesen angesaugt.

Leistungsbedarf

Besonders bei Bachläufen und Wasserfällen ist eine genaue Berechnung der Pumpenleistung wichtig. Damit der Bach weder trocken bleibt noch überläuft, muss die Leistung individuell angepasst werden. Die Pumpenkennlinie (Leistungsdiagramm) zeigt das Verhältnis der Fördermenge zur Förderhöhe einer Pumpe an. Mit dieser Kurve lässt sich die ideale Pumpe für Ihren Bedarf bestimmen.

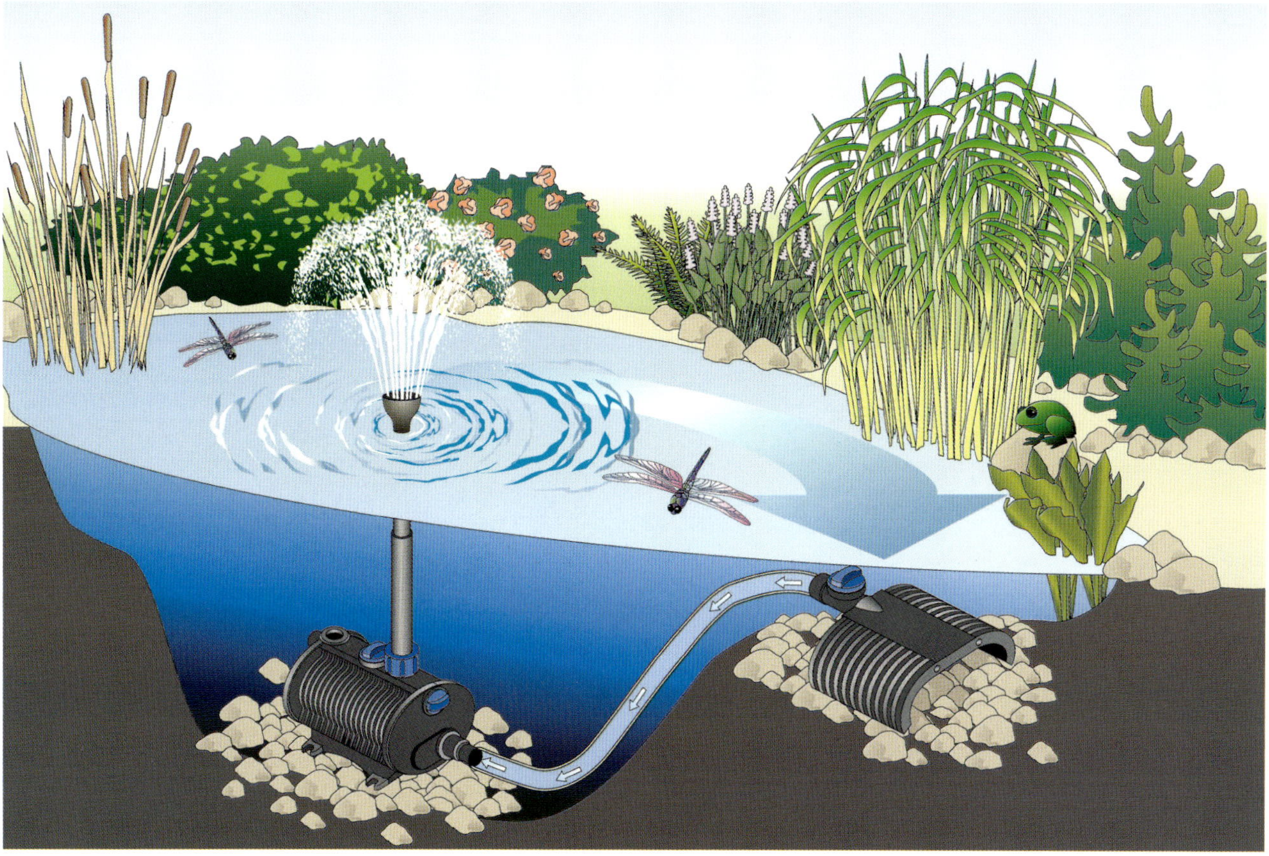
Wasserspielpumpe mit Satellitenansaugstelle – so ist die Wasserumwälzung im Teich optimal.

Wartung und Reinigung

Hochwertige Pumpen brauchen nur wenig Pflege. Etwa alle drei Monate sollte man sie aus dem Teich nehmen und reinigen. Dabei nicht am Kabel herausziehen, sondern an einer Schnur, die man vorher an der Pumpe befestigt hat. Schnellkupplungen an Schlauch und Pumpe ermöglichen eine rasche Wartung, auch in der kalten Jahreszeit. Förderschläuche können im Teich oder Boden bleiben, wenn sie in Isolierrohren tiefer als 50 cm liegen.

Schlauchanschlüsse

Förderschläuche sollten immer so kurz und so dick wie möglich sein, um Reibungs- und damit Leistungsverluste zu vermeiden. Zum Beispiel hat ein dreiviertel Zoll starker Schlauch einen viermal so hohen Reibungsverlust wie ein Schlauch mit einem Durchmesser von einem Zoll (etwa 2,5 cm).

Aufstellung

Normalerweise verwendet man saugende Pumpen, die unter Wasser platziert werden. Man kann sie entweder direkt im Teich platzieren oder in einem Pumpenschacht außerhalb des Teichs. Dabei muss die Pumpe aber immer unterhalb des Wasserspiegels liegen. Schläuche können über Trennungsschalen, die über den Schlauch geklappt werden, über Uferränder oder Böschungen geführt werden.

Abwasserpumpe

Wenn man den Teich entleeren muss und dabei auch den Bodenschlamm abpumpen will, sind Abwasserpumpen, wie sie auch im Installationsbereich verwendet werden, ideal. Man kann sie auch oft im Fachhandel ausleihen, ein Kauf ist nicht extra nötig.

Checkliste für den Pumpenkauf

Kaufen Sie Pumpen nur im (Garten-)Fachhandel und lassen Sie sich vor dem Erwerb ausführlich beraten.
Beschreiben Sie dem Verkäufer den Einsatzbereich – Teich, Bachlauf, Sprudlerstein oder Filterzuführung.
Notieren Sie vorher die Maße des Teichs (Länge, Breite, Tiefe), bei Springbrunnenpumpen die gewünschte Spritzhöhe, bei Bachläufen die Breite und Länge sowie das Gefälle bzw. die Fallhöhe eines Wasserfalls.
Beschreiben Sie den Teich und seine Anlage, möchten Sie Fische halten? Oder soll es ein reiner Natur- und Pflanzenteich werden.
Soll eine Illumination und Beleuchtung des Teiches gleich mit angelegt werden? Dann sind Komplettsysteme (Seite 101) ideal.
Achten Sie auf das TÜV/GS-Zeichen und vergleichen Sie Service und Garantie.
Wer übernimmt im Fall einer Störung den Kundendienst? Bekomme ich ein Ersatzgerät im Falle eines Defekts?

Filter und Filterpumpen

Klares Wasser ist der Traum aller Teichbesitzer. Und auch der Aspekt der Teichpflege, der die meisten Probleme bereitet. Vor allem, wenn man Fische im Teich hält, kommt man um eine mechanische und biologische Filterung nicht umhin.

Dauerhaft klares Wasser im Fischteich ist nur mit einer Filterung möglich.

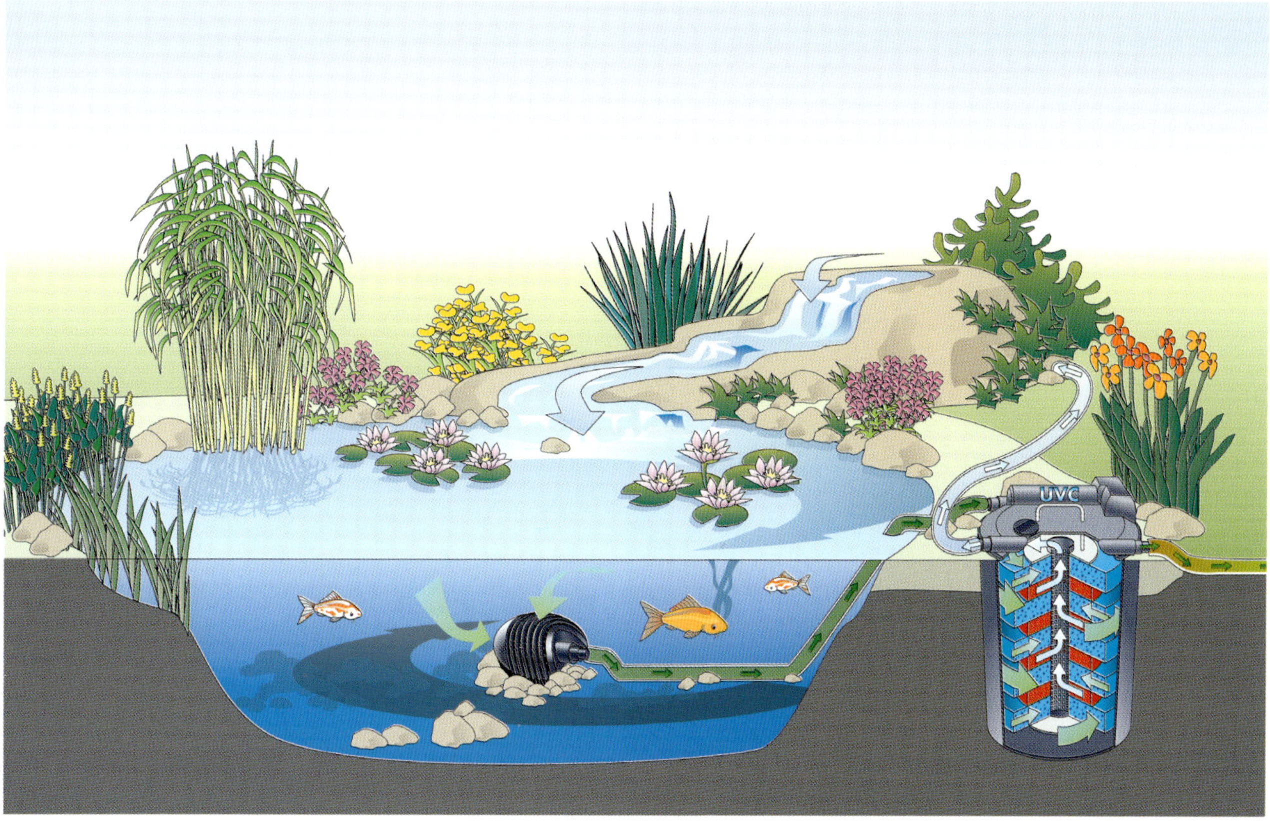

Diese Grafik veranschaulicht den Wasserkreislauf vom Teichboden zum Filter und über einen Bachlauf zurück in den Teich.

Warum eine Filterung

Die Qualität des Teichwassers wird durch eine Vielzahl von Faktoren beeinflusst. Fische, Pflanzen, Falllaub und vieles mehr tragen zu einer hohen Belastung mit organischem Material bei, die zu verstärktem Algenwuchs, zu schlammigen Ablagerungen am Teichgrund und zu Trübungen führt. Um dies zu verhindern, muss das Wasser im Teich – genauso wie im künstlichen Biotop eines Aquariums – gefiltert werden, damit es klar bleibt. Man unterscheidet zwischen mechanischer und biologischer Filterung. Bei der mechanischen werden Schmutzteilchen durch Bürsten, Filtermatten oder Netze aus dem Wasser entfernt. Bei der biologischen Filterung werden im Wasser gelöste organische Abbauprodukte von Mikroorganismen, die sich auf der Oberfläche der Filtermaterialien angesiedelt haben, abgebaut. Der genaue Kreislauf des Stickstoffabbaus ist ist auf Seite 108 beschrieben.

Mit einem Skimmer kann das Wasser auch an der Oberfläche angesaugt werden.

Einige Hersteller von Teichfiltern geben sogar eine Klarwassergarantie, wenn man Teichgröße, Filter und Teichnutzung exakt aufeinander abstimmt.

Filterpumpen

Pumpen, die das Wasser aus dem Teich zum Filter transportieren, müssen besonderen Ansprüchen gerecht werden. Sie müssen sehr zuverlässig im Dauerbetrieb sein, denn ein Ausfall der Pumpe und damit ein Stopp des Filterdurchflusses lässt die Bakterien im Filter nach etwa sechs Stunden absterben. Durch den Dauerbetrieb sollte der Stromverbrauch nicht zu hoch sein. Da das angesaugte Wasser häufig Schmutz und Schwebeteilchen enthält, muss die Pumpe in der Lage sein, dieses Wasser ohne erhöhten Verschleiß und ohne Verstopfen zum Filter zu transportieren. Der Ansaugstutzen an der Pumpe sollte beweglich sein, um die Aufstellung im Teich flexibler zu gestalten.

Die Ansaugung kann entweder am Grund oder mittels eines Skimmers an der Wasseroberfläche geschehen.

Die Durchflussgeschwindigkeit der Pumpe richtet sich nach der Größe des Filters. Damit der Abbau organsicher Abfallprodukte optimal verläuft, muss das Wasser langsam durch das Filtermedium (Schaumstoffmatten oder Ähnliches) strömen.

Wasserumwälzung

Filter und Filterpumpe müssen an die Nutzung und Größe des Teichs angepasst werden. Das Wasservolumen eines normalen Teichs sollte etwa zweimal am Tag umgewälzt werden. Wenn man Fische hält, kann sich dieser Zeitraum verkürzen, bei einem Fischbesatz von einem Kilogramm Fisch pro Kubikmeter Teichwasser muss das Wasser im Teich schon alle zwei Stunden komplett umgewälzt werden, damit das Wasser frei von Schwebeteilchen und Algen bleibt.

UV-Teichklärer

Um auch die kleinsten, einzelligen Algen aus dem Wasser zu entfernen und Krankheitskeime zu eliminieren, sind viele Mehrkammerfilter mit einem UV-Teichklärer ausgestattet. Bevor das Wasser die Filtermatten durchströmt, werden mittels einer speziellen Lampe, die UVC-Strahlen (Ultraviolettes Licht) abgibt, Bakterien und Schwebealgen abgetötet, diese verklumpen und können dann von den nützlichen Filterbakterien abgebaut werden. Damit die Lampe nicht verschmutzt und in ihrer Wirkung beeinträchtigt wird, sollte sie mit einer selbstreinigenden Bürste, die vom durchfließenden Wasserstrom angetrieben wird, ständig gereinigt werden.

Platzierung des Filters

Teichfilter werden in der Regel als Außenfilter am Teichrand aufgestellt. So sind sie leicht zu reinigen. Das Wasser kann, nachdem es durch den Filter gelaufen ist, über einen Bachlauf, eine Fallstufe oder einen Wasserfall wieder in den Teich zurückgeführt werden. Da die Bakterien im Filter zum Abbau der organischen Substanz Sauerstoff benötigen, muss dem Wasser dieser wieder zugeführt werden, bevor es in den Teich gelangt. Dies geschieht durch die Vermischung mit Luft im Bachlauf oder Wasserfall.

Filterpflege und Wartung

Die Schwämme, die sich in Mehrkammerfiltern befinden, sind ideal für die Besiedlung mit nützlichen Bakterien. In einem gut eingefahrenen Filter vermehren sie sich so gut, dass die Matten gelegentlich gereinigt werden müssen, damit sie nicht verstopfen und der Filterdurchfluss erhalten bleibt. Moderne Filter haben robuste Schwämme als Filtermedium, die man von außen, ohne sich die Hände schmutzig zu machen, reinigen kann. Das abfließende Schmutzwasser ist ein idealer Blumendünger und kann einfach ins benachbarte Beet geleitet werden.

Der Filter im Winter

Lässt man den Filter im Winter laufen oder schaltet man ihn ab – darüber gehen die Meinungen auseinander. In Koiteichen, die tief genug sind oder

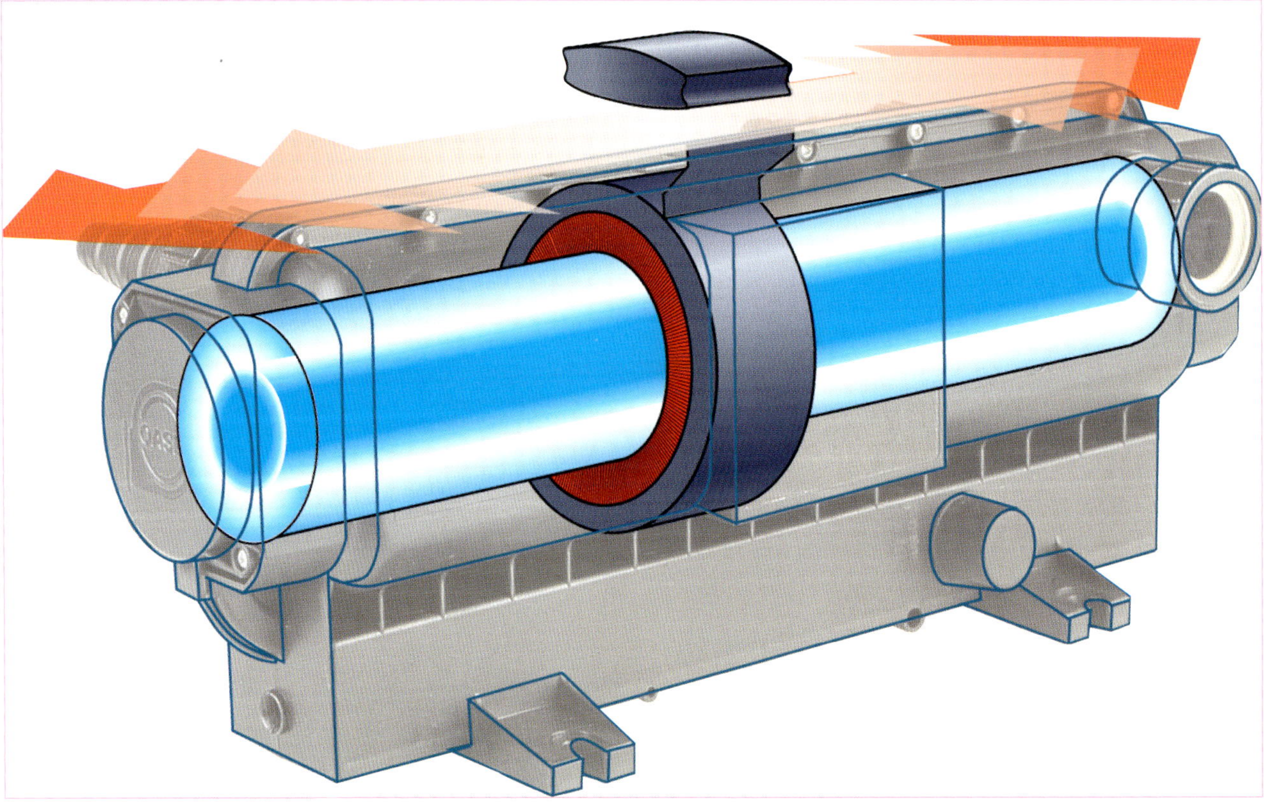

UV-Klärer verhindern das Wachstum von Schwebealgen und krankheitserregender Bakterien und Pilzsporen.

Klares Wasser im Fischteich – mit dem richtigen Filter kein Problem.

Mehrkammerfilter mit getrennten Filterkammern.

eine Teichheizung haben, kann der Filter durchlaufen. In kleineren Teichen stört der Filter das Temperaturgefüge im Teich, das 4 °C kalte Tiefenwasser würde durch die Umwälzung nach oben gelangen und zu stark abkühlen. Im Frühjahr braucht ein abgeschalteter Filter einige Wochen, bis er wieder seine volle Leistung erreicht. In diesem Zeitraum sollte man seine Fische nur sparsam füttern. Man kann durch die Zugabe spezieller Starterbakterien aus dem Fachhandel dem Filter einen schnelleren Anlauf geben und diese Zeit deutlich verkürzen.

Zur Reinigung können die Filtermatten einfach aus der Kammer herausgezogen werden.

Springbrunnen und Quellsteine

Springbrunnen, Quellsteine oder Wasserglocken sorgen nicht nur für eine angenehme Geräuschkulisse, sondern bringen durch die Wasserbewegung und Umwälzung viel lebensnotwendigen Sauerstoff in den Teich.

Wasserspielpumpen

Wasserspielpumpen verwendet man für Springbrunnen, Fontänen, Schaumkaskaden oder Wasserglocken. Sie helfen vor allem im Sommer, wenn das Wasser wärmer wird und sich Algen bilden, das biologische Gleichgewicht im Teich aufrecht zu erhalten.

Damit bei Wind kein Wasser über den Teichrand hinaus verweht wird, muss die Regulierung der Pumpenleistung und damit der Spritzhöhe von außen, am besten über eine Funkfernsteuerung oder eine Handregulierung, möglich sein.

Teichpumpen werden meist an der tiefsten Stelle im Teich platziert. Das hat den Vorteil, dass sie immer mit Wasser versorgt sind. Außerdem ist die Pumpe am Teichgrund nicht so sichtbar und stört weniger. Damit nicht zu viel Bodenschlamm und absinkender Schmutz die Pumpe verstopft, aufgewirbelt wird und so die Leistung mindert, sollte man die Teichpumpe leicht erhöht stellen, zum Beispiel auf einen umgedrehten Pflanzkorb oder einen Stein. Die Ansaugöffnung der Pumpe muss mit einer möglichst großen Siebabdeckung versehen sein, damit sie nicht verstopft oder Tiere aus dem Teich angesaugt werden.

Bei großen Teichen bieten sich auch so genannte Satellitenfilter oder die Ansaugung über einen Skimmer von der Oberfläche an. So wird die Wasserumwälzung im Teich noch besser.

Mit einer schwimmenden Wasserspielpumpe kann auch an flachen Stellen eine Spritzfontäne entstehen.

Wasserspiel im Gartenteich.

Schwimmende Springbrunnen

Eine besonders raffinierte Lösung, wenn man den Springbrunnen oder die Fontäne an abwechselnden Orten platzieren will, sind schwimmende Springbrunnen. Eine kleine Pumpe ist in einem Schwimmkörper verborgen, der an jeder beliebigen Stelle im Teich platziert werden kann. So kann auch an sehr flachen Stellen oder über schlammigem Untergrund ein Springbrunnen installiert werden.

Fontänenaufsätze

Für jeden Geschmack gibt es verschiedene Aufsätze für Springbrunnendüsen. Ein- oder mehrstrahlige Fontänen, Wasserglocken, Trichter, Schirme oder schäumende Kaskaden lassen sich so erzeugen.

Solarpumpen

Eine umweltfreundliche und Strom sparende Alternative zu normalen Pumpen sind Solarpumpen. Über ein Solarmodul wird Sonnenlicht in elektrische Energie umgewandelt, die eine kleine Pumpe antreibt. So ist man unabhängig vom Stromnetz und kann auch an Orten, an denen keine Steckdose vorhanden ist, ein Wasserspiel betreiben.

Quellsteine

Sprudlersteine mit ihrem langsam glucksenden Quell bringen wie ein Bachlauf Sauerstoff in den Teich. Sie sind nicht so windanfällig wie eine Fontäne. Durch die geringe Sprudelhöhe des Wassers ist der Verlust durch Verdunsten geringer. Sprudler- oder Quellsteine platziert man meist am Teichrand oder an der Quelle eines Bachlaufs. Man kann entweder einen einzelnen Stein, der in der Mitte eine Bohrung von etwa 25 mm hat, oder einen Haufen von Findlingen mit dem Schlauchende in der Mitte platzieren.
Ein passender Schlauch wird durch die Bohrung geschoben und an eine Wasserspielpumpe, die im Teich steht, angeschlossen.

Pumpenleistung für Sprudlersteine

Die erforderliche Pumpenleistung für einen Quellstein lässt sich leicht berechnen. Pro Zentimeter Durchmesser des Quellsteins beziehungsweise des Steinhaufens benötigt man eine Pumpenleistung von 60 Litern pro Stunde. Hat der Quellstein zum Beispiel einen Durchmesser von 50 cm, braucht man eine Pumpe mit einer Förderleistung von 50 × 60 Litern pro Stunde, also 3.000 Litern pro Stunde.

Qualitätsmerkmale von Wasserspielpumpen

Hochwertige Wasserspielpumpen zeichnen sich durch folgende Merkmale aus:
Alle Strom führenden Kabel und Teile sind isoliert und gegen das Eindringen von Wasser versiegelt
Eine Reinigung muss nur in großen Abständen erfolgen. Pumpen, die sich schnell zusetzen, sind entweder falsch platziert oder falsch konstruiert.
Das Teleskoprohr sollte höhenverstellbar sein. So kann die Pumpe individuell angepasst und an verschiedenen Orten im Teich platziert werden.
Das Teleskoprohr oder die Pumpe müssen in alle Richtungen frei schwenkbar sein, damit auch bei schiefem Stand eine senkrechte Wasserfontäne austreten kann.
Eine stufenlose Druckregulierung ermöglicht das individuelle Anpassen der Spritzhöhe.
Die Druckregulierung sollte vom Teichrand aus steuerbar sein, damit man nicht jedes Mal die Pumpe aus dem Teich holen muss.
Eine Möglichkeit, Wasserspiele anzuschließen oder Zubehör wie verschiedene Fontänenaufsätze zu verwenden.
Einen geringen Stromverbrauch.
Ein leiser Lauf.
Ein genügend langes Anschlusskabel (mindestens 10 m).
Mindestens 2, besser 5 Jahre Garantie.

Kinder haben Spaß am sprudelnden Quellstein.

Strom im Wassergarten

Ohne Strom funktionieren weder Pumpen, Leuchten, Strahler oder Springbrunnen, die im Gartenteich eingesetzt werden. Wie überall in unserer hoch technisierten Welt ist man auf externe Energiequellen angewiesen. Beim Umgang mit Strom müssen aber gewisse Vorsichtsmaßnahmen eingehalten werden.

Installation von technischen Geräten

Alle Arbeiten in Zusammenhang mit der Installation von Elektrogeräten oder auch das Verlegen von Stromkabeln und Anschlüssen im Garten und im Wassergarten müssen von einem dafür qualifizierten und autorisierten Elektriker ausgeführt werden.

Dabei sollte man auf einige Dinge besonders achten:

- Die verwendeten Kabel (Erdkabel) müssen zum Verlegen im Freien zugelassen sein.
- Die Kabel müssen tief genug ins Erdreich verlegt werden. 50 bis 60 cm sind in der Regel ausreichend. Am besten verlegt man sie in einem stabilen PVC-Rohr. Dieses Rohr sollte ein leichtes Gefälle zum Teich hin haben.
- Um die Kabel zu einem späteren Zeitpunkt, wenn die Erdoberfläche dicht bewachsen ist, wieder zu finden, sollte man den Verlauf an der Oberfläche markieren oder die Kabel zumindest mit einem unterirdischen Band aus Warnfolie abdecken. So vermeidet man, dass man beim Graben mit einem Spaten oder einer Grabegabel das Kabel versehentlich beschädigt.
- Um Unbefugten den Zugang zu verwehren, sollten Steckdosen oder Anschlüsse nicht nur wasserdicht, sondern auch abschließbar oder vom Innern des Hauses ausschaltbar sein.
- Alle Geräte müssen mit einem FI-Schalter (Schutzschalter) mit einer Absicherung von 30 mA, der bei einem Defekt das Gerät sofort vom Netz nimmt, ausgestattet sein.
- Stromkreisläufe im Garten sollten von denen des Hauses getrennt sein, damit bei einem Defekt nicht im ganzen Haus die Sicherungen durchbrennen.

Bei allen Arbeiten, bei denen im Teich hantiert wird, egal, ob nur ein paar Algen abgekeschert werden sollen oder ob der Teichfilter oder eine Pumpe gereinigt beziehungsweise gewartet werden, müssen alle Netzstecker gezogen werden.

Schwimmende Leuchten sorgen abends für eine ganz besondere Stimmung am Teich.

Schwimm- und Unterwasserleuchten

Um das Sicherheitsrisiko zu minimieren, sollten Strahler, Leuchten oder Unterwasserscheinwerfer, die im Teich eingesetzt werden, mit Niedervoltstrom betrieben werden. Im Fachhandel gibt es eine große Auswahl an Leuchten, die man individuell nach seinen Bedürfnissen kombinieren kann.

Strommanagement im Garten

Wenn man sich bei der Planung vor Augen führt, für wie viele Zwecke man Strom im Garten benötigt und wie viele Stromverbraucher im Dauer- oder Zeitbetrieb eingesetzt werden, wird schnell klar, dass ein ausgeklügeltes System zur Steuerung notwendig ist. Mit modernen Steueranlagen lassen sich Licht, Fontänen und die gesamte Teichtechnik optimal in Szene setzen. Je nach Bedarf lassen sich nach einem Baukastensystem genau die Elemente kombinieren, die man braucht. Die Steuerung erfolgt dann über Zeitschaltuhren, per Fernsteuerung oder sogar über die eigene Telefonanlage! Illuminierte Wasserfontänen in einer lauen Sommernacht als Höhepunkt jeder Gartenparty auf Knopfdruck oder nach einem Telefonanruf! Perfekter könnte ein Wassergarten nicht in Szene gesetzt werden.

Die Kombination von Wasserspielen mit Licht ist etwas ganz Besonderes.

Strommanagement im Garten: Filter, Pumpen und Beleuchtung sind aufeinander abgestimmt.

Sicherheitsvorschriften bei der Verwendung von Strom im Garten und im Teich

Alle Elektroinstallationen im Garten (und nicht nur dort!) müssen von einem dafür qualifiziertem Fachmann ausgeführt werden. Steckdosen müssen einen Abstand von mindestens zwei Metern vom Teich haben und müssen einen Schutzkontakt (so genannter Schuko-Stecker) haben.

Ein Fehlerstromschalter (30 mA) muss in die Verteileranlage oder als Zwischenelement installiert sein. Er schaltet bei Kriechströmen, die durch defekte oder offene Kabel entstehen, angehängte Geräte sofort ab.

Kabel im Außenbereich müssen eine Kunststoff- oder Gummiummantelung haben und der Schuko-Stecker muss an das Kabel wasserdicht angeschlossen (anvulkanisiert) sein. Ein Kürzen von Kabeln und das Abmontieren der Stecker sind verboten. Abgesehen davon, dass der Garantieanspruch dadurch erlischt, stellen Manipulationen eine tödliche Gefahr für Tiere und Menschen dar.

In Schwimmteichen dürfen grudnsätzlich keine Pumpen installiert werden.

Wasser und Strom sind immer eine gefährliche Kombination, und deshalb müssen alle Strom führenden Kabel und Verbindungen sorgfältig gesichert sein.

Praxis und Pflege

Wasser ist das Lebenselixier eines jeden Teichs und seine Qualität ist die Grundlage für alles Leben, was sich in ihm entwickelt. Mit der richtigen Pflege und einigen einfachen Tricks bleibt das Wasser im Teich sauber, die Pflanzen gedeihen und Tiere fühlen sich wohl.
Filter und Pflanzen klären das Wasser und verhindern, dass sich Algen bilden, und der richtige Standort und die fachgerechte Pflanzung ermöglichen ideales Pflanzenwachstum.
Mit einer Grundausrüstung an Zubehör ist es ein Leichtes, die gelegentlich anfallenden Pflegearbeiten zu erledigen.

Wasser im Gartenteich

Man bewertet die Qualität eines Teichwassers meistens rein subjektiv: Wenn es klar ist, erwartet man, dass es keine schädlichen Substanzen enthält und sauerstoffreich ist. So ist man es von unserem kostbarsten und am besten überwachten Lebensmittel, dem Trinkwasser, gewohnt, dass es stets klar und sauber aus dem Hahn fließt.

Klares Wasser und üppige Seerosen – ein Traum im Garten.

Wasser ist allerdings ein hervorragendes Lösungsmittel, deshalb sagt der optische Eindruck über die Inhaltsstoffe noch gar nichts aus. Denn Wasser wird stets von den Stoffen geprägt, mit denen es in Berührung kommt. Das gilt für Leitungswasser genauso wie für Regen- oder Teichwasser.

Ob der Teich „funktioniert", hängt von den im Wasser gelösten Stoffen ab. Denn kaum ein Wasser gleicht in seiner chemischen und physikalischen Zusammensetzung dem anderen. Auch nicht das Leitungswasser.

Teichwasser überwachen

Alle Naturgewässer, aber auch die von Menschenhand geschaffenen – meist kleinen – Gewässer unterliegen gleichermaßen den Naturgesetzen. Der Unterschied zu natürlichen Gewässern besteht darin, dass beim Teich der natürliche Zu- und Abfluss fehlt. Außerdem besteht zum Untergrund – bedingt durch die Folie, Teichschale oder ähnlichem, – keinerlei Kontakt. Und der Wasserinhalt eines künstlich angelegten Teiches ist relativ gering. Zudem greift man als Gartenbesitzer in die natürlichen Abläufe ein und möchte jegliches Leben in und am Teich mit bestimmen.

Diese Umstände haben zur Folge, dass das Teichwasser in seinen Reaktionen immer relativ labil ist. Deshalb ist man gehalten, die natürlichen Abläufe des

Gewässers nach Kräften zu unterstützten. Dazu gehört, die Inhaltsstoffe und somit die Qualität des Teichwassers mittels guter Wassertests zu überwachen, die es in jedem Fachgeschäft gibt. Dadurch wird Problemen vorgebeugt und Wasserschäden an den Lebewesen können gar nicht erst aufkommen.

Keine Angst, wenn Sie noch nie mit Testreagenzien oder ähnlichem zu tun hatten. Ihre Anwendung wird in der beiliegenden Gebrauchsanweisung genau erklärt und ist sozusagen kinderleicht.

Vor jeder chemischen Analyse sollte eine optische und geruchliche Beurteilung stehen. Wasser, das stark gefärbt ist und muffig oder übel riecht, ist meistens stark belastet und macht eine chemische Analyse unbedingt nötig.

Folgende Parameter sind für die Wasserqualität wichtig:

Die **Karbonathärte (KH)** wird auch zutreffender Säurebindungskapazität genannt, weil sie Säure neutralisieren kann. Sie ist die Summe des gelösten Hydrogenkarbonats beziehungsweise der Kalzium-/Magnesium-Salze und der Kohlensäure. Als pH-Puffer ist sie im Teich auch für das Pflanzenwachstum wichtig.

Die **Gesamthärte (GH)** ist unentbehrlich für die meisten Lebewesen im Wasser und wichtig für die Zellfunktion, Skelettbildung, gesunde Kiemen (sie beugt Säureschäden vor), den Laich von Fischen oder die Gehäusebildung von Mollusken. Sie ist die Summe der gelösten Erdalkali-Ionen (Kalzium- und Magnesiumsalze). Fehlmengen lassen sich mit Präparaten aus dem Fachhandel, kalkhaltigen Filtermaterialien oder mit einem Teilwasserwechsel ergänzen.

Wassertest geben Aufschluss über die Wasserqualität.

- Geprüft wird die Karbonat- und Gesamthärte bereits bei der Erstfüllung des Gartenteichs.
- Bei späteren Kontrollmessungen kann man sofort erkennen, wie sich die Werte nach oben oder unten verändern und schnell reagieren.
- Diese Werte überwacht man monatlich, insbesondere im Herbst (vor dem ersten Frost) und im Frühjahr (bei der Schneeschmelze).
- Optimale Werte sind: Karbonathärte 5-15 °KH, Gesamthärte 7-20 °dGH.

Der **pH-Wert** des Wassers ist die Summe aller Säuren und Basen in Bodengrund und Wasser. Eine Messung sagt aus, ob das Wasser neutral (pH 7), sauer (pH 0 bis 6,9) oder alkalisch/basisch (pH 7 bis 14) ist. Fischverträglich ist ein pH-Wert von 6,8 bis 8,0. Der pH-Wert ist stets in direkter Wechselwirkung mit der Karbonathärte zu sehen. Große pH-Schwankungen sind unerwünscht (und auch schädlich).

Senken kann man den pH-Wert durch Regenwasserzugabe und säurehaltige Spezialpräparate aus dem Fachhandel; Erhöhen durch die Zugabe von hartem bis mittelhartem Leitungswasser.

Im Verlauf des Jahres können die Werte immer wieder schwanken, insbesondere zum Beispiel nach der Schneeschmelze. Es empfiehlt sich daher, ein Messprotokoll zu führen, um dokumentieren zu können, wie sehr der Teich von diversen Faktoren beeinflusst wird.

Einem lebenswichtigen Wert wird häufig zu wenig Beachtung geschenkt, der **Wassertemperatur.** Dabei ist der Sauerstoffgehalt des Wassers stark temperaturabhängig. Je kälter das Wasser ist, desto mehr Sauerstoff kann es aufnehmen. Warmes Wasser kann weniger

Kinderleicht ist die optische Beurteilung des Wassers.

Alte Holzstubben zieren nicht nur, sie säuern das Wasser auch an.

Sauerstoff binden, ist zudem leichter als kaltes und weist eine geringere Dichte auf. Man fühlt und misst in den oberen Wasserschichten warmes Wasser. Je tiefer man misst (zum Beispiel in der Tiefenzone), desto kühler wird es.

Im Winter beobachten wir dies jedoch gegenläufig: In einer Tiefe von über 100 cm weist das Wasser die größte Dichte und damit eine Temperatur von 4 °C auf. Eis entsteht bei Temperaturen um den Gefrierpunkt. Es ist leichter als Wasser und schwimmt deshalb oben. Sowohl im Frühjahr und als auch im Herbst findet deshalb eine Wasserumschichtung statt, während der auch häufig Trübungen zu beobachten sind.

Je tiefer also ein Gewässer ist, um so größer sind die Temperaturunterschiede zwischen den einzelnen Zonen (solange keine künstliche Umwälzung stattfindet). Je kleiner ein Gewässer ist, desto schneller erfolgt eine Erwärmung oder Abkühlung.

Je höher die Wassertemperatur, desto schneller verlaufen mikrobielle und chemische Prozesse. Bei Kälte verlangsamen sie sich. Zwischen 18 und 26 °C gedeiht das Teichleben am besten. Steigt die Temperatur über 30 °C, so muss man es kühlen (kaltes Leitungswasser zulaufen lassen).

Am einfachsten lässt sich die Temperatur mit einem gut ablesbaren Schwimmthermometer ermitteln. Will man den Wert in größerer Tiefe messen, so wird etwas Wasser aus der Tiefenzone beziehungsweise vom Grund heraufgeholt und sofort mit einem Laborthermometer der Wert ermittelt.

Der Sauerstoffgehalt

Bekanntermaßen sind alle Lebewesen im Teich auf Sauerstoff (O_2) angewiesen: Fische und Wassertiere benötigen ihn zum Atmen, wichtige Bakterien um den Schadstoffabbau zu bewerkstelligen. Selbst Pflanzen verbrauchen nachts Sauerstoff, allerdings weitaus weniger, als sie selbst durch Photosynthese tagsüber produzieren.

Ein Sauerstoffmangel kann vielfältige Ursachen haben: zu starke Wassererwärmung, reichlicher Fischbesatz, zu viel Fischfutter, absterbende Pflanzen (insbesondere im Herbst), eine Algenplage. Sauerstoffmangel ist auch vorprogrammiert, wenn falscher, sauerstoffzehrender Bodengrund im Teich ist.

Dann heißt es sofort zu reagieren: Wasser testen und für Abhilfe durch Frischwasser und starke Wasserbewegung (Klärfilter mit Pumpe) sorgen. Ein so genannter Oxydator kann diese Bemühungen unterstützen; er setzt mit Hilfe eines Katalysators Sauerstoff aus Wasserstoffperoxyd frei.

Sauerstoffsättigung

Der maximale Sauerstoffgehalt („Sättigungswert" = 100 %) des Wassers ist von der Temperatur abhängig:

Temperatur	maximaler Sauerstoffgehalt
5 °C	12,4 mg/L
10 °C	10,9 mg/L
15 °C	9,8 mg/L
20 °C	8,8 mg/L
25 °C	8,1 mg/L
30 °C	7,5 mg/L

Beispiel: Wenn bei einer Wassertemperatur von 25 °C ein Sauerstoffgehalt von 6,5 mg/L gemessen wird, so sind dies nur 80,2 % des maximal möglichen Sauerstoffgehaltes von 8,1 mg/L (siehe oben). Die Sättigung beträgt also 80,2 %, das Sauerstoffdefizit 1,6 mg/L = 19,8 %.

Ein Oxydator erhöht den Sauerstoffgehalt des Wassers.

Um den Sauerstoffgehalt des Wassers zu messen, gibt es im Aquaristik-Fachhandel gute Messreagenzien. Noch mehr Aussagekraft hat der Test, wenn man die **Sauerstoffzehrung** ermittelt. Dazu misst man den Wert einmal gegen Mittag und notiert sich das Ergebnis. Dann wird gegen Abend nochmals Wasser aus dem Teich entnommen und in ein verschließbares Gefäß (zum Beispiel ein Marmeladenglas) gegeben: voll machen, so dass keine Luftblase mehr vorhanden ist, und luftdicht ver-

Gezieltes Füttern mit Markenfutter lässt keine Wassertrübungen aufkommen.

schließen. Am nächsten Morgen wird dieses Wasser gemessen. Die Sauerstoffzehrung erkennt man an der Differenz der Messergebnisse. So erhält man einen guten Überblick über den Zustand des Wassers: Je größer die Differenz ist, desto labiler beziehungsweise belasteter ist das Wasser durch sauerstoffzehrende Substanzen. Nachdem die Ursachen einer Sauerstoffzehrung ermittelt sind, muss man diese schnellstmöglich durch zusätzliche Filterung, Absaugen von zu viel Mulm oder/und einen Teilwasserwechsel mit kühlerem Wasser beheben.

Der Stickstoffkreislauf im Teich

Der Abbau von organischen Substanzen wie Falllaub, Fischfutter und Kot, abgestorbenen Pflanzenteile oder eiweißhaltigen Substanzen (tote Schnecken, Fische etc.) spielt in unseren Gewässern eine große Rolle. Dieser wichtige Stickstoffabbau erfolgt in einem gut eingefahrenen Teich durch Kleinlebewesen, welche die „Biomasse" zerkleinern, sowie durch abbauende Bakterien (so genannte Destruenten, Reduzenten). Sie benötigen dazu Sauerstoff. Je nach pH-Wert des Wasser entsteht dabei Ammonium (NH_4^+), das als Pflanzennährstoff wichtig ist. Liegt der pH-Wert über 7, so nimmt der Ammoniumwert ab und es entsteht hochgiftiges Ammoniak (NH_3). Fische können bereits bei 0,3 mg/L NH_3 Schaden nehmen.

Nitrosomonas-Bakterien wandeln mit Hilfe von Sauerstoff (O_2) den Ammoniak (NH_3) zum ebenfalls giftigen Nitrit (NO_2) um. Dann werden im gut eingefahrenen Teich oder Filter *Nitrobacter*-Bakterien tätig. Sie verwandeln Nitrit (NO_2) in Nitrat (NO_3). Auch dazu wird Sauerstoff benötigt. NO_3 ist für Fische bis etwa 50 mg/L ungiftig. Wasserpflanzen können bei Werten über 100 mg/L durch Ablagerungen im Blatt Schaden nehmen.

Kommen zu erhöhten Nitratwerten auch noch hohe Phosphatwerte (PO_4), zum Beispiel durch zuviel Fischfutter, setzt vermehrt Algenbildung ein. (Setzt man dann Algenmittel ein, so müssen abgestorbene Algen sofort abgesaugt werden. Sonst belasten sie durch die enthaltenen Nährstoffe den Stickstoffkreislauf aufs Neue!)

Fazit: Nur ein funktionierender Stickstoffabbau garantiert uns im Teich ein fisch- und pflanzenfreundliches Milieu. Sind Ammoniak und Nitrit messbar, liegt eine akute Störung vor. Dann heißt es, das Wasser sanieren: einen Filter einsetzen und dem Wasser sofort so genannte Starterbakterien (aus dem Fachhandel) zuzusetzen.

Gibt man nach der Erstfüllung des Teiches zu den Starterbakterien noch etwas Bodensubstrat aus einem gesunden Teich hinzu, beschleunigt dies das Wachstum der nützlichen Destruenten und Nitrifikanten.

Regenwasser nutzen

Auf kostbares und zurecht teures Trinkwasser kann man beim Teichbetrieb getrost verzichten. Man kann Geld und Trinkwasser sparen, wenn man die Fallrohre der Regenrinnen (am besten aus PVC) anzapft, um das Wasser in eine große Zisterne oder hintereinander geschaltete Fässer zu leiten. Mit einer Förderpumpe, die über einen Schwimmer ein- und ausgeschaltet wird, lässt sich

Regenwasser kann über einen Klärteich gefiltert werden.

Nach der Erstfüllung kann eine kurzzeitige Wassertrübung auftreten.

daraus problemlos im Teich verdunstetes Wasser nachfüllen.

Da Regenwasser in Städten und deren Umgebung mit Schadstoffen belastet sein kann (besonders wenn man in der Hauptwindrichtung aus der Stadt wohnt), wird es gefiltert: Dazu wird in den Deckel der Regentonne ein kreisförmiges Loch im Durchmesser eines runden Pflanzkorbes geschnitten. In den Pflanzkorb gibt man dann ein Säckchen mit guter Filterkohle und ein spezielles Filtermaterial (Zeolith) aus dem Fachhandel, um die Giftstoffe so gut wie möglich auszufiltern. Beim Durchfließen der Filtermasse wird das Regenwasser auch noch gleich von allerlei Schmutzpartikeln, die angeweht wurden, gereinigt.

Neigt das Teichwasser zum „Übersäuern", kann man das Regenwasser mit härterem Leitungswasser mischen. Geschieht der Zulauf in den Teich langsam, so wird auch ein Temperaturschock für jegliches Wasserleben vermieden.

Regenwasser lässt sich in einer Tonne sammeln und dann für den Teich nutzen.

Die optimale Filterung

Teich- und Bachwasser kann nie klar und sauber genug sein. So sind wir es vom Leitungswasser gewohnt, aber das Wasser im Wassergarten kann auf Dauer niemals so sein. Es hat durch seine spezifischen Eigenschaften aber seine eigene Wertigkeit für jegliches Leben im Gewässer.

Klares Wasser kann zwar optisch sauber sein, muss aber chemisch durchaus nicht im Lot sein, von einem biologischen Gleichgewicht gar nicht zu reden. Deshalb ist man häufig gezwungen, sich der modernen Wasseraufbereitungsmöglichkeiten und Filtertechniken, die im Handel angeboten und ständig weiterentwickelt werden, zu bedienen. Bei der Fischpflege ist dies geradezu eine Verpflichtung.

Beim Einsatz der Teichfilter kommt es aber nicht so sehr auf die Förderleistung der Pumpe an; vielmehr zählen die Größe des Filterbehälters (Filtervolumen) sowie die richtige Abstimmung der einzelnen Filterkomponenten. Auch der Komfort bei der Reinigung ist nicht zu unterschätzen.

Gute Vorinformation und Beratung erspart so manche Enttäuschung und Ärger sowie Verluste. Bedenken Sie: es geht um die Gesundheit Ihrer Pfleglinge und um Ihren optischen Anspruch an das Wasser. Beim Kauf des richtigen Filtersystems sollten Sie daher niemals Kompromisse eingehen.

Die beste Empfehlung lautet: Wählen Sie unter den erprobten Filtersystemen das aus, welches auf Ihr Gewässer (Teichgröße, Tiefe und Besatz) zugeschnitten ist. Es gibt einige sehr gute Systeme, bei denen Bausteine aus Druckfilterpumpen, mit denen zum Beispiel ein Klärteich betrieben wird, und einem Filterkasten-Becken kombiniert werden. Oder es kommt für Sie ein mechanisch/biologischer Durchlauf- beziehungsweise Mehrkammerfilter mit Schmutz- und Temperaturanzeiger infrage, in dem bereits ein UV-Klärer im Set enthalten ist. Klarwassergarantie vom Hersteller inklusive!

Glasklares Wasser dank optimaler Filterung.

Ein wahrhaft angemessener Thron für den Froschkönig!

Nicht zu vergessen sind so genannte Oberflächen-Skimmer, welche Schmutz (Pollen, Staubpartikel, Blätter, Nadeln, Gras etc.) bereits vor seinem Absinken absaugen. Zudem lassen sich diese Produkte unauffällig aufstellen (der Deckel ist natürlich gestaltet).
Um alle im Markt befindlichen Systeme (Komplettsysteme), die in und am Teich absenkbar einsetzbar sind, an dieser Stelle aufzuzählen, reicht der Platz nicht aus.
Vorinformation und Beratung von einem qualifizierten Fachverkäufer ist beim Filterkauf unerlässlich.

Filtertorf

Gefragt ist neben einem Qualitätsprodukt mit hoher Leistung, niedrigem Stromverbrauch und langer Lebensdauer (nie ohne Garantiekarte kaufen!) vor allem eine möglichst große Oberfläche des Filtermaterials.
Filtermaterialien können mechanisch, chemisch oder biologisch wirken.

Mechanische Filtermaterialien

Dazu rechnet man Materialien, die vor allem wasser- und fischfreundlich reagieren und keinerlei Giftstoffe an das Wasser abgeben. Sie sollen vor allem grobe und feste Partikel, die im Filterstrom mitgeführt werden, zurückhalten. Hierzu dienen zum Beispiel Filterschwämme in vielerlei Formen, Kunststofftropfkörper (Bio-Igel etc.), Lava, diverse Filtergranulate, Tonröhrchen usw. Alle diese Materialien können auch als Vorfilter eingesetzt werden. In Großanlagen werden auch so genannte Filterbürsten verwendet, die sich bestens bewährt haben.

Chemische Filtermaterialien

Dies sind Materialien, die chemische Abläufe im Wasser steuern und verändern können. Dazu gehört zum Beispiel der so genannte „Filtertorf", der durch die enthaltenen Humin- und Gerbsäuren enthärtend, pH-senkend und algenwuchshemmend wirken kann. Der Nachteil von Torf ist, dass er aus natürlichen Beständen stammt und somit endlich ist. Außerdem braucht man davon eine relativ große Menge, um eine messbare

Tipp

Jedes Filtersystem sollte beim Start und bei jeder Reinigung mit nitrifizierenden Bakterien geimpft werden (gibt es im Fachhandel). Außerdem sollte die Pumpe, die den Filter betreibt, möglichst das ganze Jahr hindurch unentwegt laufen, damit das Filtermaterial nicht trocken fällt, da sonst wichtige Bakterien und Kleinlebewesen verenden würden.

Wirkung zu erzielen. (Mit Produkten aus dem Fachhandel lässt sich der pH-Wert ebenfalls langsam senken oder anheben.)
Mit einem natürlichen Produkt auf Zeolith-Basis (kann man im Filter integrieren) lassen sich laut Produktbeschreibung Schadstoffe (auch Ammonium) binden und neutralisieren, Trübungen eindämmen und Färbungen (Medikamente, Gerbstoffe) ausfiltern.

Biologisch wirkende Filtermaterialien

Unter biologischer Filterung versteht man eine Langzeitfilterung mit Materialien, die ausdauernd sind, nicht verrotten und vor allem über eine besonders große Oberfläche verfügen (sie können auch als Vorfilter mechanisch wirken). Dies sind zum Beispiel Filtermatten aus Schaumstoff, Kunststoff-Filterigel, grobes Lavagranulat (raues, grobporiges Ur-Eruptivgestein). Auf und in diesen Materialien siedeln sich bevorzugt schadstoffumwandelnde Mikroorganismen (nitrifizierende Bakterien) an. Biologische Filtermaterialien wirken am besten, wenn sie langsam vom Wasser durchströmt werden. Bis das biologische Filtermaterial nach Animpfung optimal wirkt, vergehen in der Praxis 2 bis 3 Wochen. So lange brauchen die Bakterien, um sich in genügender Zahl zu vermehren.

Die Gelbe Schwertlilie wirkt als natürlicher Filter.

Die Fließgeschwindigkeit

Sie sollte so eingestellt werden, dass die gesamte Wassermenge des Teiches vier bis fünf mal pro Tag den Filter durchströmt. Wird der Teichinhalt in Litern mit fünf multipliziert, ergibt dies also die nötige Durchflussleistung pro Tag. Durch 24 dividiert, erhält man dann die nötige Stundenleistung der Pumpe (immer am Filterauslauf nach dem Start messen!).

UV-Teichklärer

Diese Geräte können eine große Hilfe dabei sein, trübes Wasser zu klären. Je nach Einsatzzweck beziehungsweise zu lösendem Problem werden sie unterschiedlich platziert: bei grünen oder grauen Trübungen, die von Schwebealgen herrühren, wird der UV-Klärer *vor* die Pumpe gesetzt. Abgetötete organische Substanz kann dann gleich über das Filtermaterial herausgefiltert werden.
Zur unterstützenden Behandlung von Fischkrankheiten oder zur Wasserdesinfektion (nach einer Algenbehandlung etc.) eingesetzt, kommt der UV-Klärer *hinter* das Filtermaterial, also in oder hinter den Klarwasserauslauf.
Beim Einsatz eines UV-Klärers unbedingt darauf achten, dass die Förderpumpe einwandfrei läuft und nicht verstopft ist!
Die Geräte gibt es in verschiedenen Größen. Am besten lassen Sie sich beim Kauf beraten.

Zusätzlich zur Filterung helfen Torfziegel, das Wasser zu klären.

Auch Pflanzen filtern

Keine auch noch so ausgefeilte Technik kann die optische Wirkung und den klärenden Nutzen der Wasser- und Sumpfpflanzen ersetzen. Pflanzen sind im Wassergarten nahezu unersetzbar. Selbst in Koiteichen wirken sie mehr als positiv.
Besonders dort, wo sehr belastete Gewässer unansehnlich, trüb und labil werden, ergänzt man die vorhandenen Becken mit Klärbecken oder indem man einen Teichbereich als Klärzone

oder auch speziell gestalteten Bachlauf umgestaltet. Vor allem bei der Fischpflege, insbesondere von Koi, bieten sich solche Lösungen mit separatem Klärbecken an.
Die Pflanzen erzielen in solchen Becken eine optisch gut sichtbare wasserklärende und messbar entgiftende Wirkung. Wie hervorragend dies funktioniert, wird täglich in großen Kläranlagen bewiesen: geeignete Pflanzen klären das Wasser, nachdem es gefiltert und belüftet wurde.
Im Klärbecken werden als Vorfilter Filtermatten eingesetzt. Danach durchströmt das Wasser die Pflanzzone, in der verbleibende Schmutzreste abgefangen und zersetzt werden. Die restliche Arbeit verrichten die Pflanzen selbst. Für den nötigen Wasserumlauf verwendet man eine relativ starke und regelbare Förderpumpe.

Klärbecken

Klärbecken sind in unmittelbarer Teichnähe am wirkungsvollsten, wenn der Zu- und Abfluss direkt aus und zum Becken führt. Der Auslauf lässt sich auch mit einer Bachschale als kleiner Wasserfall gestalten.
Umbaumaßnahmen und Veränderungen der Teichumgebung können neben der Wasserklärung einen weiteren Nutzen haben, indem durch den Aushub die Teichumgebung noch attraktiver gestaltet oder durch Uferpflanzen verschönert wird. Befindet sich der Klärteich in unmittelbarer Nähe des Hauptbeckens, so ist dies auch deshalb vorteilhaft, weil man dann meistens mit einer geringeren Pumpenleistung auskommt (es ist kein Gefälle zu überwinden).

Das Klärbecken sollte möglichst dicht bepflanzt werden.

Filterpflanzen

Diese Pflanzen klären das Wasser und haben sich in der Praxis bestens bewährt:.
Ähriges Tausendblatt *(Myriophyllum spicatum)*
Ästiger Igelkolber *(Sparganium erectum)*
Binsen *(Juncus* spp.)
Froschlöffel *(Alisma plantago-aquatica)*
Gemeines Schilf *(Phragmites australis)*
Kalmus *(Acorus calamus)*
Kanadische Wasserpest *(Elodea canadensis)*
Krauses Laichkraut *(Potamogeton crispus)*
Schmalblättriger Rohrkolben *(Typha angustifolia)*
Sumpfvergissmeinnicht *(Myosotis palustris)*
Teichsimse *(Scirpus lacustris)*
Wasserminze *(Mentha aquatica)*
Wasserschwaden *(Glyceria maxima)*
Gelbe Schwertlilie *(Iris pseudacorus)*

Lässt der Untergrund oder die Teichumgebung den Bau eines Klärteiches nicht zu, so kann dieser auch im Hochbau errichtet werden. Das Gefälle lässt sich gut zu einem Wasserfall nutzen. Wenn nur in einiger Entfernung zum Teich ein geeigneter Platz zur Verfügung steht, kann man das abfließende Wasser in ein möglichst mäanderndes Bächlein leiten. Die Kolke des Bachs tragen zur Klärung des Wassers bei, wenn man sie mit einer Schicht aus

Ein optimales Klärbecken mit langsamem Wasserdurchlauf.

Schwerlilien: schmückend und klärend

Tipp

Klärfilter dürfen niemals trocken fallen, weil dann die wichtigen Mikroorganismen absterben würden.

3 bis 5 mm starkem Lavagrus oder Quarzkieseln bestückt und bepflanzt.
Die Verkleidung des Klärbeckens im Hochbau sollte zum Teichbild passen: Natursteine, Schilf- oder Bambusmatten beziehungsweise Holzpalisaden wirken am natürlichsten.
Liegt das Klärbecken oder der Bach im Halbschatten, so können die meisten Pflanzen noch gut gedeihen. Ein weiterer Vorteil: Das Wasser bleibt auch im Hochsommer etwas kühler.
Regenwasser lässt sich auf diese Weise ebenfalls klären, bevor es in den Teich fließt.
Ein weiter Vorteil von Klärbecken ist, dass dort Tiere ungestört ablaichen können – auch solche, deren Nachwuchs im Teich durch die Fische bedroht wäre.

Integrierte Klärzone

Ist außerhalb des Teiches absolut kein Platz für eine Filteranlage, so braucht man auf großräumig geklärtes Wasser trotzdem nicht zu verzichten. Dann wird einfach ein Teilbereich des Teiches mit Steinen oder einem Netz abgeteilt und so zum Bio-Filter umgestaltet. Beim Bau eines Betonteiches kann man eine solche Zone bereits mit anlegen.
In Folienteichen bieten sich gelochte Großziegel (Leichtbausteine) für die Abtrennung einer Klärzone an. Damit die Folie keinen Schaden nimmt, werden unter die Folie und unter die Steine Styroporplatten gelegt. An der Stelle, an der das Wasser in den Klärbereich laufen soll, wird ein Überlaufrohr installiert, dann zwischen zwei PVC-Gittern

eine (oder je nach Platz mehrere) Filtermatten oder borstenreiche Fußmatten geschoben, um den Grobschmutz abzuhalten. Diese Matten können, wenn sie verschmutzt sind, herausgenommen und mit einem scharfen Wasserstrahl gesäubert werden.
Dann folgen die nur mit Kieseln und reinigenden Pflanzen bestückten Pflanzkörbe.
Die Zwischenräume der Körbe werden mit Filterwürfeln oder so genannten Tropfkörpern aufgefüllt. Für den Durchfluss sorgt, wie erwähnt, eine regelbare Förderpumpe, am besten mit integrierter oder aufsteckbarer Filterkammer. Sie befördert das Wasser in den Teich zurück. Am besten installiert man sie in einem Pflanzkorb, der substratfrei bleiben kann. Der Korb wird innerhalb des Klärbereichs platziert, und zwar möglichst weit vom Zulauf entfernt. Er wird so weit abgesenkt, dass die Pumpe stets mit Wasser bedeckt ist.

Seerosen gedeihen bei guten Wasserverhältnissen besser!

Im formalen Teich dient das Filterbecken auch als Ausstiegszone.

Pflanzen im Wassergarten

Was wären unsere Gartenteiche ohne schmückendes und lebensnotwendiges Grün? Triste, wassergefüllte Kuhlen! Pflanzen in einem Wassergarten sind so wichtig wie das Salz in der Suppe. Sie sind im Wassergarten der Dreh- und Angelpunkt. Pflanzen krönen das Teichbild. Erst sie hauchen ihm Leben ein.

Von der Natur abgeschaut und in die Gartenpraxis umgesetzt, bringt eine durchdachte Bepflanzung neben überreichem Blütenflor und viel Romantik auch einen großen Nutzen für die Teichgesundheit.

Unter dem Begriff Teich- oder Wasserpflanzen wird im Fachhandel eine reichhaltige Palette unterschiedlichster Arten für alle Teichzonen angeboten. Außerdem Prachtstauden für die Teichanschlusszone, die in der kühlen oder feuchten Teichnähe gut gedeihen.

Alle angebotenen Pflanzen sind Nachzuchten, und das ist gut so. Man braucht seine floristischen Wünsche nicht mehr aus der Natur zu erfüllen, zumal die meisten Arten ohnedies unter Schutz stehen. Selbst „Exoten" sind im reichhaltigen Angebot. Leider sind nicht alle wirklich geeignet und müssen im Haus überwintert werden.

Pflanzen sind nützlich

Die Pflanzen haben in unserem Wassergarten wichtige und vielfältige Aufgaben zu erfüllen:

- Pflanzen sind mehr als nur zierendes Beiwerk, erst sie halten unser selbst geschaffenes Gewässer gesund.
- Sie produzieren lebenswichtigen Sauerstoff (O_2).

Eine üppige Bepflanzung hält den Teich gesund und ist für viele Tiere wertvoll.

Wenn man die Pflanzen im Teich oder am Teichrand in Körbe setzt, beugt das einer schnellen Verlandung vor.

- Durch ihre nützlichen Eigenschaften stabilisieren und verbessern sie das Teichmilieu.
- Schädliche Stickstoffverbindungen werden durch sie reduziert und somit sind Pflanzen die wichtigsten Nahrungskonkurrenten der Algen.
- Einige Arten wirken reinigend (siehe Seite 113), entgiftend und sogar keimhemmend.
- Von manchen weiß man um eine antibiotische Wirkung (zum Beispiel vom Tausendblatt *Myriophyllum spicatum*).

Neben der Reinhaltung des Wassers dienen die Teich- und Wasserpflanzen auch als Schutz (Tarnung, Versteck), Reviergrenze und Ablaichsubstrat für Fische, Amphibien und Insekten.

Ihre Blüten erfreuen nicht nur den Gartenbesitzer und Beobachter, sondern stellen eine lebensnotwendige Nahrungsgrundlage für viele verschiedene Insektenarten dar. Außerdem sind manche Arten eine wichtige Zukost für Teichfische.

Auch die Teichanschlusszone will richtig gestaltet sein.

Eine attraktiv gestaltete, vielfältige Pflanzengesellschaft am Teich wirkt besonders anziehend auf viele Tiere.

Einen Pflanzplan erstellen

Als Entscheidungshilfe unentbehrlich und zur besseren Übersicht beim Pflanzen ist ein Pflanzplan hilfreich.

Man kann die ganze Bandbreite des Angebots im Gartenfachhandel nutzen und entscheidet sich für eine Pflanzenart nach ihrem optimalen Standort (Zonierung), dem erwünschten Nutzen, (zum Beispiel für die Teichgesundheit), ihrem Wert für Tiere, ihrem ökologischen Wert (für den Aufbau reicher Lebensgemeinschaften, zum Beispiel als Futterpflanze) nach der gewünschten Farbe oder weil sie reichen Blütenflor zeitigt (möglichst lange oder mehrmals im Jahr blüht). Bei wohlüberlegter Auswahl kann während der gesamten Vegetationsperiode immer etwas blühen. So bieten die Blüten und Früchte vielen Tieren, insbesondere Vögeln und Insekten, einen reich gedeckten Tisch.

Natürlich berücksichtigt man auch die Standortansprüche, Wuchshöhe, Ausbreitung, Blütezeit und -farbe sowie die benötigte Stückzahl für die Erstbepflanzung. Diese Merkmale sind in den Pflanzenbeschreibungen ab Seite 132 enthalten.

Alle Zonen bepflanzen

Hilfreich bei der Gestaltung des Teiches und Planung des Pflanzenbesatzes ist es, sich die einzelnen Zonen zu verdeutlichen. So lässt sich ein stimmungsvolles Gesamtbild erreichen, das in der Hauptblickrichtung wie eine Bühne aufgebaut ist. Im Vordergrund stehen eher niedrige Gewächse, nach hinten hin höhere, die dem Ganzen einen Rahmen geben und Sichtschutz zu den Nachbargrundstücken bieten. Besondere Akzente setzen Dekorationsgegenstände, Solitärpflanzen, Inseln usw. Damit der Teich gut wirkt, lässt man rund 60% der Wasseroberfläche ohne Bepflanzung.

In der **Tiefenzone** gedeihen Seerosen und Unterwasserpflanzen als Sauerstoffspender. Die Tiefenzone geht unmerklich in die **Schwimmblattzone** über, die mit ihren Blüten und auf dem Wasser schwimmenden Pflanzenblättern Insekten anlockt. In der sich anschließenden **Flachwasserzone** werden solche Pflanzen platziert, die dauerhaft „nasse Füße" haben möchten. Demgegenüber kann der Wasserstand in der **Sumpfzone** öfters wechseln. Hier erfreut uns eine große Palette an blühenden Pflanzen. Die **Uferzone** wiederum

ist etwas trockener. An den Teichrändern und im Hintergrund werden größere Stauden platziert. Die **Teichanschlusszone** bildet den Übergang zu den anderen Bereichen des Gartens. Diese Zone kann als Sumpfwiese wechsel- bis dauernasse Bereiche aufweisen oder mäßig feucht bis trocken sein (Steppencharakter). Stein- oder Heidegärten als Teichanschluss bieten sich ebenfalls an.
Obwohl theoretisch jede Staudensorte geeignet ist, gibt es Arten, die von ihrem Charakter her besonders gut zu Gewässern passen.
Vor allem im Teichhintergrund wirken hoch werdende, imposante und kräftig

Unermüdlich blüht die gelbe Seekanne über den glänzenden Schwimmblättern.

Elegante Blütenpracht am Teichrand: die Sibirische Schwertlilie

Neben eng gelochten Körben sind solche aus Kokosfaser zu empfehlen.

ausladende Formen mit auffälligen und wuchtigen Blättern (Wasserdost in Sorten, Schaublatt sowie malerische Großgräser). Zum Zweck der Wurzelsperre werden sie in Kübel gepflanzt. Im normalen Gartenboden lassen sich mit reich blühenden Arten und außergewöhnlichem Blattschmuck toll wirkende Rabatten gestalten.

Ganz gleich, was Ihrem Geschmack besonders zusagt: Wichtiger als ein kurz geschorener Rasen sind diese bepflanzten Bereiche, weil sie jungen Amphibien nach dem Verlassen des Gewässers Deckung vor ihren Fressfeinden bieten und sich zwischen dem buntem Flor reiche Lebensgemeinschaften aufbauen können. Solche Flächen sind ökologisch besonders wertvoll. Dort werden sich auch kurz über lang allerlei „Neusiedler" in Ihrem Wassergarten zeigen. Haben Sie bei allem Schaffens-

Üppiges Pflanzenwachstum am Teich

Manche Seerosenarten können sich stark ausbreiten. Darauf sollte man bei der Auswahl achten.

drang auch noch Geduld! Denn je älter solch eine Anlage wird, desto besser wirkt sie und um so prächtiger wächst und blüht alles im Wassergarten.

Wann wird gepflanzt?

Man kann heutzutage die gesamte Vegetationsperiode nutzen – also vom Frühjahr (April) bis in den Herbst hinein (bis die Welke einsetzt). Denn die meisten Pflanzen werden in so genannten Containern (Plastiktöpfen) kultiviert beziehungsweise unter Glas vorgetrieben. Das birgt allerdings die Gefahr, dass man – von ihrer Üppigkeit gelockt – zu früh kauft und Spätfröste die neu gesetzten Pflanzen gefährden. Vor allem die tropischen Exoten wie Wassersalat, Scheinmohn oder Wasserhyazinthen sind nicht frostfest!

Um die frisch gesetzten heimischen Teichpflanzen zu schützen, kann man ein Schutzvlies einsetzen.

Wichtig: Im Sommer nicht bei großer Hitze auspflanzen, sondern die kühleren Abendstunden nutzen.

Das richtige Substrat

Noch bevor wir die Pflanzen kaufen, bereiten wir unser Pflanzsubstrat vor. Es dient in erster Linie dazu, den Pflanzen den nötigen Halt zu geben.

Unterwasserpflanzen beziehen ihre Nährstoffe überwiegend aus dem Wasser. Alle anderen, die über Wasser (emers) wachsen, ernähren sich über ihre Wurzeln, Knollen und Rhizome aus dem Pflanzsubstrat.

Alle Pflanzen brauchen Nahrung, um zu wachsen, ihren Stoffwechsel aufrecht zu erhalten und Photosynthese zu betreiben. Um mit Hilfe des grünen Blattfarbstoffs Chlorophyll Zellsubstanz aufbauen zu können, brauchen Pflanzen Licht, CO_2 (Kohlendioxyd), Nährstoffe und Wasser zur Photosynthese. Bei der Stoffumwandlung wird dann Sauerstoff (O_2) freigesetzt.

Seerosen ernähren sich über das Rhizom (Speicherorgan) und ihre Blattunterseiten. CO_2 und Licht nehmen sie über die Blattoberseite auf.

Das Pflanzsubstrat, in dem die Teichpflanzen wurzeln, sollte aller Erfahrung nach möglichst nährstoffarm sein, um Fäulnis und Algenwuchs vorzubeugen. Ungeeignete Substrate enthalten oft abenteuerliche Mischungen wie Erde vom meist überdüngtem Teichaushub, reinen Torf, Kuhdung (Pellets), Blutmehl, Bausand oder nur Lehm. Die Fol-

Die durchdachte Kombination von Pflanzen im und am Teich ergibt ein natürliches Bild.

gen sind katastrophal: Die Pflanzen können das Zuviel an Nährstoffen nicht aufnehmen, der Teich veralgt, der Bodengrund fault und letztlich kann der Teich „umkippen". Im trüben Wasser bekommen die Pflanzen nicht mehr genügend Licht. Misserfolg ist vorprogrammiert, wenn man am falschen Ende spart oder auf falsche Ratschläge hört.

Man überlässt nichts dem Zufall und mischt sein Substrat, in dem die Pflanzen gut wurzeln und mit allem, was sie brauchen, wohlversorgt wachsen können, selbst. Bewährt hat sich folgende Mischung: Fluss- oder Quarzkies mit einer Körnung von 3 bis 7 mm; darunter mischt man einen so genannten Langzeitdünger aus dem Fachhandel (genau nach Gebrauchsanweisung dosieren). Das reicht für das erste und zweite Jahr. Weitere Nährstoffe werden im Laufe der Zeit im Teich entstehen beziehungsweise sammeln sich durch allerlei Eintrag an und werden Tag für Tag an die Pflanzen gespült.

Beim Kauf beachten

Grundsätzlich kauft man nur dort, wo die Pflanzen mit Namen und Pflegehinweisen etikettiert sind und in einem gesunden Zustand angeboten werden, das heißt sattgrün und unbeschädigt sind. Die Triebe sollen gut sichtbar und kräftig entwickelt sein (nicht vergeilt). Weder Stängel noch Blätter dürfen gelb, geknickt oder gar glasig sein. Knollen und Rhizome (mindestens 10 cm lang) müssen hart sein und dürfen keinesfalls faulig riechen oder Schimmel angesetzt haben. Container umdrehen und überprüfen! Sind die Pflanzenwurzeln weiß und riecht das Substrat nicht nach faulen Eiern, kann gekauft werden. Bestehen Sie auf stehender Verpackung im Plastikbeutel! Während des Transports die Pflanzen auf keinen Fall großer Hitze aussetzten. Zuhause möglichst bald einsetzen und dabei wie unten beschrieben vorgehen.

Auspacken, säubern und pflanzen

Zuhause angekommen, werden die erworbenen grünen Schätze vorsichtig ausgepackt, gewässert und in den Schatten gestellt. Dabei kann man sie bereits nach dem Pflanzplan sortieren und zurechtlegen.

Pflanzkörbe und feuchtes Substrat werden in Reichweite bereitgehalten. Als nächster Schritt werden die benötigten Körbe zur Hälfte mit Substrat gefüllt.

Bei den gekauften Pflanzen wird das vorhandene Substrat über einer Wanne restlos abgespült. (Nachdem es etwas angetrocknet ist, kann es auf den Kom-

Probleme mit Exoten

Leider sind die manche Arten nicht oder nur bedingt winterhart. Dazu gehören tropische Seerosen, Wasserhyazinthen, tropischer Schwimmfarn, Wassermohn, Zwergpapyrus, Zyperngras, Zwergkalmus und Wassersalat (Muschelblume). Leider werden sie zu oft ohne „Warnhinweis" angeboten – dazu noch vor den ersten Frösten beziehungsweise vor den Eisheiligen.

Manche sind empfindlich gegen Nässe von oben und wachsen bei zu kalter Witterung nicht mehr. Kurz gesagt: Sie vertragen klimabedingte Wechselbäder schlecht, weil sie eben Kinder der Tropen sind. Um überhaupt zu blühen, brauchen sie warmes Wasser und viel Sonne.

Deshalb muss man die „Überlebenden" noch vor dem ersten Frost ins Haus holen, um sie in einem Aquarium oder in einer Schale am Südfenster im Warmen zu überwintern. Dies ist auch in einem ungeheizten Wintergarten oder im Zimmerteich möglich. Natürlich stellt sich die Frage, ob man nicht besser gleich auf solche Exoten verzichten sollte.

Seerosenpflege heißt auch rechtzeitig teilen und umpflanzen.

post.) Anschließend die Pflanzen sorgfältig mit einem feinen Wasserstrahl abspritzen und dabei von allen anhaftenden Partikeln wie Pflanzenresten, Wasserlinsen, Algen und Schneckenlaich oder Käfern befreiten. Dann wird welkes oder geknicktes mit einer scharfen Schere abgeschnitten. Stängelpflanzen sollten vor dem Stecken um 1 bis 3 cm eingekürzt und die unteren Blätter auf 2 bis 5 cm entfernt werden.

Anschließend werden die Pflanzen sorgfältig eingesetzt (nichts knicken oder quetschen). Bei Rosettenpflanzen, Knollen und Rhizomen kommt der Austrieb möglichst in die Mitte des Korbes.

Libellen brauchen Pflanzen als Ausstiegshilfe beim Schlüpfen.

Dabei nur bis knapp unterhalb des Austriebs mit Substrat auffüllen. Seerosenrhizome können zum besseren Halt mit einem Stück Schnur am Korbboden festgebunden werden.

Der Pflanzkorb kann nun randvoll mit Substrat oder Abdeckmaterial aufgefüllt werden (bei geplantem Fischbesatz 3 bis 5 cm hoch mit Kiesel).

Anschließend wird der Korb gut angefeuchtet (damit nichts aufschwimmt) und vorsichtig an den vorgesehenen Platz im Teich gesetzt.

Bei einer Neuanlage wird bereits einige Tage vor dem Bepflanzen der Teich zum Teil mit Wasser gefüllt. Bepflanzt wird von Zone zu Zone von innen nach außen und dabei der Wasserstand stetig bis ca. 10 cm über den Korbrand hinaus weiter erhöht. Frei flutende Pflanzen werden am Teichboden deponiert und dann sich selbst überlassen.

Seerosen kommen in die Flachwasserzone, bis sich das Wasser auf etwa 25 °C erwärmt hat und die Pflanzen mehrere Blätter getrieben haben. Erst dann werden sie auf den vorgesehenen Platz abgesenkt.

Schwimmpflanzen kommen als letzte in ihr neues Domizil.

In Schalen-, Beton- oder Schwimmteichen kann man mit Podesten unterschiedliche Teichtiefen schaffen, um den Ansprüchen der Pflanzen in punkto Wassertiefe gerecht zu werden. Außerdem besteht die Möglichkeit, mit eingehängten Balkonkästen oder ähnlichem Steilufer zu begrünen.

Ist alles untergebracht und zu seiner Zufriedenheit platziert, wird die Geduld noch auf eine harte Probe gestellt. Denn erst nach einigen Wochen kann man mit sichtbarem Wachstum rechnen. Und erst im folgenden Jahr werden die Pflanzen das halten, was man sich von ihnen verspricht. Dann kann man sie notfalls mit ihren Pflanzkörben nochmals umgruppieren.

Richtig düngen

Starke Nährstoffzehrer (Seerosen und Schwertlilien) versorgt man mit so genannten Düngekugeln mit Lehmzusatz und Spurenelementen, die neben dem Rhizom in das Substrat gesteckt werden. Alle weiteren Düngemaßnahmen nach zwei Jahren müssen kalibetont sein. Sie dürfen weder Stickstoff (NO_3) noch Phosphat (PO_4) enthalten. Die Seerosen bekommen alljährlich im Frühsommer eine Nachdüngung in Form von Düngekugeln, die in das Substrat gedrückt werden.

Sollten im Teich wider Erwarten Blätter vergilben und die Unterwasserpflanzen nicht wachsen, obwohl das Wasser in Ordnung ist, kann man über das Wasser flüssige Nährstoffe aus dem Fachhandel nachdosieren.

Pflanzen selbst vermehren

Um den Bestand beziehungsweise die Ausbreitung der ausgewählten Teichpflanzen braucht man sich kaum Gedanken zu machen. Einmal angewachsen, wachsen und verbreiten sie sich meistens sehr gut. Man hat eher das Problem, dass manche Arten stark und bis ins Uferlose wuchern und dann andere Arten überwachsen, wenn man nicht rechtzeitig Einhalt gebietet –

Manche Arten wie Kalmus lassen sich mit einem scharfen Spaten teilen.

Exoten wie die Wasserhyazinthe dürfen erst nach den Eisheiligen raus und müssen vor dem ersten Frost wieder rein.

durch Rückschnitt oder Umgruppierung im Frühjahr.

Viele Pflanzen samen sich nach der Blüte aus. Man kann bei solchen Arten die Samen sichern und selbst wieder aussähen oder man lässt die Samen dort keimen, wohin sie fallen. Das birgt aber Risiken in sich: Man wird nicht mehr fertig mit den Geistern, die man rief. Will man Samen gezielt nutzen, so sollten sie gut ausgereift sein und trocken geerntet werden. Näheres ist in der Fachliteratur beschrieben (siehe Anhang).

Andere Arten vermehren sich vegetativ über Seitensprosse. Diese braucht man nur abzutrennen und an anderer Stelle einzusetzen (wenn gewünscht). Genauso verfährt man mit Pflanzen, die Ausläufer bilden. Rhizompflanzen teilt man im Frühjahr. Horstbildende Arten lassen sich ebenfalls im Frühjahr teilen; sie werden sofort in einen mit Substrat bestückten Korb eingesetzt und weiter kultiviert.

Nützliches Zubehör

So ganz „ohne“ geht auch im optimal angelegten Gartenteich nichts. Dies gilt sowohl für die unumgänglichen Pflegemaßnahmen als auch für die Erhaltung und Steigerung des optischen Eindrucks. Denn man darf nicht vergessen, dass ein Gartenteich immer ein Kunstprodukt bleibt – und sei der Wassergarten auch noch so schön und ökologisch wertvoll angelegt.

Stets muss man die natürlichen Abläufe unterstützen oder – wenn nötig –, schnellstmöglich eingreifen, wenn etwas aus dem Ruder läuft. Dabei kann man sowohl auf altbewährte wie auch auf neu auf den Markt kommende Produkte zurückgreifen.

Für bewegtes, optisch sowie chemisch einwandfreies Wasser sorgt ein großes Angebot an leistungsfähigen Pumpen (mit relativ geringem Stromverbrau) für den Betrieb von Wasserfällen und Bachläufen, Springbrunnen und Wasserspielen. Vor allem aber wirkungsvolle Filteranlagen (siehe Seite 94).

Wenn ein Teichbelüfter zum Einsatz kommt, der so genannte Ausströmersteine zur Wasserumwälzung und Anhebung des Sauerstoffgehaltes betreibt, muss zwischen dem Luftaustritt und dem Ausströmerstein stets ein Rückschlagventil platziert werden. Dieses verhindert bei einem Stromausfall, dass Wasser aus dem Teich zurück in die Pumpe laufen kann. Dies ist besonders wichtig, da Luftpumpen oft tiefer stehen als die Wasseroberfläche des Teichs (zum Beispiel im Keller).

Leider reicht der hier gegebene Platz nicht aus, um auch nur annähernd alle Pumpenmarken und -modelle, die im Handel erhältlich sind, ihre unterschiedliche Einsatz- und Wirkungsweisen mit allen Vor und Nachteilen im einzelnen aufzuzählen oder sie annähernd zu beschreiben.

Wo kaufen?

Beim Kauf sollte man stets auf die Fachkompetenz des Händlers, auf seine Beratung, Garantie und Serviceleistungen größten Wert legen. Natürlich

Die Fontänenhöhe darf nicht höher als der Radius des Teiches sein!

Licht am Teich schafft romantische Stimmungsbilder.

Teichzangen und Netzte sind nützliche Helfer. Wichtig ist ein stabiler, genügend langer Stil.

spielt außerdem das Preis-Leistungsverhältnis des Produktes eine beachtenswerte Rolle.
Unsere Empfehlung: Kaufen Sie zur Sicherheit nur Markenprodukte (mit GS-, TÜV- und Elektro-Sicherheitszeichen). Kaufen Sie am besten vor Ort, denn nichts ist unangenehmer, als bei einem Gerätedefekt neben der Reparaturdauer noch lange Versandzeiten in Kauf nehmen zu müssen. Fragen sich auch nach Verschleiß- und Ersatzteilen vor Ort. Gute Fachgeschäfte stellen oft als Service für die Dauer der Reparatur ein Ersatzgerät zur Verfügung (gegebenenfalls gegen ein geringes Entgeld).

Tipps für den Gerätekauf

Notieren Sie auf einem Blatt Papier Ihre Erwartungen an das Produkt. Ausführliche Prospekte erleichtern das Skizzieren der Auswahlkriterien (Komfort und Leistung). Bei Bachläufen und Wasserfällen ist neben der Angabe der benötigten Steighöhe ab Pumpenauslauf bis zur höchsten Stelle der Anlage (oberer Auslauf, Quelle) die gesamte Länge und Breite des Wasserfalls beziehungsweise die des Bachlaufes für eine optimale Beratung und Auswahl wichtig.
Beim Kauf einer Filteranlage ist – um die Filterkapazität festlegen zu können – der Beckeninhalt (Wassermenge) ebenso von Wichtigkeit wie der jetzige beziehungsweise geplante Besatz mit Fischen. Dies gilt auch für den Betrieb kleiner und großer Filterbecken.
Beim Filterkauf sollte man auch auf die für Ihre Anlage und Zwecke richtigen Filtermassen (Filterfüllung) achten. Es gibt mechanisch-biologisch sowie chemisch wirkende Filtermaterialien für unterschiedliche Anforderungen (siehe Seite 111).
Es ist von großem Vorteil, wenn man das Beckenwasser selbst analysiert (siehe Seite 104), die festgestellten Wasserwerte notiert und beim Filterkauf dabei hat. Benutzerfreundliche – leicht zu handhabende – Tests sind in guten Garten- oder Aquaristik-Fachgeschäften erhältlich. Effektiv kann heutzutage auch von Laien der pH-Wert, die Karbonat- und Gesamthärte, der Ammonium-, Ammoniak-, Phosphat-, Nitrit-, Nitrat- und Sauerstoffgehalt des Gewässers gemessen werden.

Tipp

Bei der Erstfüllung auf die Wasseruhr sehen und den Verbrauch notieren. Dies erspart später umständliches Rechnen – besonders wenn der Teich freie Formen und unterschiedliche Tiefen hat.

Mit einem vorgeschalteten UV-Gerät (verhindert „grünes" Wasser, zum Beispiel durch *Volvox*-Algen, und organisch belastetes Wasser) und einem Vorfilter beziehungsweise Skimmer (Oberflächenabsauger, zieht Nadeln, Staub, Pollen, Blätter und allerlei andere schwimmende Substanzen von der Oberfläche ab) kann man die Standzeiten aller Filter wesentlich verlängern.
Von Vorteil hat sich auch ein schwimmergesteuerter, automatischer Frischwasserzulauf erwiesen. Ihn gibt es ebenfalls im Fachhandel.
Wichtig: Bei jeglicher Füllung (egal ob Erst- oder Nachfüllung) oder beim Filtermaterialwechsel empfiehlt sich die Zugabe so genannter Teichbakterien in Reinkultur aus dem Fachhandel. Sie werden auch als Starterbakterien angeboten.

Strom-Management im Garten

Elektrische Anlagen (Verlegung von Leitungen etc.) dürfen nur vom Fachbetrieb installiert werden. Kommen elektrische Geräte zum Einsatz, darf ein Fehlerstromschutzschalter (FI-Schalter) nie fehlen. Ein solcher schützt im Schadensfall (bei Geräte- oder Kabeldefekt) durch sofortiges Unterbrechen des Stromflusses das Leben. Alle Kabel müssen wassergeschützt (wasserdicht) sein.

Niemals darf man an den Strom führenden Teilen von Pumpen oder an Kabeln manipulieren oder selbst reparieren, sie auch nicht kürzen oder verlängern. Außerdem sollten Gartensteckdosen stets nässe- beziehungsweise spritzwassergeschützt sein. Am besten sind sie auch noch absschließbar.

Ohne Stromzuleitung funktionieren solarbetriebene Geräte. Ganz neu sind leistungsstarke solarbetriebene Pumpen. Gut funktionierende Solar-Lampen in ganz unterschiedlichen Modellen gibt es schon länger auf dem Markt. Solche Geräte sind, in Teichnähe installiert, von großem ökologischen Wert und schonen auf Dauer auch den Geldbeutel.

Viele Pumpen und Beleuchtungskörper lassen sich ferngesteuert bedienen. Der Wert einer solchen Fernsteuerung (Fördermenge der Pumpe verändern, Licht ein- und ausschalten etc.) wird einem sofort klar, wenn man als älterer Mensch nicht mehr so bewegungsaktiv sein kann, wie man es möchte.

Der Teichstaubsauger ist eine nützliche Erfindung.

Wathosen zum Arbeiten im Teich gibt es in verschiedenen Größen.

Mit Hilfe einer stabilen Leiter lässt sich jede Teichzone bequem erreichen.

Weiteres Zubehör

Hier einige weitere unverzichtbare Utensilien, die das Schaffen in und am Teich erleichtern beziehungsweise erst möglich machen:

- Ein gut ablesbareres **Teichthermometer** (schwimmend) ist für die Qualitätskontrolle des Wassers wichtig.
- Für die Fischpflege: Ein großer **Futterring**, um die Fische bei der Nahrungsaufnahme gut beobachten zu können. Dies ist der einfachste Weg, auf den Gesundheitszustand unserer Pfleglinge zu achten.
- **Teichkescher** dienen zum Entfernen von Laub und Schmutzpartikeln (für Teiche mit Ecken wählt man eckige Kescher). Für das Herausfangen von Fischen braucht man unbedingt ein möglichst großes, weiches **Netz**. Wichtig ist ein stabiler, am besten ausziehbarer Stiel. Denn allzu oft wird das Gewicht von Algen und Teichlinsen unterschätzt.
- Zum Arbeiten im Teich empfiehlt sich eine so genannte **Wathose** mit griffiger Sohle sowie **Teichhandschuhe**. Beides schützt vor Schmutz, Nässe und Verletzungen. Wenn Sie mit einer Wathose im Teich arbeiten, sollten Sie eine Person bitten, ihnen vom Ufer aus zu helfen. Dies ist auch wichtig, weil eine voll gelaufene Wathose im Schwimmteich oder tiefen Gewässer zur unberechenbaren Gefahr werden kann.
- Am Ende der Vegetationszeit und bei Reinigungsarbeiten im Herbst und Frühjahr hat sich ein so genannter **Schlammsauger** besonders bei größeren Teichen bewährt. Er wirkt wie ein Staubsauger.
- Lange Fadenalgen kann man problemlos mit einer **Klobürste**, die an einem Besenstiel oder ähnlichem gut befestigt wird, wie Spaghetti aufwickeln und entfernen, ohne die Pflanzen oder die Folie im Teich zu beschädigen.
- Um vergilbte Seerosenstiele, alte Blätter etc. an schwer zugänglichen Stellen zu entfernen, bewährt sich eine **Teichschere** und **-zange** mit langem Stiel. Besonders in Kombination mit einer stabilen **Metallleiter**, die quer über den Teich gelegt wird, ist so nahezu jede Stelle erreichbar.
- Nicht vergessen: Im Herbst ein **Laubschutznetz** und für ein problemloses Überwintern der Teichinsassen einen **Eisfreihalter** einsetzen (zugefrorene Teiche nie aufhacken!).

Tipp

In Trockenzeiten, wenn das Regenwasser knapp wird, die Moorbeetpflanzen, Rhododendren, Azaleen und Orchideen (auch Zimmerorchideen) mit Teichwasser gießen.

Tipp

Abgesaugtes Material wird ein bis zwei Tage am Teichrand gelagert, damit Kleinlebewesen wieder in den Teich zurückwandern können. Nach zwei Tagen kann der Schlamm unter Rhododendren oder Bäumen beziehungsweise Sträucher abgelagert werden. Denn Teichwasser und Schlamm sind ein hervorragender Pflanzendünger. Wenn noch Kaulquappen oder Molchlarven im Teich leben, darf man allerdings nichts absaugen! Auch bei Eisgang den Schlammsauger nicht einsetzen.

Pflanzen am und im Gartenteich

Pflanzen machen einen Teich oder Bachlauf im Garten erst richtig lebendig. Für jede Teichzone, vom freien Wasser bis zum Ufer und die den Teich umgrenzenden Gartenbereiche, gibt es die unterschiedlichsten Pflanzenarten und -sorten, sodass kein Wunsch offen bleibt. Grazil im Wind wiegende Binsen, duftende Seerosen und elegante Calla sind eine ebensolche Bereicherung wie die ersten goldgelben Blüten der Sumpfdotterblume im Frühjahr. Auf den folgenden Seiten finden Sie eine Auswahl an Wasser-, Sumpf- und Schwimmpflanzen für jeden Teich und dazu noch jede Menge Blumen, Stauden und Gehölze, die sich am Teichrand wohlfühlen.

Seerosen

An diesen traumhaft schönen Geschöpfen erfreuen sich die Menschen schon seit langem. Als Heilpflanze oder Nahrung (in Thailand werden die Stiele gegessen) für Mensch und Tier sind sie nahezu allgegenwärtig. Selbst in Märchen (Froschkönig), Sagen oder Gedichten begegnen uns Seerosen.

Pflanzen und pflegen

Die meisten Seerosen gedeihen problemlos in Wassertiefen von 50 bis 80 cm. Ausnahmen sind die Zwergseerosen, die am liebsten zwischen 20 und 40 cm Wassertiefe stehen, und die großen Arten, die nach der heimischen *Nymphaea lotus alba* geraten. Beim Kauf sollten Sie daher unbedingt auf die empfohlene Wassertiefe und den Flächenbedarf der Art beziehungsweise Sorte achten, die auf dem Pflanzenetikett angegeben sind.

Seerosen sollte man möglichst ungestört wachsen lassen. Manche Arten wuchern stark. Daher setzt man sie am besten in ausreichend große Pflanzkörbe. Empfehlung: Pro 10 cm Rhizomlänge braucht man 20 cm Korbdurchmesser bei ebensolcher Korbhöhe. Solche großzügig bemessenen Körbe lassen sich dann immer noch von der Stelle bewegen, um sie höher oder tiefer zu platzieren, zum Nachdüngen oder um die Pflanze zu teilen.

Als Pflanzsubstrat verwendet man Flusskies der Körnung 3 bis 7 mm, vermischt mit einem Langzeitdünger aus dem Fachhandel. Zusätzlich werden Lehmkugeln mit Spurenelementen zugesetzt. (Näheres zur Pflanzung Seite 121).

Es hat sich bewährt, die Körbe bei der Neupflanzung beziehungsweise im Frühjahr etwas höher zu stellen, um im warmen Wasser der Uferzone die Blühfreudigkeit anzuregen. Reagieren die Pflanzen mit reichlichem Blattwuchs beziehungsweise Blütenansatz, dann werden die Körbe Stufe für Stufe tiefer abgesenkt.

Um die Körbe jederzeit zu erreichen, kann man an beiden Seiten Bänder oder 40er Angelschnüre anbringen und diese am Ufer gut erreichbar befestigen. Mit Hilfe dieser Schnüre – und geschützt durch Gartenhandschuhe – kann man die Körbe für Pflegearbeiten oder zum Standortwechsel jederzeit aus dem Wasser ziehen.

Seerosen sind ausgesprochene Sonnenkinder. Sie brauchen, um gut zu gedeihen, zu kräftigen Pflanzen heranzuwachsen und reichlich zu blühen, mindestens 5 bis 6 Stunden volle Sonne am Tag. Denn dann werden die warmen Wassertemperaturen von idealerweise 26 °C erreicht.

Um reichen Blütenflor zu erzielen, wird jeweils im Frühjahr nachgedüngt: Sobald die ersten Blättchen erscheinen, holt man den Pflanzkorb aus dem Wasser und düngt mit Langzeitdünger, der speziell für Seerosen erhältlich ist.

Eine optimale Substratmischung für Seerosen

Überwintern

Empfindliche Seerosen (Zwergseerosen sowie gelbe, kupferfarbene und orangefarbene Sorten) stellt man im Winter möglichst tief. Zusätzlich kann der Pflanzkorb mit Luftpolsterfolie umkleidet werden, die mit Schnur festgebunden wird. Sollte der Teich allerdings nicht tiefer als 60 cm sein, muss man die Pflanzen über den Winter ins Haus holen. Man schlägt den Pflanzkorb in einer Wanne mit feuchtem Laub, Feinsand oder Schaumstoff ein und stellt ihn in einen frostfreien Raum. Die Austriebstellen werden mit Küchentüchern leicht feucht gehalten. Wenn man einen sehr hellen Platz hat, kann man die Seerosen auch in einem Aquarium überwintern. In diesem Fall sollte der Austrieb einige cm von Wasser bedeckt sein.

Seerosenteich

Seerosen teilen

Muss man Seerosen teilen, verfährt man wie folgt: faulige oder schwarze Stellen und alles, was übel riecht, wird mit einer scharfen Hippe oder einem scharfen Messer rigoros abgeschnitten. Auch alte oder beschädigte Blätter werden sauber abgetrennt.

Dann wird die Schnittstelle mit feiner Holzkohle reichlich bestäubt und das Rhizom in einer Schüssel oder einem Eimer so beschwert, dass alles grüne und saftige unter Wasser liegt und nur noch die bestäubte Stellen zum Antrocknen aus dem Wasser ragen.

Nach einer Stunde wird das Rhizom flach in das Substrat gesetzt, sodass nur noch der Austrieb frei vom Abdeckmaterial bleibt. Um ein Aufschwimmen zu verhindern, kann man das Rhizom mit einer langen Schnur am Korbboden festbinden.

Wenn man eine Seerose mit einem teilweise matschigen Rhizom erworben hat, verfährt man genauso wie hier für das Teilen beschrieben.

Teilt man Seerosen beziehungsweise pflanzt sie rechtzeitig um, so werden die Körbe nicht zu schwer und lassen sich immer gut bewegen.

Ein Traum in Rosa: Nymphaea *'Rosa Rey'*

Achtung Spritzwasser!

Seerosen vertragen weder starke Strömung noch eine Dauerbenetzung ihrer Blätter. Denn die Wassertropfen wirken bei Sonne wie ein Brennglas: die Blätter weisen dann deutlichen Sonnenbrand auf. Bei Spritzwasser leiden aber nicht nur die Blätter, auch die Blüten bleiben geschlossen! Deshalb sollte man Seerosen immer entfernt von Springbrunnen, Wasserspielen oder Wasserfällen pflanzen.

Seerosenarten

Insgesamt gibt es etwa 40 bis 50 Seerosen-Wildarten, von denen die meisten aus tropischen Gewässern stammen. Sie wurden mit Arten unserer Breiten gekreuzt und die Nachkommen selektiert, sodass bei den Sorten die Farbe tropischer Seerosen und die Winterhärte zum Beispiel europäischer Arten miteinander vereint sind. So gibt es mittlerweile eine Vielzahl begeisternd schöner Seerosenzüchtungen, von denen manche noch dazu ganz himmlisch duften. Es gibt sie nahezu in allen Größen, Farben und Blütenformen, auch gefüllt, und Blütengrößen. Die Hauptblütezeit erstreckt sich in den Sommermonaten von Juni bis September.

Kleine oder Glänzende Seerose

Weiße Seerose
Nymphaea alba

Blüten: weiß, 15 cm im Durchmesser
Blütezeit: Juni bis August
Wassertiefe: 80 cm bis 2 m
Breite: groß bis sehr groß
Besonderes: Die Attraktion dieser heimischen Wildart (in der Natur geschützt!) sind die großen, duftenden Blüten. Die Pflanze ist stark wüchsig, ausdauernd und gedeiht auch im Halbschatten, ihre Rhizome können bis zu 1 m lang werden. Im Handel werden viele Hybriden angeboten, die der Wildart ähneln.

Kleine oder Glänzende Seerose
Nymphaea candida

Blüten: weiß, 9,5 cm im Durchmesser
Blütezeit: Juni bis Juli
Wassertiefe: 30 bis 60 cm
Breite: klein bis mittel
Besonderes: Heimische Art, in der Natur selten geworden; sie kommt auch mit kühlerem, leicht bewegtem Wasser zurecht und breitet sich mäßig aus.

Weiße Seerose

Duftende Seerose
Nymphaea odorata var. minor

Blüten: weiß, 7 bis 9 cm im Durchmesser
Blütezeit: Juni bis September
Wassertiefe: 20 bis 50 cm
Breite: klein
Besonderes: Die recht großen, schalenförmigen Blüten duften süßlich (Name!). Bei der Varietät *minor* handelt sich um eine Zuchtform, die aus Nordamerika stammt, sie ist recht anspruchslos und auch gut winterhart, sogar etwas kühleres Wasser wird gut vertragen. Sie eignet sich für flache Teichzonen ebenso gut wie für Schalen und Miniwassergärten

Zwergseerose
Nymphaea tetragona

Blüten: weiß, 2,5 bis 5 cm im Durchmesser
Blütezeit: Juni bis Oktober
Wassertiefe: 15 bis 30 cm
Breite: klein
Besonderes: Stammt aus nordischen Ländern, China und Japan; besonders gut für flache Teichzonen geeignet, aber auch für die Bepflanzung von Schalen und kleinen Becken (Mini-Teichen), die auf dem Balkon oder der Terrasse platziert werden. Im Handel wird diese Art oft unter der falschen Bezeichnung *Nymphaea pygmaea* 'Alba' angeboten.

Seerosen brauchen viele Nährstoffe

Seerosen sollten im Frühjahr mit einem Langzeitdünger versorgt werden, um die Blühfreudigkeit anzuregen und die Pflanze zu kräftigen.

Knollenseerose
Nymphaea tuberosa

Blüten: weiß, 9 bis 10 cm im Durchmesser
Blütezeit: Juni bis September
Wassertiefe: ab 80 cm
Breite: groß
Besonderes: *Nymphaea tuberosa* stammt aus dem östlichen Nordamerika und wurde als Elternteil für die Züchtung mehrerer Seerosen-Sorten verwendet. Die Rhizome werden sehr lang und bilden seitlich knollenartige Sprossen, diese brechen leicht, was zur Ausbreitung der Art im Teich führt. der Duft ist nur recht schwach.

Gelbe Teichrose, Teichmummel
Nuphar lutea

Blüten: gelb, 4 bis 6 cm im Durchmesser
Blütezeit: Juni bis August
Wassertiefe: 40 cm bis 2 m
Breite: groß bis sehr groß
Besonderes: Sehr wüchsig und daher gut für große Teiche geeignet, eine Pflanze reicht als Erstbesatz für eine Fläche von 2 m². Die Unterwasserblätter ähneln Salatblättern und sind nützliche Sauerstoffspender, die Blüten duften stark.

Gelbe Teichrose oder Teichmummel

Kleine Teichrose
Nuphar pumilum

Blüten: gelb, etwa 1 bis 3 cm im Durchmesser
Blütezeit: Juli bis August
Wassertiefe: 25 bis 80 cm
Breite: klein
Besonderes: Wird leider nur selten im Handel angeboten; sowohl für kleinere Teiche als auch für Moorteiche und sonnige Mini-Teiche gut geeignet. Eine Pflanze genügt, die Unterwasserblätter sind sehr attraktiv; schwach duftend.

Duftende Seerose

Pflegekalender

Frühjahr

- alte Blätter vom Vorjahr am Stielansatz entfernen (mit Seerosenzange, im Fachhandel erhältlich)
- zur Überwinterung abgesenkte Körbe wieder heraufholen
- im Haus überwinterte Seerosen in den Teich bringen, sobald die Wassertemperatur über 10 °C liegt
- im April/Mai zu üppig gewordene Pflanzen teilen, sobald die ersten Blätter treiben
- im Mai/Juni nachdüngen, wenn die ersten Blätter da sind

Sommer

- nicht blühende Pflanzen an einen sonnigeren Platz stellen (neu eingesetzte Pflanzen können im ersten Jahr blütenlos bleiben)
- gelbe Blätter entfernen
- Seerosen in einen größeren Korb setzen, wenn die Blätter über das Wasser hinauswachsen
- auf Blattschäden und Schädlinge achten und entsprechend reagieren (Seite 238)
- Abgeblühtes am Stielansatz abschneiden und entfernen

Herbst

- vor den ersten Frösten empfindliche Sorten tiefer stellen oder hereinholen

Weiße und hellrosa Seerosen-Sorten

Weiße Seerosen sind am auffälligsten, wenn sie vor dunkel belaubten Uferpflanzen wachsen. Dann bringen sie Licht in schattigere Bereiche des Teiches, bilden Kontraste und setzen strahlende Akzente.

Die weißen Wildformen gehören zum Ausgangsmaterial vieler heute so beliebter Seerosensorten. Sie zeichnet in der Regel eine hohe Kälteresistenz aus. Wildformen im Pflanzenreich neigen übrigens oft dazu, am günstigen Standort auch etwas zu wuchern.

Grundsätzlich gilt für alle Farben, dass sich der Blütenflor nur optimal zeigt, wenn auch noch etwas Platz um den einzelnen Seerosenstock herum frei ist. Also bei der Auswahl auch auf den möglichen Ausbreitungsgrad der gewünschten Pflanze achten!

Nymphaea 'Colossea'

Blüten: fleischrosa bis weiß, bis 20 cm im Durchmesser
Blütezeit: Juni bis September
Wassertiefe: 80 bis 150 cm
Breite: groß
Besonderes: Ähnelt 'Marliacea Rosea', ihre Blüten sind aber größer und die Blütenblätter an den Spitzen gerundet. 'Colossea' blüht reich und lange, die Blüten duften nach Anis, wüchsig, für mittlere bis große Teiche mit relativ großer Wassertiefe geeignet.

'Hermine'

Nymphaea 'Hermine'

Blüten: weiß, 12 cm im Durchmesser
Blütezeit: Mai bis Oktober
Wassertiefe: 80 cm
Breite: groß bis sehr groß
Besonderes: Attraktive Züchtung mit ausgesprochen langer Blütezeit: je nach Wassertemperatur von Mai bis Oktober! Recht widerstandsfähig, toleriert unterschiedliche Wassertiefen; wenn die Blätter über den Wasserspiegel hinauswachsen, steht sie zu flach.

Nymphaea 'Marliacea Rosea'

Blüten: weiß, Kelchblätter rosa, 18 cm im Durchmesser
Blütezeit: Juni bis September
Wassertiefe: 80 bis 90 cm
Breite: groß
Besonderes: Erfreut sich schon lange großer Beliebtheit; attraktive, rosa überhauchte Kelchblätter, große, nach Vanille duftende Blüten, die vom Vormittag bis zum späten Nachmittag geöffnet sind: Wüchsig und unempfindlich, daher für große Teiche geeignet.

'Colossea'

Nymphaea 'Masaniello'

Blüten: rosa, 15 cm im Durchmesser
Blütezeit: Juni bis September
Wassertiefe: 80 cm
Breite: groß
Besonderes: Elegante, lange haltbare Blüten, verströmen einen betörenden Duft; vom frühen Vormittag bis in den Nachmittag hinein geöffnet. Wegen der der Größe nur für Teiche ab 10 m² geeignet; in der Tiefenzone platzieren, düngen im Frühjahr nicht vergessen.

Nymphaea 'Odalisque'

Blüten: blassrosa, 10 cm im Durchmesser
Blütezeit: Juni bis September
Wassertiefe: 40 bis 50 cm
Breite: klein
Besonderes: Im Handel auch als *Nymphaea odorata* var. *rosea*; attraktive sternförmige Blüten mit intensivem Duft, ideal für Miniteich oder eine genügend tiefe Schale.

Nymphaea 'Richardsonii'

Blüten: weiß, gefüllt, 15 cm im Durchmesser
Blütezeit: Juli bis August
Wassertiefe: 60 cm
Breite: mittelgroß

'Marliacea Rosea'

'Masaniello'

Besonderes: Braucht eine gute Nährstoffversorgung, sonst wachsen die Blätter über den Wasserspiegel hinaus. In einen Pflanzkorb setzen, da das mächtige Rhizom sonst kaum mehr zu bändigen ist. Duft süßlich.

Nymphaea 'Rosennymphe' 350

Blüten: zartrosa, 12 bis 14 cm im Durchmesser
Blütezeit: Mai bis September
Wassertiefe: 70 bis 80 cm
Breite: groß
Besonderes: Blütenfarbe verändert sich von lachsrosa über Zartrosa bis hin zu fast Weiß beim Verblühen. Die schwach duftenden Blüten stehen einige Zentimeter über den Blättern; blühfreudig. Wenn die die Blätter aus dem Wasser herauswachsen, steht sie zu flach.

'Rosennymphe'

Weitere weiße Seerosenschönheiten

Sorte	Blütenfarbe	Blütezeit	Wassertiefe (cm)	Größe	Duft
N. alba var. *minor*	weiß	V-VIII	40 bis 60	mittel	schwach
N. odorata 'Alba'	weiß	VI-IX	20 bis 40	klein	stark süßlich
N. odorata var. *gigantea*	weiß	VII-VIII	ab 80	sehr groß	ja
N. 'Candidissima Rosea'	zartrosa	V-IX	ab 80	groß	schwach süßlich
N. 'Galatee'	weiß bis rosa	VI-VII	20 bis 40	klein	schwach
N. 'Gladstoniana	weiß	VII-VIII	60 bis 80	sehr groß	ganz schwach
N. 'Marliacea Albida'	weiß	VII-VIII	60 bis 80	groß	leicht
N. 'Maxima'	weiß	VI-VIII	70 bis 90	sehr groß	angenehm
N. 'Virginalis'	weiß	VI-X	bis 80	groß	ja
N. 'Walter Pagels'	weiß	VI-IX	20 bis 40	klein	schwach

Rosa und rote Seerosen-Sorten

Unter den zahlreichen rosafarbenen und rötlichen Seerosen-Sorten gibt es eine ganze Reihe äußerst attraktiver Farbtöne. Beim Kauf sollte man sich immer an der zukünftigen Größe der gewünschten Sorte orientieren, denn hier gibt es Riesen und Zwerge, was die Blüten und Blätter, aber auch den Ausbreitungsgrad anbetrifft.
Die dunkelroten Seerosen-Zuchtformen sind nicht so häufig und daher äußerst begehrt.
Sie wirken am besten neben rein weiß blühenden Formen, hier kommt das dunkle Rot richtig zur Geltung.

'Escarboucle'

Nymphaea 'Attraction'

Blüten: karminrot, 18 cm im Durchmesser
Blütezeit: Juni bis August
Wassertiefe: 80 cm
Breite: groß
Besonderes: Leuchtend karminroten Blüten, duften intensiv. Sehr wüchsig, daher einen genügend großen Pflanzkorb verwenden und das Düngen im Frühjahr nicht vergessen. Gut winterhart.

Nymphaea 'Escarboucle'

Blüten: rubinrot, 18 cm im Durchmesser
Blütezeit: Juni bis Oktober
Wassertiefe: 70 bis 80 cm
Breite: groß
Besonderes: Leuchtend rote, schwach duftenden Blüten, öffnen sich zwar erst am späten Vormittag, sind abends aber länger geöffnet als die anderer Sorten. Blüht im Herbst recht lange, bis in den Oktober hinein. Gut winterhart, zentraler Blickfang im Teich.

'Attraction'

Nymphaea 'Froebeli'

Blüten: karminrot, 8 bis 10 cm im Durchmesser
Blütezeit: Juni bis August
Wassertiefe: 50 bis 60 cm
Breite: mittelgroß
Besonderes: Im Gegensatz zu den meisten anderen Sorten stehen die kelchförmigen, schwach duftenden Blüten deutlich über dem Wasserspiegel. Blüht zuverlässig und wird regelmäßig angeboten. Frühjahrsdüngung ist für ein gesundes Wachstum ausschlaggebend; nicht geeignet für Miniteiche oder zu flache Gewässerzonen, da die Pflanze dann aus dem Wasser herauswachsen kann.

Nymphaea 'James Brydon'

Blüten: kirschrot, 12 bis 14 cm im Durchmesser
Blütezeit: Juni bis September
Wassertiefe: 50 bis 70 cm
Breite: groß
Besonderes: Bekannte, recht wüchsige und anpassungsfähige Züchtung, die zu Recht sehr beliebt ist. Charakteristische, kugelige bis tassenförmige Blütenform; stark blühend, daher regelmäßig düngen, schwacher Duft.

Nymphaea 'Maurice Laydeker'

Blüten: rosa bis rot, 10 bis 12 cm im Durchmesser
Blütezeit: Juni bis September
Wassertiefe: 50 bis 60 cm
Breite: mittelgroß
Besonderes: Auch für Schalenteiche und Flachwasserzonen. Schwacher Duft, äußere Blütenblätter weißlich, Blüte veränderlich von rosa bis rot.

Nymphaea 'Pygmaea Rubra'

Blüten: rosa bis dunkelrot, 4,5 cm im Durchmesser
Blütezeit: Juni bis August
Wassertiefe: 20 bis 40 cm
Breite: klein
Besonderes: Attraktiv, aber selten erhältlich. Sie gedeiht im flachen warmen Wasser, ist auch für den Miniteich geeignet und braucht Schutz vor dem Einfrieren. Im Frühjahr düngen, schwach duftend.

Nymphaea 'Sioux'

Blüten: kupferfarben bis rot, 10 bis 12 cm im Durchmesser
Blütezeit: Juni bis September
Wassertiefe: 50 cm
Breite: mittelgroß
Besonderes: Blüht gelblich auf, wird dann dunkler. Braucht warmen Platz und gedüngtes Substrat, Korb im Winter absenken.

'James Brydon'

'Pygmaea Rubra'

Noch mehr rote und rosafarbene Seerosen

Sorte	Blütenfarbe	Blütezeit	Wassertiefe (cm)	Größe	Duft
N. 'Anna Epple'	hellrosa	VI-IX	40 bis 60	mittelgroß	schwach
N. 'Arethusa'	rosa bis rot geflammt	VI-VIII	40 bis 60	mittelgroß	schwach süßlich
N. 'Bateau'	rot	VI-VIII	30 bis 50	klein	schwach
N. 'Charles de Meurville'	purpurrot, außen heller	VI-IX	40 bis 80	mittel	angenehm
N. 'Ellisiana'	granatrot	VI-IX	20 bis 40	klein	schwach
N. 'Formosa'	rosa, nachdunkelnd	VI-IX	40 bis 50	klein	leicht süßlich
N. 'Gloriosa'	rosa bis dunkelrot	VI-IX	50 bis 60	mittelgroß	nach Äpfeln
N. 'Madame Wilfon Gonnère'	rosa	VI-VIII	60 bis 80	mittel	wenig
N. 'Meteor'	kirschrot	VI-VIII	80 bis 100	sehr groß	schwach
N. 'Norma Gedy'	lachsrosa	VI-VIII	80 bis 150	groß	schwach
N. 'Rene Gérard'	lachsrot	VI-IX	etwa 80	groß	
N. 'Rose Arey'	lachsrosa	VI-VIII	40 bis 60	groß	süßlich
N. 'Rosea'	rosa	VI-VIII	60 bis 80	groß	schwach
N. 'Rubra'	rot	VI-VIII	20 bis 40	klein	schwach

Gelbe und cremefarbene Seerosen Sorten

Besonders begehrt bei Teichliebhabern und Seerosenfreunden sind die gelben, orange- und kupferfarbenen Formen. Hier soll allerdings nicht verschwiegen werden, dass gerade sie aufgrund der geringen Winterhärte ihrer Eltern kälteempfindlicher als andere Züchtungen sind. In strengen Wintern, wenn die Temperatur unter -20 °C sinkt, können sie durchaus Frostschäden davontragen. Daher sollte man gelbe Arten und Sorten im Herbst vorsorglich entweder im Teich tiefer setzen (auf mehr als 80 cm Wassertiefe) oder hereinholen und im Haus überwintern. Aus diesem Grund ist es bei gelben Sorten unbedingt zu empfehlen, das Rhizom in einen Pflanzkorb zu setzen und nicht frei im Teich auszupflanzen. So sind die Kostbarkeiten jederzeit erreichbar.

Nymphaea 'Comanche'

Blüten: ockergelb bis orange, 9 cm im Durchmesser
Blütezeit: Juni bis September
Wassertiefe: 40 bis 60 cm
Breite: klein
Besonderes: Zunächst tassen-, später sternförmige Blüten, die ihre Farbe von ockergelb bis aprikosenfarben wechseln, im Verblühen über orange bis zu tiefrot.

'Marliacea Chromatella'

Sie sind bis spät in den Abend hinein geöffnet und verströmen einen schwachen Duft. Nicht allzu starkwüchsig und daher für kleinere Teiche geeignet.

Nymphaea 'Helen Fowler'

Blüten: pfirsichfarben mit weiß, 12 bis 14 cm im Durchmesser
Blütezeit: Juli bis September
Wassertiefe: 50 cm
Breite: mittelgroß
Besonderes: Attraktive pfirsichfarbene Blüten, stark duftend, stehen einige Zentimeter über der Wasseroberfläche. Damit die Pflanze im Frühjahr schnell austreibt, stellt man den Pflanzkorb zunächst auf 40 cm Wassertiefe und senkt ihn später ab. Wird auch als 'Princess Elizabeth' angeboten.

Nymphaea 'Indiana'

Blüten: dunkelgelb bis orangerot, 8 cm im Durchmesser
Blütezeit: Juli bis September
Wassertiefe: 20 bis 40 cm
Breite: klein
Besonderes: Kleine Sorte für flache Bereiche mit warmem Wasser, sie ist auch für Miniwassergärten geeignet, darf aber im Winter nicht einfrieren. Daher den Korb absenken oder hereinholen und im Haus überwintern. Blüht dunkelgelb auf und verändert die Blütenfarbe zu orangerot, im Verblühen zu Purpurrot.

'Comanche'

Nymphaea 'Marliacea Chromatella'

Blüten: sattgelb, 12 bis 15 cm im Durchmesser
Blütezeit: Juni bis September
Wassertiefe: 60 cm
Breite: groß
Besonderes: Sattgelbe Blüten, schwach duftend. Mit großen länglichen Flecken gezeichnete Blätter. Blütezeit richtet sich auch nach der Sonnenscheindauer. Der besondere Reiz liegt im Kontrast zwischen den hellen Blüten und den sattgrünen Blättern

Nymphaea 'Moorei'

Blüten: hellgelb, 10 bis 12 cm im Durchmesser
Blütezeit: Juni bis September
Wassertiefe: 60 cm
Breite: groß
Besonderes: Im Gegensatz zu 'Marliacea Chromatella' sind die Blüten heller und die Zeichnungen auf den Blättern kleiner und runder. Die Blüten duften schwach. Sicherheitshalber den Korb im Winter auf 80 cm Wassertiefe absenken.

Nymphaea 'Pygmaea Helvola'

Blüten: schwefelgelb, 3 bis 4 cm im Durchmesser
Blütezeit: Mai bis September
Wassertiefe: 20 bis 30 cm
Breite: klein
Besonderes: Eine der kleinsten Seerosen. Die sternförmigen, schwach duftenden Blüten erscheinen schon ab Mai. Auch für flache Wasserbereiche und Miniwassergärten geeignet, darf aber nicht einfrieren.

'Texas Dawn'

'Moorei'

Nymphaea 'Texas Dawn'

Blüten: hellgelb, 12 bis 15 cm im Durchmesser
Blütezeit: Juni bis September
Wassertiefe: 80 bis 90 cm
Breite: groß
Besonderes: Gut wüchsig und braucht schon bei der Pflanzung einen genügend großen Korb und ausreichend Dünger. Nur für größere Teiche und Becken geeignet.
Neben den schwach duftenden, hellgelben Blüten sind auch die gefleckten Blätter eine Attraktion im Seerosenteich. Diese Seerosensorte der neueren Generation gehört zu den besonders pflegewürdigen Sorten.
Je mehr Sonne die Pflanzen erhalten, desto besser ist das Wachstum und die Blüte umso üppiger.

Empfehlenswerte weitere Sorten in Gelbtönen

Sorte	Blütenfarbe	Blütezeit	Wassertiefe (cm)	Größe	Duft
N. 'Amabilis'	pfirsichfarben	VI-IX	80 bis 100	groß	gering
N. 'Aurora'	hellgelb bis karmin-rosa	VI-VIII	20 bis 40	klein	kaum
N. 'Chrysantha'	gelblich bis kupferfarben	VI-VIII	ab 30	klein	schwach
N. 'Phoebus'	orange bis kupferfarben	VI-IX	40 bis 50	mittelgroß	schwach
N. 'Sulphurea'	schwefelgelb	VI-VIII	40 bis 100	groß	stark

Wasserpflanzen

Zu den Wasserpflanzen zählt man gemeinhin drei Gruppen von Pflanzen. Zum einen jene, die gänzlich untergetaucht leben, die Unterwasserpflanzen, dann diejenigen, die Schwimmblätter ausbilden und frei auf der Oberfläche treiben und noch die Arten, die im Bodengrund wurzeln und Schwimmblätter an die Wasseroberfläche schicken.

Unterwasserzone

Die Pflanzen der Unterwasserzone gedeihen entweder frei schwimmend oder am Grund verankert. Sie bilden selten Überwasser- oder Schwimmblätter aus, manche recken allerdings die Blüten über die Wasseroberfläche. Ein sonniger Standort ist von Vorteil. Viele Arten wachsen sehr schnell und entziehen dem Wasser überschüssige Nährstoffe, die zu Algenwachstum führen könnten. Sie müssen aber bei Bedarf ausgelichtet werden.

Hornkraut

Sumpf-Wasserstern
Callitriche palustris

Aussehen: sternförmige Unterwasserranken, Breite: 50 cm und mehr
Blütezeit: April bis September
Blüte: weiß

Sumpf-Wasserstern

Laub: glänzend hell- bis mittelgrün
Standort: sonnig bis halbschattig
Boden: sauer bis schwach sauer
Wassertiefe: 40 bis 60 cm
Pflanzabstand: 30 bis 50 cm
Verwendung: Unterwasserpflanze – bildet im Flachwasser hübsche Unterwasserhorste
Weitere Arten: *C. hamulata*, *C. hermaphrodita*, *C. stagnalis*

rosettenartige Schwimmblätter nach dem Erreichen der Oberfläche

Hornkraut
Ceratophyllum demersum

Aussehen: flach wachsend, Breite: unbegrenzt
Blütezeit: Juni bis September
Blüte: grünlich
Laub: dunkelgrün
Standort: sonnig bis halbschattig

Boden: schwach sauer bis alkalisch
Wassertiefe: 60 bis 90 cm
Verwendung: Unterwasserpflanze, auffallende Blätter, im Herbst entstehen Endknospen, die am Teichgrund überwintern
Weitere Art: *C. submersum*

stark nährstoffzehrend, algenwuchshemmend

Dickblättrige Wasserpest
Egeria densa

Aussehen: vielblättrige Sprosse mit linearen, schmallänglichen Blättern in Wirteln
Blütezeit: Juli
Blüte: weiß, über dem Wasser
Laub: sattgrün
Standort: Flach- bis Tiefwasserzone, sonnig
Boden: nährstoffreich, sandig
Wassertiefe: 40 bis 80 cm
Pflanzabstand: 1 Bund (10 Stängel) kann im Laufe der Zeit 6 bis 10 m² überwuchern, in Körbe pflanzen
Verwendung: überwintert bei Wassertemperaturen von 2 °C im Teich, sonst im Zimmeraquarium

Sauerstoffspender

Wasserpest
Elodea canadensis

Aussehen: breit, flach und schnell wachsend, Höhe: 30 bis 70 cm, Breite: unbegrenzt

Fieber-Quellmoos

Blütezeit: Mai bis August
Blüte: grünlich und weiß
Laub: grün
Standort: sonnig bis halbschattig
Boden: schwach sauer bis alkalisch
Wassertiefe: 0,3 bis 2 m
Pflanzabstand: 50 bis 80 cm
Verwendung: Unterwasserpflanze, algenhemmend

sehr stark wachsend – deshalb in Körbe pflanzen

Wasserpest

Fieber-Quellmoos
Fontinalis antipyretica

Aussehen: Moospolster, flutend wachsend, Höhe: 5 bis 10 cm, Breite: überzieht Wurzeln und Steine unbegrenzt, starkwüchsig
Sporen: Mai bis Oktober
Laub: hell- bis dunkelgrün
Standort: sonnig bis halbschattig
Boden: neutral bis alkalisch
Wassertiefe: 30 bis 70 cm
Verwendung: Unterwasserpflanze, wächst am besten in kühlem, strömendem Wasser, wertvoller Sauerstoffspender

wirkt wasserreinigend

Papageienfeder
Myriophyllum aquaticum

Aussehen: flach wachsend, Breite: 30 cm bis unbegrenzt
Blütezeit: Juni bis August
Blüte: grünlich
Laub: gelbgrün
Standort: sonnig bis halbschattig
Boden: schwach sauer bis neutral
Wassertiefe: 0,4 bis 1 m
Pflanzabstand: 30 bis 50 cm
Verwendung: Unterwasserpflanze, Flachwasser
Weitere Arten: *M. alternifolius, M. spicatum, M. verticillatum*

sehr attraktive Belaubung

Ähriges Tausendblatt
Myriophyllum spicatum

Aussehen: flach wachsend, Breite: 50 cm bis unbegrenzt
Blütezeit: Juni bis August
Blüte: rosa
Laub: mittelgrün
Standort: sonnig bis halbschattig
Boden: schwach sauer bis neutral
Wassertiefe: bis 1 m
Pflanzabstand: 30 bis 50 cm
Verwendung: Unterwasserpflanze, Flachwasser, auffallende Blätter

dient Fischen und vielen Kleinlebewesen als Nahrung, Versteck und Laichplatz

Schwimmfarn

Quirlblättriges Tausendblatt
Myriophyllum verticillatum

Aussehen: flach wachsend, Breite: 50 cm bis unbegrenzt
Blütezeit: Juni bis August
Blüte: rosa
Laub: hellgrün
Standort: sonnig bis halbschattig
Boden: sauer bis schwach sauer
Wassertiefe: bis 1 m
Pflanzabstand: 30 bis 50 cm
Verwendung: Unterwasserpflanze, Flachwasser

dient Fischen und vielen Kleinlebewesen als Nahrung, Versteck und Laichplatz

Tausendblatt und Laichkraut

Krauses Laichkraut
Potamogeton crispus

Aussehen: aufrecht wachsend, Breite: unbegrenzt starkwüchsig
Blütezeit: Juni bis August
Blüte: grünlich
Laub: mittel- bis dunkelgrün
Standort: sonnig bis halbschattig
Boden: sauer bis schwach sauer
Wassertiefe: 0,3 bis 2 m
Pflanzabstand: 40 bis 60 cm
Verwendung: attraktive Unterwasser- und Schwimmblattpflanze, Flachwasser
Weitere Arten: *P. filiformis* – Fadenblättriges Laichkraut, *P. lucens* – Spiegel-Laichkraut, *P.* x *nitens* – Glanz-Laichkraut, *P. pectinatus* – Kamm-Laichkraut, *P. perfoliatus* – Durchwachsenes Laichkraut, *P. rutilis* – Rötliches Laichkraut

Sauerstoffspender

Schwimmpflanzen

Schwimmpflanzen treiben, wie der Name besagt, an der Wasseroberfläche und nehmen die Nährstoffe mit ihren ins Wasser ragenden Wurzeln auf. Sie sind selten im Bodengrund verankert. Die meisten Arten bevorzugen sonnige bis halbschattige Standorte. Viele Arten, wie die Wasserlinse oder die Krebsschere, können bei zusagendem Wasser und genügend Nährstoffen stark wuchern und müssen regelmäßig eingedämmt (beziehungsweise abgekeschert) werden, da sonst kaum noch Licht in den Teich gelangt.
Etliche der im Handel angebotenen Pflanzen, wie Wasserhyazinthe, Amerikanischer Froschbiss oder die Muschelblume, stammen aus den Tropen und können nur im Sommer im Gartenteich gehalten werden. Den Winter müssen sie im Haus verbringen.

Schwimmfarn
Azolla filiculoides

Aussehen: freischwimmend, schwimmblättrig, schnell wachsend, Höhe: 1 bis 2 cm, Breite: 50 cm und mehr
Blüte: weiß
Laub: bräunlich grün

Froschbiss

Standort: sonnig bis halbschattig
Boden: schwach sauer bis neutral
Verwendung: Schwimmpflanze, auffallende Blätter, frosthart – in milden Regionen auch im Freiland zu halten, in großem Futterring pflegen
Weitere Art: *A. caroliniana*

vor dem Frost einige Pflanzen herausnehmen und in einem Gefäß mit feuchter Erde hell überwintern

Wasserhyazinthe

Wasserhyazinthe
Eichhornia crassipes

Aussehen: freischwimmend, rosettenbildend, Höhe: 10 bis 20 cm, Breite: 30 bis 50 cm
Blütezeit: Juli bis Oktober
Blüte: hellviolett
Laub: dunkelgrün
Standort: sonnig
Boden: schwach sauer bis schwach alkalisch
Wassertiefe: 30 bis 50 cm
Pflanzabstand: 20 bis 30 cm
Verwendung: Schwimmpflanze, dekorative, große Blüten,

nicht winterhart – ab September ins Haus und frostfrei und hell überwintern

Froschbiss
Hydrocharis morsus-ranae

Aussehen: schwimmblättrig, freischwimmend, Höhe: 3 bis 5 cm, Breite: 50 cm und mehr
Blütezeit: Mai bis August
Blüte: weiß
Laub: leuchtend grün
Standort: sonnig bis halbschattig
Boden: sauer bis schwach sauer
Wassertiefe: 20 bis 50 cm
Pflanzabstand: 20 bis 40 cm
Verwendung: Schwimmpflanze, Flachwasser, auffallende Blätter

Wasser mit Torf ansäuern

Wassernabel

Wassernabel
Hydrocotyle vulgaris

Aussehen: krautig wachsend (kriechend), 5 bis 20 cm hoch
Blütezeit: Juli bis August
Blüte: weiß
Laub: 2 cm große runde Blättchen mit 3 bis 5 cm hohen Stielen
Standort: feuchte Ufer (mäßig lehmig), sonnig bis halbschattig
Boden: torfig
Pflanzabstand: nicht zu dicht setzen
Verwendung: Teichrand, Teichanschlusszone, Moor
Weitere Art: *H. bonairiensis, H. americana*

überwuchert als Bodendecker die Uferzonen

Dreigefurchte Wasserlinse
Lemna triscula

Aussehen: schwimmblättrig, freischwimmend, schnell wachsend, Breite: unbegrenzt ausdehnend
Laub: mittelgrün
Standort: sonnig bis halbschattig
Boden: schwach sauer
Wassertiefe: bis 30 cm
Verwendung: Schwimmpflanze, auffallende Blätter
Weitere Art: *L. minor*

wuchert und muss in Grenzen gehalten werden

Wasserlinse

Amerikanischer Froschbiss
Limnobium spongia

Aussehen: rundblättrige Schwimmpflanze
Blütezeit: Juli bis August
Blüte: weiß
Laub: sattgrün, runde Schwimmblätter mit schwammiger Blattunterseite
Standort: sonnig
Wassertiefe: Schwimmpflanze, deren kornähnliche Winterknospen im Aquarium überwintert werden können
Verwendung: schwimmend, am besten im großen Futterring pflegen

nicht winterhart

Kleefarn
Marsilea quadrifolia

Aussehen: kriechende, kleeähnliche Wasser- und Sumpfpflanze, vermehrt sich durch Ausläufer
Blütezeit: September bis Oktober (Sporen)
Laub: vierblättrig, sattgrün
Standort: Ufer- und Seichtwasserzone bis 15 cm Tiefe, sonnig
Boden: nährstoffreich, sandig
Verwendung: Uferzone, schützenswerte Art, die in Deutschland nahezu ausgerottet ist

nicht überall winterhart

Kleefarn

Muschelblume
Pistia stratioides

Aussehen: Tropenpflanze mit keilförmigen Blättern in Rosetten und federartigen Wurzeln
Blütezeit: August
Blüte: weiß, unscheinbar in den Blattachseln
Laub: sattgrün, silbrig angehaucht
Standort: vollsonnig
Verwendung: Schwimmpflanze für Gewächshäuser und Wintergartenteiche, Wassertemperatur 15 bis 28 °C

kann erst ab Juni ins Freie

Schwimmfarn
Salvinia natans

Aussehen: wurzellose Schwimmpflanze
Laub: unregelmäßig verzweigte Sprosse, rundliche bis eiförmige, paarige grüne Schwimmblätter
Standort: vollsonnig
Verwendung: Schwimmpflanze, im Futterring pflegen, Wassertemperatur 18 bis 26 °C

im Aquarium oder flacher Schale überwintern

Krebsschere, Wasseraloe
Stratiotes aloides

Aussehen: rosettenartig, Höhe: 10 bis 20 cm, Breite: 20 bis 30 cm
Blütezeit: Mai bis Juli
Blüte: weiß
Laub: dunkel olivgrün
Standort: sonnig bis halbschattig
Boden: sauer bis schwach alkalisch
Wassertiefe: mindestens 40 cm
Pflanzabstand: 30 bis 50 cm
Verwendung: Schwimmpflanze, Flachwasser, sumpfige Stellen, auffallende Blätter (halb untergetaucht), bilden Winterknospen

starker Nährstoffzehrer (algenwuchshemmend), vermehrt sich leicht, muss rechtzeitig ausgelichtet werden

Muschelblume

Krebsschere

Wasserschlauch
Utricularia vulgaris

Aussehen: flutend wachsend, Höhe: zur Blütezeit 3 bis 5 cm, Breite: bis 60 cm
Blütezeit: Juni bis August
Blüte: goldgelb
Laub: mit grünen Wassersprossen
Standort: sonnig
Boden: leicht sauer
Wassertiefe: 60 cm
Pflanzabstand: 5 bis 7 cm
Verwendung: Schwimmpflanze, wasserklärende Wirkung, fängt Kleinlebewesen, bildet Winterknospen, kann mit Teichplankton (Wasserflöhen) zugefüttert werden, braucht saures Wasser
Weitere Art: *U. minor*

alle Arten heikel, vor Überwucherung durch andere Wasserpflanzen schützen

Wasserschlauch

Schwimmblattpflanzen

Diese Pflanzengruppe zeichnet sich durch Blätter aus, die auf der Wasseroberfläche treiben, die Pflanze selbst ist aber im Bodengrund verankert. Viele Arten bilden unterschiedliche Blattformen unter oder über Wasser aus. Von Schwimmblattpflanzen, die nicht zuverlässig frosthart sind, sollte man im Herbst einige Ableger oder Triebe ins Haus holen und frostfrei oder bei entsprechender Temperatur überwintern.

Afrikanische Wasserähre
Aponogeton distachyos

Aussehen: schwimmblättrig, Höhe: 20 bis 50 cm, Breite: 0,90 bis 1,2 m
Blütezeit: Juni bis Oktober
Blüte: weiße Blüten mit purpurfarbenen Antheren, duften nach Weißdorn
Laub: leuchtend grün, länglich lanzettlich

Wasserähre

Wassermohn

Standort: sonnig
Boden: schwach sauer bis schwach alkalisch
Wassertiefe: 20 bis 90 cm
Pflanzabstand: 20 bis 50 cm
Pflegemaßnahmen: abgestorbene Blätter im Herbst entfernen
Verwendung: Schwimmblattpflanze, intensiv duftend

bedingt frosthart – in milden Regionen Überwinterung auch im Freiland möglich

Wassermohn
Hydrocleys nymphoides

Aussehen: schwimmblättrig, freischwimmend, Höhe: 3 bis 5 cm, Breite: 50 cm und mehr
Blütezeit: Juli bis August
Blüte: weiß mit purpurner Mitte
Laub: dunkelgrün bis rötlich grün
Standort: sonnig
Boden: sauer bis schwach sauer
Wassertiefe: 10 bis 20 cm
Pflanzabstand: 20 bis 30 cm
Verwendung: Schwimmblattpflanze, Flachwasser, anspruchsvoll, lange Blütezeit

frostfreie Überwinterung notwendig, dabei Pflanzkörbe im Winter frostfrei und hell überwintern

Seekanne
Nymphoides peltata

Aussehen: schwimmblättrig, Höhe: 5 cm, Breite: 50 cm und mehr
Blütezeit: Juli bis September
Blüte: leuchtend gelb
Laub: dunkelgrün
Standort: sonnig bis halbschattig
Boden: sauer bis schwach sauer
Wassertiefe: 10 bis 70 cm
Pflanzabstand: 0,5 bis 1 m
Verwendung: Schwimmblattpflanze, Flachwasser
Weitere Art: *N. aquatica*

kann wuchern, im Herbst gegebenenfalls Ausläufer abtrennen

Seekanne

Wasser-Knöterich
Polygonum amphibium

Aussehen: schwimmblättrig, schnellwachsend , Höhe: 5 bis 15 cm, Breite: 50 cm und mehr
Blütezeit: Mai bis August
Blüte: rosa
Laub: matt- bis mittelgrün
Standort: sonnig bis halbschattig
Boden: sauer bis schwach sauer
Wassertiefe: 0,2 bis 1 m
Pflanzabstand: 60 bis 90 cm
Verwendung: Schwimmblattpflanze, Flachwasser,
Weitere Arten: *P. bistorta*, *P. hydropiper*, *P. mite*

sehr wuchsfreudig, in Körbe pflanzen

Wasserknöterich

Schwimmendes Laichkraut
Potamogeton natans

Aussehen: schwimmblättrig, rhizombildend, Höhe: 5 bis 10 cm, Breite: 50 cm und mehr
Blütezeit: Juni bis August
Blüte: grünlich
Laub: dunkelgrün, kupferfarbig
Standort: sonnig bis halbschattig
Boden: sauer bis schwach sauer
Wassertiefe: 0,3 bis 1,2 m
Pflanzabstand: 40 bis 50 cm
Verwendung: Schwimmblattpflanze, Flachwasser, dient als Nahrung, Schutz und Ablaichpflanze für diverse Fischarten

am besten in Körbe pflanzen, da wuchernd

Gemeiner Wasserhahnenfuß
Ranunculus aquatilis

Aussehen: schwimmblättrig, Höhe: 3 bis 5 cm, Breite: unbegrenzt
Blütezeit: Mai bis August
Blüte: weiß
Laub: dunkelgrün
Standort: sonnig bis halbschattig
Boden: sauer bis schwach sauer
Wassertiefe: 0,2 bis 1 m
Pflanzabstand: 20 bis 40 cm
Verwendung: Schwimmblattpflanze, Flachwasser, sumpfige Stellen

auch für Bachläufe

Gemeine Wassernuss
Trapa natans

Aussehen: schwimmblättrig, Höhe: 1 bis 2 cm, Breite: 50 cm und mehr
Blütezeit: Juni bis August
Blüte: weiß bis unscheinbar
Laub: sattgrün bis leicht kupferfarbig
Standort: sonnig bis halbschattig, warmes Wasser im Sommer
Boden: sauer (kalkarm), nährstoffreich
Wassertiefe: 0,8 bis 1,5 m
Pflanzabstand: 30 bis 50 cm
Verwendung: Schwimmblattpflanze, Flachwasser, auffallende Blätter, die europäische Art ist selten und fast ausgerottet, anspruchsvoll, bedingt frosthart – in milden Regionen Überwinterung auch im Freiland möglich, bildet Unterwassernüsse, die im Bodenschlamm keimen
Weitere Arten: *T. bicornis*, *T. bispinosa*

die im Handel angebotenen Exemplare stammen meist aus Asien und sind nicht winterhart

Wassernuss

Gemeiner Wasserhahnenfuß

Sumpf-, Ufer- und Flachwasserpflanzen

Viele Pflanzen, die im und am Gartenteich gedeihen, brauchen nicht ständig im Wasser zu stehen. Sie kommen auch mit wechselndem Wasserstand zurecht. Dabei ist der Übergang der Flachwasserzone zur Sumpfzone oft fließend. Je nach Wetterlage und Jahreszeit kann der Wasserstand im Teich um einige Zentimeter schwanken.

Flachwasserpflanzen

Flachwasserpflanzen besiedeln den Übergang der Sumpf- in die Wasserzone von Gewässern. Während einige Arten nur wenige Zentimeter Wasserstand tolerieren, gedeihen andere auch noch in tieferen Zonen. Allen gemein ist, dass sie nicht nur einen feuchten Fuß lieben, sondern auch dauerhaft überflutet im Wasser wachsen.
Arten, die wuchern oder sich durch Ausläufer stark ausbreiten können, sollte man in Körbe pflanzen.

Gewöhnlicher Froschlöffel
Alisma plantago-aquatica

Aussehen: aufrecht, horstbildend, Höhe: 20 bis 90 cm, Breite: 50 cm
Blütezeit: Juli bis August
Blüte: hellrosa bis weiß
Laub: matt bis graugrün, löffelartig
Standort: sonnig bis halbschattig
Boden: schwach sauer bis alkalisch
Wassertiefe: 5 bis 30 cm
Pflanzabstand: 40 bis 50 cm
Verwendung: Flachwasser, Teich- und Uferrand, sumpfige Stellen
Weitere Arten: *A. gramineum*, *A. lanceolatum*, *A. subcordatum*

starke Samenbildung

Igelschlauch
Baldellia ranunculoides

Aussehen: schmalblättrig-lanzettlich, wie ein verkleinerter Froschlöffel
Blütezeit: Juli bis September
Blüte: weiß bis rosa, in kleinen Dolden
Laub: sattgrün
Standort: sonnig, geringer Wasserstand
Boden: nährstoffreich, locker
Wassertiefe: bis 5 cm
Pflanzabstand: 5 cm

Froschlöffel

Verwendung: sumpfige Ufer, bei tieferem Stand werden auch Schwimmblätter gebildet

gut für Miniteiche geeignet

Schwanenblume
Butomus umbellatus

Aussehen: aufrecht, horstbildend, Höhe: 0,6 bis 1,5 m, Breite: 40 bis 60 cm
Blütezeit: Juni bis August
Blüte: rosaweiße Dolde
Laub: glänzend mittel- bis dunkelgrün
Standort: sonnig
Boden: schwach sauer bis alkalisch
Wassertiefe: 10 bis 40 cm
Pflanzabstand: 40 bis 50 cm
Verwendung: Flachwasser, Teich- und Uferrand, sumpfige Stellen, Insektenweide, dekorative, große Blüten,

Sortenbeispiele: 'Rosenrot' – Blüten dunkler rosa, 'Schneeweißchen' – Blüten weiß

windgefährdet – zwischen hohe Stauden pflanzen

Schwanenblume

Herzlöffel
Caldesia parnassiifolia

Aussehen: tief herzförmig mit bogigen Seitennerven
Blütezeit: Juli bis August
Blüte: weißlich
Laub: sattgrün
Standort: sonnig
Boden: nährstoffreich, eher alkalisch, humos-sandig
Wassertiefe: untergetaucht oder schwimmend
Pflanzabstand: 1 m
Verwendung: seichter Wasserstand und sumpfige Ufer

wird selten angeboten

Zypergras
Cyperus longus

Aussehen: gebogene, rau berandete Blätter, bis 80 cm hoch
Blütezeit: Spätsommer
Blüte: rotbraune Ährchen
Laub: sattgrün
Standort: Ufer, sonnig bis halbschattig
Boden: nährstoffreich
Pflanzabstand: 30 cm
Verwendung: Ufer- und Teichanschlusszone, im Kübel, stets feucht halten
Weitere Arten: *C. alternifolius, C. diffusus, C. elegans*

nicht überall winterhart, besser im Haus überwintern

Tannenwedel

Buntblättriges Süßgras, Wasser-Schwaden
Glyceria maxima 'Variegata'

Aussehen: aufrecht, ausläuferbildend, Höhe: 0,8 bis 1 m, Breite: 50 cm und mehr
Blütezeit: Juli bis August
Blüte: bräunlich
Laub: grünweiß gestreift
Standort: sonnig
Boden: schwach alkalisch bis alkalisch
Wassertiefe: 5 bis 50 cm
Pflanzabstand: 40 bis 50 cm
Verwendung: Flachwasser, Teich- und Uferrand, sumpfige Stellen, auffallende Blätter

neigt zu starker Ausbreitung

Wasser-Schwaden

Gemeiner Tannenwedel
Hippuris vulgaris

Aussehen: aufrecht, Ausläufer bildend, Höhe: 20 bis 60 cm, Breite: 50 cm und mehr
Blütezeit: Juni bis August
Blüte: grünlich
Laub: dunkelgrün
Standort: sonnig
Boden: neutral, nicht empfindlich
Wassertiefe: 0,05 bis 1,5 m
Pflanzabstand: 60 bis 70 cm
Verwendung: sumpfige Stellen, stark nährstoffzehrend, algenhemmend, guter Sauerstoffspender

kann wuchern, unterschiedliche Blattformen über und unter Wasser

Wasserfeder, Wasserprimel
Hottonia palustris

Aussehen: unter und über Wasser wachsend, Breite: 30 cm und mehr
Blütezeit: Mai bis Juli
Blüte: rosa
Laub: hell bis mittelgrün, sternförmig
Standort: sonnig bis schattig
Boden: sauer bis neutral
Wassertiefe: 5 bis 40 cm
Pflanzabstand: 30 bis 40 cm
Verwendung: Flachwasser, Unterwasserpflanze, hohe Ansprüche
Weitere Art: *H. inflata*

dekorative Blüten über dem Wasser

Wasserfeder

Lotus
Nelumbo nucifera

Aussehen: große runde Blätter auf schlanken Stielen, bis 1 m hoch
Blütezeit: Juni bis Juli
Blüte: weiß, rosa
Laub: mattgrün
Standort: vollsonnig
Boden: nährstoffreich
Wassertiefe: 20 bis 30 cm
Pflanzabstand: 50 cm
Verwendung: für beheizte Teiche in vollsonniger Lage, nicht winterhart
Weitere Art: *Nelumbo lutea*

für Liebhaber

Lotusblume

Goldkeule
Orontium aquaticum

Aussehen: aufrecht, rhizombildend, Höhe: 20 bis 30 cm, Breite: 50 bis 70 cm
Blütezeit: Mai bis Juni
Blüte: leuchtend gelbe Kolben
Laub: grau bis mittelgrün
Standort: sonnig bis halbschattig
Boden: schwach sauer bis schwach alkalisch
Wassertiefe: 10 bis 40 cm
Pflanzabstand: 40 bis 50 cm
Verwendung: Flachwasser, sumpfige Stellen, im Tuff pflanzen, hoher Nährstoffbedarf
Weitere Sorte: 'Variegatum' – Blätter weiß panaschiert

in strengen Wintern schützen

Goldkeule

Gewöhnliches Pfeilkraut
Sagittaria sagittifolia

Aussehen: aufrecht wachsend, horstbildend, Höhe: 60 bis 80 cm, Breite: 30 cm und mehr
Blütezeit: Juli bis August
Blüte: weiß mit Blauviolett
Laub: mittelgrün, unter Wasser bandförmig, Überwasserblätter pfeilförmig, Schwimmblätter oval
Standort: sonnig bis halbschattig
Boden: schwach sauer bis schwach alkalisch
Wassertiefe: 10 bis 40 cm
Pflanzabstand: 30 bis 50 cm
Verwendung: Flachwasser, Teich- und Uferrand, sumpfige Stellen
Weitere Formen: Sorte 'Plena' – gefüllt blühend, ssp. *leucopetala* – Blüte ohne dunklen Fleck

auffallende Blätter, veränderliche Blattformen

Gewöhnliches Pfeilkraut

Breitblättriges Pfeilkraut
Sagittaria latifolia

Aussehen: aufrecht horstbildend, Höhe: 50 bis 90 cm, Breite: 50 bis 90 cm
Blütezeit: Juni bis August
Blüte: weiß, gelbe Staubgefäße

Breitblättriges Pfeilkraut

Laub: mittelgrün, unter Wasser bundförmig, Schwimmblätter oval
Standort: sonnig bis halbschattig
Boden: schwach sauer bis schwach alkalisch
Wassertiefe: 10 bis 40 cm
Pflanzabstand: 30 bis 50 cm
Verwendung: Flachwasser, Teich- und Uferrand, sumpfige Stellen
Weitere Sorten und Arten: 'Plena' – mit gefüllten Blüten, 'Leopard Spot' – Blätter mit dunklen Flecken, *S. graminea*, Grasblättriges Pfeilkraut – Blätter schmal, auch unter Wasser wachsend, grasartig, *S. platyphylla*, Breitblättriges Pfeilkraut – Blätter breiter, *S. subulata*, Schwimmendes Pfeilkraut – als Schwimmblattpflanze

auffällige Blätter, veränderliche Blattform

Schmalblättriger Rohrkolben
Typha angustifolia

Aussehen: aufrecht, Ausläufer bildend, schnell wachsend, Höhe: 1,5 bis 1,8 m, Breite: unbegrenzt

Blütezeit: Juni bis August
Blüte: schwarzbraun, braune Rohrkolben
Laub: blass bis graugrün
Standort: sonnig
Boden: schwach sauer bis schwach alkalisch
Wassertiefe: bis 1 m
Pflanzabstand: 0,8 bis 1 m
Verwendung: Flachwasser, Einzelpflanzung, Teich- und Uferrand, sumpfige Stellen, Schnittblume, Trockenfloristik, dekorative, große Blütenstände

wasserklärend

Breitblättriger Rohrkolben
Typha latifolia

Aussehen: aufrecht wachsend, Ausläufer bildend, Höhe: 1,5 bis 2 m, Breite: unbegrenzt
Blütezeit: Juni bis Juli
Blüte: schwarzbraune Rohrkolben
Laub: blass bis blaugrün
Standort: sonnig
Boden: schwach sauer bis leicht alkalisch, lehmig
Wassertiefe: bis 1 m
Pflanzabstand: 80 bis 100 cm
Verwendung: Flachwasser, feuchte Ufer, Teichhintergrund

Breitblättriger Rohrkolben

Schmalblättriger Rohrkolben

Sortenbeispiel: 'Variegata' – Blätter weiß gestreift

schnittgeeignet (Floristik)

Zwergrohrkolben
Typha minima

Aussehen: schmalblättrig, zierlicher Wuchs, 30 bis 70 cm hoch, Breite unbegrenzt
Blütezeit: Mai bis September
Blüte: braun (kleine rundliche Kolben)
Laub: schmal, bläulich hellgrün
Standort: sonnig
Boden: schwach sauer bis leicht alkalisch
Wassertiefe: bis 10 cm
Pflanzabstand: 10 cm
Verwendung: am Ufer, als Solitär auf Inseln und Landzungen

ideal für Miniteiche

Zwergrohrkolben

Andere Rohrkolbenarten

Botanischer Name	Höhe (m)	Wassertiefe (cm)	Besonderes
Typha laxmannii	0,8 bis 1	20 bis 40	bildet Ausläufer
Typha shuttleworthii	0,6 bis 1,5	bis 40	begehrte Liebhaberpflanze

Sumpf- und Uferpflanzen

Sumpf- und Uferpflanzen wachsen am Teichufer in wechselfeuchten Zonen. Das bedeutet, dass es ihnen nichts ausmacht, wenn sie zeitweise einige Zentimeter unter Wasser stehen. Sie kommen aber auch damit zurecht, wenn der Wasserstand sinkt und der Boden weniger feucht ist.

Kalmus
Acorus calamus

Aussehen: aufrecht, rhizombildend, Höhe: 0,8 bis 1,2 m, Breite: 60 cm
Blütezeit: Mai bis Juli
Blüte: gelbgrüner Kolben
Laub: mittelgrün
Standort: sonnig
Boden: schwach sauer bis alkalisch
Wassertiefe: 10 bis 40 cm
Pflanzabstand: 50 cm
Verwendung: Teich- und Uferrand, sumpfige Stellen, intensiv duftend
Weitere Arten: *A. angustifolius* 'Variegatus' – Blätter weiß gestreift, *A. minima* – kleiner

kann wuchern – in Korb pflanzen

Sumpf-Calla

Kalmus

Graskalmus
Acorus gramineus

Aussehen: halbimmergrüne, aquatische Staude, lineale glänzende Blätter
Blütezeit: Mai bis Juli
Blüte: grünliche Kolben
Laub: schmal grasartig, linealisch
Standort: sonnig
Boden: nährstoffreich
Wassertiefe: bis 5 cm
Pflanzabstand: 10 cm
Verwendung: im Vordergrund
Sortenbeispiele: 'Argenteostriastus' – Blätter weißlich gestreift, 'Aureovariegatus' – Blätter gelb gestreift, nicht winterhart, 'Ogon' – hellgrün-goldgelb gestreift, 'Pusillus' – nicht winterharte Zwergform, die nur 5 bis 10 cm groß wird

ideal für Miniwassergärten

Schlangenwurz, Sumpf-Calla
Calla palustris

Aussehen: kompakt wachsend, rhizombildend, kriechend, Höhe: 15 bis 25 cm, Breite: 40 bis 60 cm

Blütezeit: Juni bis Juli
Blüte: weiß
Laub: glänzend grün
Standort: halb- bis vollschattig
Boden: sauer bis schwach sauer
Wassertiefe: bis 20 cm
Pflanzabstand: 20 bis 30 cm
Verwendung: Teich- und Uferrand, sumpfige Stellen, dekorative, große Blüten und Kolben mit roten Beeren,

alle Pflanzenteile sind giftig

Gewöhnliche Sumpfsimse

Sumpfdotterblume
Caltha palustris

Aussehen: niederliegend bis flach wachsend, Höhe: 30 bis 40 cm, Breite: 30 bis 40 cm
Blütezeit: April bis Juni
Blüte: goldgelb
Laub: glänzend dunkelgrün
Standort: sonnig bis halbschattig
Boden: sauer bis schwach sauer
Wassertiefe: bis 10 cm
Pflanzabstand: 25 bis 35 cm
Verwendung: Teich- und Uferrand, sumpfige Stellen, Gehölzrand, auffallende Blätter, lockt Bienen und Schmetterlinge an, als Tuff in Vordergrund pflanzen
Weitere Arten: *C. howellii* – weiße Blüten, *C. leptosepala* – ebenfalls weiße Blüten, *C. natans* – Triebe bis 45 cm lang, auf der Wasseroberfläche treibend, Blüten weiß bis zartrosa

pflegeleicht,
einer der ersten Frühlingsblüher am Teich

Sumpfdotterblume

Sorten der Sumpfdotterblume für Liebhaber

Sorte	Merkmale, Besonderes
'Alba'	Blüte weiß, stammt aus dem Himalaja
'Auenwald'	starkwüchsige Selektion mit großen Blüten (7 cm Durchmesser) und bis zu 80 cm Höhe
'Multiplex'	gefüllte Blüten, die schon 1 bis 2 Wochen früher als bei der Art erscheinen
'Prof. Maatsch'	Blüten leuchtend zitronengelb
'Semiplena'	Blüte halbgefüllt

Wasser-Dickblatt
Crassula aquatica

Aussehen: dicke, meist wasserspeichernde sukkulente Blätter, lanzettlich nadelspitz, 20 bis 25 cm groß
Blütezeit: Juli bis August
Blüte: weiß, sitzen in den Blattachseln
Laub: hellgrün
Standort: sonnig
Boden: nährstoffreich
Wassertiefe: bis 5 cm
Pflanzabstand: 10 cm
Verwendung: Uferzone und seichtes Wasser, bildet dicke, flache Polster, kann submers (unter Wasser) oder emers (über Wasser) wachsen

einjährig

Wasserbambus, Dulichium
Dulichium arundinaceaum

Aussehen: schilfrohrartig, aufrechte Stängel, wechselständig beblättert
Blütezeit: August bis Oktober
Blüte: kleine braune, sitzende Ährchen (zwittrig)
Laub: lind- bis sattgrün
Standort: sonnig, Flachwasserzone
Boden: nährstoffreich
Wassertiefe: 0 bis 5 cm
Pflanzabstand: in Tuffs zu 5 bis 10 Pflanzen
Verwendung: als Seitenbepflanzung

Rarität für Sammler seltener Pflanzen

Bachnelkenwurz

Nadel-Sumpfsimse
Eleocharis acicularis

Aussehen: teppichförmig, Ausläufer bildend, Höhe: 5 bis 10 cm, Breite: 50 cm bis unbegrenzt
Blütezeit: Mai bis August
Blüte: bräunlich
Laub: mittel- bis dunkelgrün
Standort: sonnig
Boden: schwach sauer bis alkalisch
Wassertiefe: 10 bis 80 cm
Pflanzabstand: 30 bis 40 cm
Verwendung: Teich- und Uferrand, sumpfige Stellen, Flachwasser, auffallende feine, dünne, spitze bis 20 cm lange Blätter
Weitere Art: *C. palustris* – Blätter binsenartig, mattgraugrün, bis 30 cm hoch

hübsche feine Blätter

Gewöhnliche Sumpfsimse
Eleocharis palustris

Aussehen: aufrecht, Ausläufer bildend, Höhe: 5 bis 10 cm, Breite: 50 cm und mehr
Blütezeit: Mai bis August
Blüte: bräunlich
Laub: bläulich- bis mittelgrün
Standort: sonnig
Boden: schwach sauer bis alkalisch
Wassertiefe: 5 bis 30 cm
Pflanzabstand: 30 bis 40 cm
Verwendung: Teich- und Uferrand, Flachwasser, auffallende Blätter

wirkt im Vordergrund am besten

Sumpf-Storchschnabel

Sumpf-Storchschnabel
Geranium palustre

Aussehen: Blätter rosettig, Höhe 30 bis 50 cm
Blütezeit: Mai bis August
Blüte: rotviolett
Laub: hellgrün
Standort: sonnig bis halbschattig
Boden: nährstoffreich, leicht feucht
Wassertiefe: bis 5 cm
Pflanzabstand: 1 Pflanze pro m^2
Verwendung: feuchte Ufer und Teichanschlusszone

attraktive Pflanze für den Vordergrund

Bachnelkenwurz
Geum rivale

Aussehen: Rosetten aus langstieligen, dreiteiligen Blättern, 20 bis 60 cm hoch
Blütezeit: Mai bis Juni
Blüte: rotbraun, nickend
Laub: sattgrün, rundlich
Standort: sonnig bis halbschattig
Boden: nährstoffreich
Wassertiefe: bis 5 cm, besser nur sumpfig
Pflanzabstand: 15 cm
Verwendung: Seitenbepflanzung, feuchte Ufer

für Naturteiche

Sumpfgladiole, Sumpfsiegwurz
Gladiolus palustris

Aussehen: schwertförmige Blätter, Knollenpflanze, 30 bis 60 cm hoch
Blütezeit: Juni bis Juli
Blüte: purpurrot
Laub: glänzend grün
Standort: sonnig
Boden: nahrhaft, humos, tonig, wechselfeucht
Pflanzabstand: 10 cm
Verwendung: feuchte Wiesen, Teichanschlusszone und Teichrand
Weitere Art: *G. imbricatus*, Wiesensiegwurz

wird von Hummeln besucht

Scheidiges Wollgras

Breitblättriges Wollgras
Eriophorum latifolium

Aussehen: aufrecht, Höhe: 40 bis 60 cm, Breite: 50 cm bis unbegrenzt
Blütezeit: April bis Mai
Blüte: weiß
Laub: grün
Standort: sonnig
Boden: sauer bis alkalisch
Wassertiefe: 5 bis 10 cm
Pflanzabstand: 30 bis 40 cm
Verwendung: Teich- und Uferrand, sumpfige Stellen, Flachwasser, auffallende Blüten
Weitere Art: *E. russeolum*

gut für Moorbeete geeignet

Sumpfgladiole

Breitblättriges Wollgras

Scheidiges Wollgras
Eriophorum vaginatum

Aussehen: aufrecht, horstbildend, Höhe: 30 bis 50 cm, Breite: 50 cm bis unbegrenzt
Blütezeit: Mai bis Juni
Blüte: weiß
Laub: grün
Standort: sonnig
Boden: sauer
Wassertiefe: 5 bis 10 cm
Pflanzabstand: 30 bis 40 cm
Verwendung: Teich- und Uferrand, sumpfige Stellen, Flachwasser
Sortenbeispiele: 'Heidelicht', 'Goldrausch'
Weitere Art: *E. angustifolium* – stark wuchernd, ausläufertreibend

auffallende Blüten

Sumpf-Wolfsmilch

Wasserdost
Eupatorium cannabinum

Aussehen: Blätter gegenständig, handförmig und behaart, 1 bis 1,5 m hoch und bis 2 m breit
Blütezeit: Juli bis September
Blüte: rötlich-kupferne Schirmrispen
Laub: sattgrün
Standort: sonnig
Boden: nährstoffreich
Wassertiefe: bis 5 cm
Pflanzabstand: 30 bis 40 cm (wirken im Tuff am besten)
Verwendung: Nass- und Feuchtwiesenbereich, als Hintergrund
Weitere Arten: *E. coelestinum*, *E. maculatum*, *E perfoliatum*, *E. rugosum*

wertvolle Insektenweide

Wasserdost

Sumpf-Wolfsmilch
Euphorbia palustris

Aussehen: aufrecht , Höhe: 0,8 bis 1,2 m, Breite: 60 bis 90 cm
Blütezeit: Mai bis Juni
Blüte: gelbgrüne Blütendolden
Laub: leuchtend grün
Standort: sonnig bis halbschattig
Boden: schwach sauer bis alkalisch
Wassertiefe: 10 bis 15 cm
Pflanzabstand: 50 bis 60 cm
Verwendung: Teich- und Uferrand, sumpfige Stellen, Flachwasser, Gehölzrand, auffallende Blüten, schöne Herbstfärbung

wuchernd bis in Pflanzkörbe setzen

Sumpfeibisch
Hibiscus moscheutus

Aussehen: Blätter eiförmig bis lanzettlich, aufrechte Triebe, bis 1 m hoch
Blütezeit: August bis September
Blüte: weiß, rosa, karminrot
Laub: dunkelgrün
Standort: sonnig
Boden: saurer Torfboden
Wassertiefe: bis 10 cm
Pflanzabstand: 1 m
Verwendung: Moorbeet, Abgeblühtes und trockene Stängel im Herbst abschneiden
Sortenbeispiele: Southern-Belle-Serie, Disco-Belle-Serie

im Winter mit Reisig abdecken, da etwas frostempfindlich

Schwertlilie
Iris laevigata

Aussehen: Horste mit schmalen, bis 60 cm langen, leicht gekräuselten Blättern
Blütezeit: Juni bis Juli
Blüte: blau
Laub: sattgrün
Standort: sonnig
Boden: nährstoffreich
Wassertiefe: bis 10 cm
Pflanzabstand: 40 cm
Verwendung: Uferbereich, feuchte Wiesen

attraktive Blüten

Gelbe Schwertlilie
Iris pseudacorus

Aussehen: aufrecht, horstbildend, Höhe: 0,9 bis 1 m, Breite: 20 bis 30 cm
Blütezeit: Juni bis August
Blüte: reingelb bis intensiv goldgelb
Laub: grau- bis mittelgrün, schwertähnlich
Standort: sonnig
Boden: sauer bis schwach sauer
Wassertiefe: 5 bis 20 cm
Pflanzabstand: 50 bis 70 cm
Verwendung: Teich- und Uferrand, sumpfige Stellen, Flachwasser, bunte Beet- und Staudenpflanzung, selbst aussäend

in Korb pflanzen, da wuchernd, Samenstände entfernen

Sumpfiris

Schöne Sorten der Schwertlilie (*Iris laevigata*)

Sorte	Besonderes
'Alba'	Blüte weiß
'Albo-Purpurea'	Blüte weiß, gefüllt, die hängenden Blütenblätter sind blau gerandet
'Variegata'	Blüte blauviolett, Blätter weiß-grün gestreift

Gelbe Schwertlilie

Sortenauswahl der Gelben Schwertlilie (*Iris pseudacorus*)

Sorte	Besonderes
'Alba'	Blüte cremefarben
'Double' (syn. 'Flore Pleno')	Blüte gefüllt, gelb
'Golden Queen'	Blüte goldgelb und ohne Aderung
'Nanus'	Zwergwüchsige Form, nur 50 bis 70 cm hoch
'Variegata'	Blüte gelb, Blätter im Frühjahr beim Austrieb mit gelbgrünen Längsstreifen, die später vergrünen

Amerikanische Sumpfschwertlilie
Iris versicolor

Aussehen: 40 bis 90 cm hoch, schmale Blätter
Blütezeit: Juni bis Juli
Blüte: weißgelb mit violett geadertem Grund
Laub: sattgrün
Standort: sonnig
Boden: nährstoffreich
Wassertiefe: bis 5 cm
Pflanzabstand: 40 cm
Verwendung: Uferzone, Teichanschlusszone, Feuchtwiesen

viele Sorten mit Blüten von dunkelpurpurn bis rosa und weiß

Schöne Sorten der Amerikanischen Schwertlilie (*Iris versicolor*)

Sorte	Besonderes
'Double Pink'	Blüte rosa, gefüllt
'Mysterious Monique'	Blüte fast schwarz bis dunkelviolett, die hängenden Blütenblätter mit weißer Basis und dunkler Aderung
'Versicle'	Blüte kleiner, weiß mit hellblauer Aderung

Korkenzieher-Binse

Flatter-Binse
Juncus effusus

Aussehen: aufrecht, horstbildend, Höhe: 20 bis 80 cm, Breite: 20 bis 30 cm
Blütezeit: Juli bis August
Blüte: braun
Laub: mittel- bis dunkelgrün
Standort: sonnig
Boden: sauer
Wassertiefe: bis 5 cm
Pflanzabstand: 10 bis 20 cm
Verwendung: Teich- und Uferrand, sumpfige Stellen, Flachwasser
Sorten: 'Cuckoo' – bis 30 cm groß, Halme unregelmäßig gelb gestreift, 'Gold Strike' (syn. 'Aureostriatus') – bis 80 cm groß, Halme gelb gestreift vor allem das Tragblatt über dem Blütenstand, 'Spiralis' – Korkenzieher-Binse, Halme spiralförmig gedreht

kaum wuchernd

Flatter-Binse

Sumpfplatterbse
Lathyrus palustris

Aussehen: Fiederblätter linealisch-lanzettlich, Pflanze 30 bis 70 cm hoch
Blütezeit: Juli bis September
Blüte: blauviolett
Laub: grün
Standort: sonnig
Boden: eher alkalisch
Pflanzabstand: 1 m
Verwendung: wechselfeuchte Standorte, sieht zwischen Schilf schön aus

kann wuchern

Sumpfporst

Sumpfporst
Ledum palustre

Aussehen: buschig ausladender Strauch, 0,6 bis 1,2 m hoch
Blütezeit: Mai bis Juni
Blüte: weiß
Laub: dunkelgrün, unterseits rostfarben behaart
Standort: sonnig bis halbschattig
Boden: sauer, nährstoffarm, torfig
Pflanzabstand: 2 m
Verwendung: Moorbeet, Teichanschlusszone, steht unter Naturschutz
Weitere Art: *L. groenlandicum*

Vielblättrige Graspflanze
Lilaeopsis polyantha

Aussehen: grasartig, bis 15 cm hoch
Blütezeit: August bis September
Blüte: rötlich
Laub: sattgrün
Standort: sonnig
Boden: sandig, nährstoffreich
Wassertiefe: bis 2cm
Pflanzabstand: 10 cm pro Topf
Verwendung: kann von Juni bis Ende September in Schale oder Topf gepflanzt im Vordergrund dekoriert werden. Die Pflanze ist eine Rarität für Liebhaber, die besonders durch ihre gegliederten Blätter auffällt. Am besten im Korb pflanzen.

im Aquarium überwintern

Weitere Binsenarten:

Deutscher Name	Botanischer Name	Größe (cm)
Spitzblättrige Binse	*Juncus acutiflorus*	30 bis 80
Gebirgsbinse	*Juncus alpinus*	10 bis 20
Gliederbinse	*Juncus articulatus*	20 bis 50
Krötenbinse	*Juncus bufonius*	10 bis 25
Rasenbinse, Zwiebelbinse	*Juncus bulbosus*	5 bis 20
Knäuelbinse	*Juncus conglomeratus*	80 bis 120
Zwergbinse, Schwertblättrige Binse	*Juncus ensifolius*	15 bis 20
Blaubinse	*Juncus inflexus*	50 bis 70
Zarte Binse	*Juncus tenuis*	50 bis 80

Kardinals-Lobelie
Lobelia cardinalis

Aussehen: wechselständige Blätter an 80 cm hohen Stängeln
Blütezeit: Oktober bis November
Blüte: rot
Laub: dunkelgrün
Standort: sonnig
Boden: nährstoffreich
Wassertiefe: bis 10 cm für 1 bis 2 Monate möglich
Pflanzabstand: 15 cm
Verwendung: Uferzone, Inseln, Feuchtwiesen
Sorten: 'Alba' – weiße Blüten, es gibt auch eine rotblättrige Form

Reisigschutz im Winter, da nicht überall frosthart

Kardinals-Lobelie

Sumpflöffelchen, Sumpf-Heusenkraut
Ludwigia palustris

Aussehen: flachwachsend, Triebe bis 50 cm lang, Blätter gegenständig, eiförmig-lanzettlich
Blütezeit: Juni bis August
Blüte: gelbgrün
Laub: dunkelgrün
Standort: sonnig
Boden: nahrhafter Sumpf
Wassertiefe: bis 10 cm
Pflanzabstand: 1 Topf für 30 cm^2
Verwendung: im Vordergrund

einige Triebe im Wintergarten oder Aquarium überwintern, da nicht frosthart

Weitere Lobelienarten für den Sumpfgarten

Deutscher Name	Botanischer Name	Merkmale
Wasser-Lobelie	*Lobelia dortmanna*	wächst untergetaucht, bis 70 cm hoch, Blüte weiß
Blaue Kardinals-Lobelie	*Lobelia siphilitica*	Blüte blau, bei der Sorte 'Alba' weiß

Blaue Kardinals-Lobelie

Weitere Ludwigien für den Sumpfgarten

Deutscher Name	Botanischer Name	Wassertiefe (cm)
Bastard-Ludwigie	*Ludwigia palustris × repens*	2 bis 5
Großblütige Ludwigie	*Ludwigia clavellina*	20 bis 30
Kriechende Ludwigie	*Ludwigia repens*	1 bis 2
Kurzstielige Ludwigie	*Ludwigia brevipes*	2 bis 3
Spitzblättrige Ludwigie	*Ludwigia arcuata*	2 bis 3

Schwimmlöffel
Luronium natans

Aussehen: Blätter linealisch oder oval, flutend oder kriechend
Blütezeit: Mai bis September
Blüte: weiß
Laub: grün
Standort: sonnig
Boden: kalkarm, sandig
Wassertiefe: bis 5 cm
Pflanzabstand: 10 cm
Verwendung: wechselnasse Ufersäume (Teichüberlauf), selten angeboten

für Liebhaber

Hoher Wolfstrapp
Lycopus exaltatus

Aussehen: Blätter gegenständig, Stängel vierkantig, 1 bis 1,50 m hoch
Blütezeit: September bis Oktober
Blüte: gelblich
Laub: sattgrün
Standort: sonnig
Boden: nährstoffreich
Wassertiefe: bis 5 cm
Pflanzabstand: 10 cm
Verwendung: sehr starkwüchsige Hintergrundpflanze für Ufer und Teichanschlusszone
Weitere Art: *L. europaeus*, Uferwolfstrapp

sehr starkwüchsig, für große Teiche und Gärten

Gelbe Schein-Calla
Lysichiton americanus

Aussehen: aufrecht, rhizombildend, 0,7 bis 1 m hoch und 0,9 bis 1,2 m breit
Blütezeit: April bis Mai
Blüte: gelbe Blütenscheide, 30 cm lange Blütenkolben
Laub: glänzend mittelgrün
Standort: sonnig bis halbschattig
Boden: sauer bis neutral
Wassertiefe: bis 5 cm
Pflanzabstand: 80 cm
Verwendung: Teich- und Uferrand, für große Sumpfufer, Gehölzrand, anspruchsvoll
Weitere Art: *L. camtschatcensis* – weiße Blütenscheide, *L.* 'Ivory Queen' – Hybride beider Arten mit elfenbeinfarbener Blütenscheide

dekorative, große Blüten, tolle Solitärpflanze

Gelbe Schein-Calla

Weiße Schein-Calla

Blutweiderich

Bachminze

Weiderich-Arten und -Sorten

Art	Sorte	Besonderheit
Blutweiderich *(Lythrum salicaria)*	'Blush' 'Feuerkerze' 'Nordens Pink' 'Roseum Superbum'	Blüte pfirsichrosa bis 1,50 m hoch Blüte rosa besonders großblütig
Rutenweiderich *(Lythrum virgatum)*	bis 1,20 m hoch, rosarote Blütenähren	

Blutweiderich
Lythrum salicaria

Aussehen: ästig verzweigt, 30 bis 100 cm hoch, Blätter lanzettlich
Blütezeit: Juni bis August
Blüte: purpurrot
Laub: satt dunkelgrün
Standort: sonnig
Boden: normalfeuchter Gartenboden
Wassertiefe: bis 20 cm
Pflanzabstand: 20 cm
Verwendung: attraktiver Blütenschmuck (auch für die Vase)

ideale Seitenbepflanzung

Bachminze
Mentha aquatica

Aussehen: Blätter gegenständig, eiförmig, Stängel behaart, 20 bis 50 cm hoch
Blütezeit: Juli bis September
Blüte: lila
Laub: sattgrün
Standort: sonnig
Boden: normaler Gartenboden
Wassertiefe: bis 5 cm
Verwendung: für vordere und mittlere Pflanzbereiche

Duftpflanze

Fieberklee
Menyanthes trifoliata

Aussehen: niederliegend bis flach wachsend, 15 bis 25 cm hoch und unbegrenzt in der Breite
Blütezeit: Mai bis Juni
Blüte: weiß bis weißlich rosa
Laub: dunkelgrün
Standort: sonnig bis halbschattig
Boden: sauer
Wassertiefe: bis 30 cm
Pflanzabstand: 30 bis 40 cm
Verwendung: Teich- und Uferrand, sumpfige Stellen, Insektenweide, alte Heilpflanze,

kann wuchern – in Körbe pflanzen

Fieberklee

Weitere schöne Minzen für den Teichrand

Deutscher Name	Botanischer Name	Höhe (cm)
Rossminze	*Mentha longifolia*	80 bis 100
Polei-Minze	*Mentha pulegium*	40 bis 80
Ährenminze	*Menta spicata*	50 bis 80
Quirlminze	*Menta × verticillata*	50 bis 60

Blaue Gauklerblume
Mimulus ringens

Aussehen: aufrecht, horstbildend, 60 bis 90 cm hoch und 30 bis 40 cm breit
Blütezeit: Juni bis August
Blüte: blauviolett bis hellviolett
Laub: mittelgrün
Standort: sonnig bis halbschattig
Boden: schwach sauer bis neutral
Wassertiefe: bis 10 cm
Pflanzabstand: 40 cm
Verwendung: Teich- und Uferrand, sumpfige Stellen, Gehölzrand, bunte Beet- und Staudenpflanzung, dekorative, große Blüten, samt stark aus

mäßig frosthart – geschützter Standort empfehlenswert

Wasseraronstab, Virginisches Pfeilblatt
Peltandra virginica

Aussehen: dekorative pfeilförmige Blätter, 20 bis 45 cm hoch
Blütezeit: Juni bis Juli
Blüte: weißes Hochblatt (Spatha)
Laub: mittel- bis dunkelgrün
Standort: vollsonnig
Boden: nährstoffreich, lehmig
Wassertiefe: bis 15 cm, im Uferbereich
Pflanzabstand: 60 cm
Verwendung: schlammiger Teich oder Bachränder
Sorte und weitere Art: 'Variegata' – Blätter unregelmäßig gelb gerandet, *P. sagittifolia* ist nicht zuverlässig winterhart

kann wuchern

Gauklerblumenvielfalt

Botanischer Name	Merkmale	Sorten
Mimulus alatus	bis 70 cm hoch, Blüten blau	'Snow Chrystal'
Mimulus cardinalis	50 bis 70 cm hoch, Blüten scharlach- bis orangerot	'Aurantianus' 'Grandiflorus' 'Roseus' 'Roseus Superbus'
Mimulus cupreus	nur 20 bis 25 cm hoch, Blüten kupferfarben, im Verblühen orangerot	'Duplex' 'Nanus'
Mimulus guttatus	30 bis 60 cm hoch, Blüte gelb	'Variegata'
Mimulus moschatus	kriechender Wuchs, Blüten mit intensivem Moschusduft	

Gauklerblume (Mimulus cupreus)

Gauklerblume, rotblühende Sorte

Gemeines Schilfrohr
Phragmites australis

Aussehen: aufrecht, Ausläufer bildend, schnell wachsend, 1,5 bis 2,5 m hoch und unbegrenzt in der Breite
Blütezeit: August bis September
Blüte: rötlich braun
Laub: blau- bis graugrün
Standort: sonnig
Boden: schwach sauer bis alkalisch
Wassertiefe: bis 80 cm
Pflanzabstand: 60 bis 70 cm
Verwendung: Teich- und Uferrand, sumpfige Stellen, Flachwasser, als Teichhintergrund geeignet
Sorten und Varietäten: 'Variegatus' – Blätter gelbgrün gestreift, 'Candy Stripe' – Blätter weißgrün gestreift, var. *humilis* – Zwergform, die nur 70 bis 150 cm hoch wird

stark wuchernd – in Kübel pflanzen

Schilfrohr

Europäischer Pillenfarn
Pilularia globulifera

Aussehen: kriechende, dünne Sprosse mit kleinen Blättern
Blütezeit: Juli bis August
Blüte: kleiner pillenförmiger Sporenbehälter
Laub: hellgrün
Standort: sonnig bis halbschattig
Boden: dauerfeuchter, anlehmiger Boden
Wassertiefe: bis 2 cm
Pflanzabstand: 1 Topf auf 0,2 m²
Verwendung: Vordergrund, vor Überwucherung schützen

seltene Liebhaberpflanze

Herzblättriges Hechtkraut
Pontederia cordata

Aussehen: aufrecht, 50 bis 60 cm hoch und bis 80 cm breit
Blütezeit: Juni bis September
Blüte: blauviolett
Laub: glänzend grün, herzblättrig
Standort: sonnig
Boden: schwach sauer bis neutral
Wassertiefe: 10 bis 30 cm
Pflanzabstand: 40 bis 50 cm
Verwendung: Teich- und Uferrand, sumpfige Stellen, Flachwasser, dekorative, große Blüten, Pflanzkörbe frostfrei überwintern, zeltförmiges Reisigdach hat sich als Winterschutz bewährt
Sortenbeispiele und weitere Art: 'Alba' – weiß bühend, 'Pink Pons' – rosa blühend, 'Crown Point' – kompakt wachsend, 'Spoon River' – Blätter schmal lanzettlich, *Pontederia lanceolata*, Lanzettblättriges Hechtkraut – Blätter schmäler

mäßig frosthart bis geschützter Standort ist empfehlenswert

Sumpf-Blutauge, Sumpf-Fingerkraut
Potentilla palustris

Aussehen: aufrecht, horstbildend, 20 bis 50 cm hoch und 50 bis 80 cm breit
Blütezeit: Juni bis August
Blüte: rotbraun, trugdoldig
Laub: graugrün
Standort: sonnig bis halbschattig
Boden: schwach sauer bis neutral
Wassertiefe: bis 10 cm
Pflanzabstand: 40 bis 50 cm
Verwendung: Teich- und Uferrand, sump-

Hechtkraut

fige Stellen, lockt Bienen und Schmetterlinge an
Weitere Art: *Potentilla erecta*

für offene Standorte

Hirschartige Preslie
Preslia cervina

Aussehen: Blätter gegenständig an 30 bis 50 cm langen Stängeln
Blütezeit: Juli bis August
Blüte: blasslila, sehr klein
Laub: grün
Standort: sonnig
Boden: kann im Bodenkies verankert werden
Wassertiefe: bis 10 cm
Pflanzabstand: 5 cm
Verwendung: Flachwasserzone und sumpfige Ufer
Weitere Sorte: 'Alba' – Blüte weiß

Liebhaberpflanze

Japanische Etagenprimel
Primula japonica

Aussehen: aufrecht, horstbildend, 40 bis 60 cm hoch und 20 bis 40 cm breit
Blütezeit: Mai bis Juli
Blüte: karminpurpurn
Laub: hell- bis mittelgrün
Standort: halbschattig
Boden: schwach sauer bis neutral
Pflanzabstand: 30 bis 35 cm
Verwendung: sumpfige Stellen, mag wechselfeuchte Standorte, bunte Beet- und Staudenpflanzung, Gehölzrand, Japangarten
Weitere Arten: *P. denticulata* – Kugel-Primel, Blüte rosa, von März bis Mai, *P. vialii* – Orchideen-Primel, Liebhaberpflanze für Moorbeete

lockt Bienen und Schmetterlinge an

Seebinse
Schoenoplectus lacustris

Aussehen: aufrecht wachsend, 0,6 bis 1,5 m hoch und 60 bis 80 cm breit
Blütezeit: Juni bis August
Blüte: bräunlich bis hellbraun
Laub: sattgrün
Standort: sonnig bis halbschattig
Boden: schwach sauer bis alkalisch
Wassertiefe: bis 70 cm
Pflanzabstand: 50 bis 70 cm
Verwendung: Teich- und Uferrand, sumpfige Stellen, Flachwasser, Gehölzrand,

für große Teiche, in Korb pflanzen

Sumpf-Blutauge

Kugel-Primel

Grünweiße Teichbinse
Schoenoplectus lacustris
var. tabernaemontani

Aussehen: aufrecht, rhizombildend, 0,7 bis 1 m hoch und über 50 cm breit
Laub: grünweiß panaschiert
Standort: sonnig bis halbschattig
Boden: schwach sauer bis alkalisch
Wassertiefe: bis 50 cm
Pflanzabstand: 50 bis 70 cm
Verwendung: Teich- und Uferrand, sumpfige Stellen, Flachwasser, Schnittblume,
Sorte: 'Zebrinus' – Blätter weißgrün gestreift

auffallende Blätter, für große Teiche

Ästiger Igelkolben
Sparganium erectum

Aussehen: aufrecht buschig, schnell wachsend, 1 bis 1,5 m hoch und unbegrenzt in der Breite
Blütezeit: Juli bis August
Blüte: weißlich bis grünlich braun
Laub: mittelgrün
Standort: sonnig bis halbschattig
Boden: schwach sauer bis schwach alkalisch
Wassertiefe: 5 bis 30 cm
Pflanzabstand: 40 bis 50 cm
Verwendung: Teich- und Uferrand, sumpfige Stellen, Flachwasser
Weitere Arten: *S. emersum, S. minimum*

bestіcht durch schönen Samenstand

Ästiger Igelkolben

*Binse (*Scirpus *sp.)*

Zebrabinse

Weitere Binsen- und Simsenarten

Deutscher Name	Botanischer Name	Merkmale
Kugelbinse	*Holoschoenus vulgaris*	dichte, bis 1 m hohe Horste
Borsten-Moorbinse	*Isolepis setaceus*	einjährig, bis 30 cm hoch
Dunkelgrüne Simse	*Scirpus atrovirens*	Blätter grasartig, Stängel bis 1 m hoch
Zypergrassimse	*Scirpus cyperinus*	Blätter grasartig, 0,8 bis 2 m hoch
Stachelige Teichbinse	*Schoenoplectus mucronatus*	0,4 bis 1 m hoch, Stängel im oberen Teil scharfkantig
Dreikantige Teichbinse	*Schoenoplectus triqueter*	kriechendes Rhizom, 0,5 bis 1 m hoch

Sumpffarn

Teufelsabbiss
Succisa pratensis

Aussehen: Grundblätter gestielt, oval und meist ganzrandig, 20 bis 80 cm hoch
Blütezeit: Juli bis Oktober
Blüte: blauviolett
Laub: grün
Standort: sonnig bis halbschattig
Boden: torfiger Moorboden
Verwendung: Flachmoor, Teichrand, humose Feuchtwiesen

Moorbeetpflanze

Weißbestäubte Thalie
Thalia dealbata

Aussehen: Blätter länglich-eiförmig, bis 30 cm lang, Stängel 1 bis 2 m hoch
Blütezeit: Juli bis August
Blüte: violett, purpurn
Laub: dunkelgrün
Standort: sonnig
Boden: nährstoffreich
Wassertiefe: 10 bis 20 cm
Pflanzabstand: 40 cm
Verwendung: Moor, Sumpfbeet, Feuchtwiese, Hintergrund
Weitere Art: *T. geniculata*, *T. geniculata* f. *ruminoides*

nicht winterhart, deshalb das Rhizom Ende September herausnehmen und kühl überwintern

Sumpffarn, Sumpf-Lappenfarn
Thelypteris palustris

Aussehen: aufrecht bis leicht bogig, rhizombildend, schnell wachsend, 40 bis 60 cm hoch und 60 bis 90 cm breit
Laub: hell- bis dunkelgrün
Standort: sonnig bis halbschattig
Boden: schwach sauer bis sauer
Wassertiefe: bis 20 cm
Pflanzabstand: 30 bis 40 cm
Verwendung: Teich- und Uferrand, sumpfige Stellen, Flachwasser, Gehölzrand, auffallende Blätter
Weitere Art: *T. noveboracensis* – Amerikanischer Sumpffarn

kann wuchern, rechtzeitig auslichten

Bach-Ehrenpreis, Bachbunge
Veronica beccabunga

Aussehen: niederliegend bis flach wachsend, 10 bis 50 cm hoch und 30 cm bis unbegrenzt breit
Blütezeit: Mai bis August
Blüte: blauviolett
Laub: sattgrün, gesägt, bilden auch Unterwasserform
Standort: sonnig
Boden: sauer bis neutral
Wassertiefe: bis 10 cm
Pflanzabstand: 30 bis 40 cm
Verwendung: Teich- und Uferrand, sumpfige Stellen, Flachwasser

lockt Bienen und Schmetterlinge an

Bachbunge

Teichrandpflanzen

Am und um den Teich herum kann man prinzipiell alle Gartenpflanzen setzen. Einige fühlen sich hier auf Grund der höheren Luftfeuchtigkeit besonders wohl oder kommen mit wechselfeuchten Böden gut zurecht. Andere sind eher an trockene Randbereiche angepasst und gedeihen in voller Sonne am Teichrand.

Gehölze

Aus der Vielzahl der angebotenen Baum- und Straucharten mit ihren vielgestaltigen Sorten sind die hier vorgestellten nur eine kleine Auswahl. Prinzipiell sind alle kleinwüchsigen Gehölze geeignet, vor allem, wenn sie frische bis feuchte Böden bevorzugen.

Eisenhutblättriger Japan-Ahorn
Acer japonicum 'Aconitifolium'

Aussehen: baumartiger Strauch, 3 bis 5 m hoch und genauso breit
Blütezeit: April/Mai
Blüte: purpurfarben, in Trauben
Früchte: Fruchtflügel, im Sommer glänzend rot
Laub: frischgrün, tief geschlitzt, Herbstfärbung leuchtend orange bis feurig weinrot
Standort: sonnig bis halbschattig
Boden: schwach sauer, frisch bis feucht, durchlässig, humos, nahrhaft
Verwendung: Großstrauch, Kleinbaum, Einzelpflanzung, für Kübel, geschützter Standort
Weitere Sorte: 'Vitifolium' – Blätter breit fächerförmig, Herbstfärbung karmin

auffallende Blätter und Herbstfärbung

Eisenhutblättriger Japan-Ahorn

Fächer-Ahorn
Acer palmatum

Aussehen: baumartiger Großstrauch, rundliche bis schirmartig übergeneigte Krone, 5 bis 7 m hoch, genauso breit
Blütezeit: Mai
Blüte: purpurrot, in Trauben
Früchte: rötliche Fruchtflügel, stehen stumpfwinklig zueinander
Laub: frischgrün, Herbstfärbung leuchtend orange bis rot

Fächer-Ahorn

Attraktive Sorten vom Fächer-Ahorn (*Acer palmatum*)

Sorte	Deutscher Name	Blätter	Größe
'Bloodgood'	Roter Fächer-Ahorn	dunkelpurpurrot bis schwarzrot	bis 4 m hoch und genauso breit
'Deshojo'	Deshojo-Fächer-Ahorn	dunkelgrün, im Austrieb leuchtend rot	bis 3 m hoch und genauso breit
'Dissectum'	Grüner Schlitz-Ahorn	hellgrün, fein geschlitzt	bis 2 m hoch und 2 bis 3 m breit
'Dissectum Garnet'	Roter Schlitz-Ahorn	dunkelrot, tief geschlitzt	bis 2 m hoch und 3 bis 4 m breit
'Osakazuki'	Osakazuki-Fächer-Ahorn	groß, grün, Herbstfärbung leuchtend rot	4 bis 6 m hoch und genauso breit
'Sangokaku'	Korallenrinden-Ahorn	hellgrün, Rinde korallenrot	bis 3 m hoch und breit

Standort: sonnig bis halbschattig, windgeschützt
Boden: schwach sauer, frisch bis feucht, durchlässig, humos, sandig-lehmig
Verwendung: kompakt wachsend, Großstrauch, Kleinbaum, Einzelpflanzung, Japangarten, für Kübel, auffallende Blätter, bizarrer Wuchs, in der Jugend frostgefährdet, geschützter Standort, viele Sorten (siehe Tabelle)

leuchtende Herbstfärbung

Fächer-Zwergmispel
Cotoneaster horizontalis

Aussehen: flach wachsend bis bogig aufstrebend, bis 1 m hoch und 2 bis 3 m breit
Blütezeit: Mai bis Juni
Blüte: rosaweiß
Früchte: scharlachrote Beeren
Laub: glänzend dunkelgrün
Standort: sonnig bis halbschattig
Boden: schwach sauer bis alkalisch, mäßig trocken bis frisch, sandig-lehmig, durchlässig
Verwendung: Bodenbegrünung, Heckenpflanzung, große Gärten und Parks, ungewöhnliches Laub

auffällige Früchte

Lavendel-Weide
Salix eleagnus 'Angustifolia' (syn. *S. rosmarinifolia*)

Aussehen: breit buschig, aufrecht, 1,5 bis 2 m hoch und genauso breit
Blütezeit: April
Blüte: schlanke gelbe Kätzchen
Laub: dunkelgrün, unterseits weißfilzig
Standort: sonnig bis absonnig
Boden: schwach sauer bis alkalisch, mäßig trocken bis nass, sandig-lehmig
Verwendung: Einzelpflanzung, auffallende Blüten

Kätzchen sind wichtige Bienennahrung

Fächer-Zwergmispel, panaschierte Sorte

Fächer-Ahorn, Blattaustrieb

Sal-Weide

Weitere Weidenarten für den Garten

Art	Größe	Aussehen, Besonderes
Trauerweide (*Salix alba* 'Tristis')	15 bis 20 m	malerischer, überhängender Wuchs mit lang herabhängenden Zweigen
Sal-Weide (*Salix caprea*)	5 bis 8 m	breit aufrecht, etwas sparrig, Kätzchen vor dem Laubaustrieb im März/April, die Sorte 'Pendula' wächst hängend
Purpurweide (*Salix purpurea*)	3 bis 5 m	breitbuschig, besenförmig, Kätzchen mit dem Laubaustrieb, erst rötlich, dann gelb, die Sorte 'Pendula' wächst hängend
Kriechwede (*Salix repens*)	30 bis 80 cm	flach, niederliegend, auch für trockenere Standorte

Stauden

Kaum eine Gruppe von Gartenpflanzen ist so vielgestaltig wie die Stauden. Sie besiedeln von feuchtnassen bis extrem trockenen Standorten jeden Lebensraum und erfreuen jedes Jahr mit üppigem Blütenflor oder interessanten Blättern. Eigentlich eignen sich fast alle Arten für die Bepflanzung der Teichumgebung, einige besonders schöne werden hier vorgstellt.

Großblättriger Frauenmantel
Alchemilla mollis

Aussehen: halbkugelig oder rundlich, schnell wachsend, 40 bis 50 cm hoch und 60 bis 80 cm breit
Blütezeit: Juni bis Juli

Bergenie

Blüte: grünlich gelb
Laub: blass- bis gelblich grün
Standort: sonnig bis halbschattig
Boden: sauer bis neutral, frisch bis feucht, sandig-humos, sandig-lehmig
Verwendung: flächendeckende Bodenbegrünung, sehr schöne Blätter, dichte Bestände, vergilbte Blätter und Blüten sofort abschneiden

wuchert und samt sich selbst aus

Wald-Geißbart

Wald-Geißbart
Aruncus dioicus

Aussehen: aufrecht buschig, 1,5 bis 2 m hoch und 0,9 bis 1,5 m breit
Blütezeit: Juni bis Juli
Blüte: weiß, zweihäusig
Standort: halbschattig bis schattig
Boden: frisch, durchlässig

Verwendung: auffallende Blüten, gut als Hintergrundpflanze geeignet

dekorative, große Blüten

Prachtspiere, Japanische Astilbe
Astilbe japonica

Aussehen: aufrecht buschig, horstbildend, 30 bis 40 cm hoch und bis 40 cm breit
Blütezeit: Juni bis Juli
Blüte: weiß
Standort: halbschattig
Boden: sauer bis schwach sauer, frisch feucht, durchlässig
Verwendung: Japangarten, Schnittblume
Sortenbeispiele: 'Montgomery' – dunkelrot, 'Peach Blossom' – hellrosa bis orangerot, 'Red Sentinel' – leuchtend rubinrot

auffallende Blüten

Bergenie
Bergenia-Cultivars

Aussehen: breit wachsend bis kriechend, schnell wachsend , 40 bis 50 cm hoch und 50 bis 60 cm breit
Blütezeit: April bis Mai
Blüte: rosa
Laub: mittel- bis dunkelgrün, teils rötlich grün, wintergrün
Standort: sonnig bis halbschattig
Boden: schwach sauer bis alkalisch, frisch, durchlässig

Schildblatt, Blüte

Purpurglöckchen

Verwendung: Einfassung, Steppengarten, genügsam, unverwüstlich – kann aber wuchern, flächendeckende Bodenbegrünung

auffallende Blätter

Schildblatt
Darmera peltata

Aussehen: breit wachsend, 80 bis 100 cm hoch und 150 cm breit
Blütezeit: April
Blüte: rosa
Laub: mittel- bis dunkelgrün
Standort: sonnig bis halbschattig
Boden: schwach sauer bis alkalisch, frisch, durchlässig
Verwendung: kann wuchern, flächendeckende Bodenbegrünung, Blüten erscheinen vor dem Laub

auffallende Blätter

Mädesüß
Filipendula vulgaris

Aussehen: locker aufrecht, horstbildend, Höhe: 40 bis 60 cm Breite: 40 bis 50 cm
Blütezeit: Juni bis Juli
Blüte: weiß
Standort: sonnig, halbschattig
Boden: schwach sauer bis alkalisch, mäßig trocken bis frisch, durchlässig
Verwendung: bunte Beet- und Staudenpflanzung, Teich- und Uferrand, Schnittblume

lockt Bienen und Schmetterlinge an

Purpurglöckchen
Heuchera-Cultivars

Aussehen: kompakt buschig, horstbildend, 50 bis 80 cm hoch und 20 bis 30 cm breit
Blütezeit: Juni bis Juli
Blüte: weiß, rosa, rot – je nach Sorte
Laub: hell- bis mittelgrün
Standort: halbschattig
Boden: schwach sauer bis schwach alkalisch, frisch, sandig-humos, sandig-lehmig
Verwendung: Gehölzrand, Schnittblume

lockt Bienen und Schmetterlinge an

Funkie
Hosta-Cultivars

Aussehen: rundlich buschig bis überhängend, horstbildend, 50 bis 80 cm hoch und 60 bis 100 cm breit
Blütezeit: Juli bis August
Blüte: violett
Laub: blass- bis dunkelgrün, gelb oder weiß gemustert, viele Variationen
Standort: halbschattig
Boden: sauer bis schwach alkalisch, frisch bis feucht, sandig-humos, humos
Verwendung: Kübel- und Topfkultur, Einzelpflanzung, Japangarten, Mauerfugen und Trockenmauern, Unterpflanzung von Baum- und Strauchgruppen, lockt Bienen und Schmetterlinge an, Blattschmuck

riesiges Angebot an Arten und Sorten, vor Schnecken schützen

Eine kleine Auswahl an Hosta-Arten

Botanischer Name	Deutscher Name	Aussehen	Höhe	Tipps
Hosta 'Fortunei Albomarginata'	Große Weißrand-Funkie	rundlich überhängend, horstbildend bis buschig	70 bis 90 cm	pflegeleicht
Hosta tardiflora	Herbst-Funkie	rundlich buschig bis überhängend, horstbildend	20 bis 30 cm	für Kübel und Töpfe, für kleine Gärten, Liebhaberpflanze
Hosta 'Tokudama'	Löffelblatt-Funkie	rundlich buschig bis überhängend, horstbildend	30 bis 35 cm	für kleine Gärten, Liebhaberpflanze
Hosta ventricosa	Blaue Glocken-Funkie	halbkugelig	60 bis 90 cm	Liebhaberpflanze
Hosta venusta	Zwerg-Funkie	kompakt, rosettenbildend	10 bis 20 cm	für kleine Gärten, Liebhaberpflanze

Funkie

Przewalski-Kreuzkraut

Sibirische Schwertlilie
Iris sibirica

Aussehen: straff aufrecht, horstbildend, 50 bis 100 cm hoch und 60 bis 90 cm breit
Blütezeit: Juni bis Juli
Blüte: dunkelviolett, blau
Standort: sonnig
Boden: schwach sauer bis alkalisch, frisch bis feucht, sandig-humos, sandig-lehmig
Verwendung: Einzelpflanzung, Teich- und Uferrand

dekorative, große Blüten

Sibirische Schwertlilie, Gartensorte

Przewalski-Kerzengoldkolben, Kreuzkraut
Ligularia przewalskii

Aussehen: straff aufrecht, horstbildend, 80 bis 150 cm hoch und 60 bis 90 cm breit
Blütezeit: Juli bis August

Lupine

Blüte: gelb
Standort: halbschattig
Boden: schwach sauer bis alkalisch, frisch bis feucht, sandig-humos, sandig-lehmig
Verwendung: Einzelpflanzung, Gehölzrand, Teich- und Uferrand, lockt Bienen und Schmetterlinge an
Weitere Art: *L.* x *hessei*, Hesse-Goldkolben – goldgelbe Blüten von August bis September

dekorative, große Blüten

Garten-Lupine
Lupinus-Polyphyllus-Gruppe

Aussehen: straff aufrecht, horstbildend, 70 bis 100 cm hoch und 60 cm breit
Blütezeit: Juni bis August
Blüte: viele Farben: blau, gelb, rosa, rot, violett und weiß
Laub: mittelgrün
Standort: sonnig
Boden: sauer bis schwach sauer, frisch, tiefgründig, sandig-lehmig, trockene Böden
Verwendung: lockt Bienen und Schmetterlinge an, auffallende Blüten

intensiv duftend

Kuckucks-Lichtnelke
Lychnis flos-cuculi

Aussehen: locker aufrecht, horstbildend, 30 bis 70 cm und 30 bis 40 cm breit
Blütezeit: April bis Juli
Blüte: rosa

Gold-Felberich

Laub: grün
Standort: sonnig
Boden: sauer bis neutral, feucht bis frisch
Verwendung: lockt Bienen und Schmetterlinge an

Wirtspflanze für die Schaumzikade

Gold-Felberich, Punktierter Gilbweiderich
Lysimachia punctata

Aussehen: aufrecht buschig, horstbildend, 60 bis 80 cm hoch und 40 bis 60 cm breit
Blütezeit: Juni bis August
Blüte: leuchtend gelb bis goldgelb
Laub: mittel- bis dunkelgrün
Standort: sonnig bis halbschattig
Boden: schwach sauer bis schwach alkalisch, frisch bis feucht, anpassungsfähig
Verwendung: Schnittblume, dekorative, große Blüten, lockt Bienen und Schmetterlinge an
Weitere Art: *L. nummularia*, Pfennigkraut – gelbblühender Bodendecker, *L. thyrsiflora* – Strauß-Gilbweiderich, auch für feuchtere Standorte

kann wuchern

Pfennigkraut

Indianernessel Sorte 'Blaustrumpf'

Schlüsselblume

Indianernessel
Monarda-Cultivars

Aussehen: aufrecht buschig, horstbildend, 70 bis 90 cm hoch und 40 bis 50 cm breit
Blütezeit: Juli bis September
Blüte: weiß, rosa, rot
Laub: matt- bis mittelgrün
Standort: sonnig
Boden: schwach sauer bis schwach alkalisch, frisch, durchlässig, sandig-lehmig
Verwendung: bunte Beete und Staudenpflanzungen, Schnittblume, dekorative, große Blüten
Sortenbeispiele: 'Adam' – rot, 'Blaustrumpf' – dunkellila, 'Cambridge Scarlet' – rot, 'Schneewittchen' – weiß, und viele andere

lockt Bienen und Schmetterlinge an

Gewöhnliches Sumpf-Vergissmeinnicht
Myosotis scorpioides (syn. *M. palustris*)

Aussehen: kompakt kissenförmig, 30 bis 40 cm hoch und 20 bis 30 cm breit
Blütezeit: Mai bis September
Blüte: violettblau
Laub: frisch- bis mittelgrün
Standort: sonnig bis halbschattig
Boden: sauer bis alkalisch, feucht bis sumpfig, humos
Verwendung: bunte Beet- und Staudenpflanzung
Sortenbeispiele und weitere Art: 'Alba' – weiß, 'Perle von Ronneberg' – dunkelblau, 'Thüringen' – dunkelblau, *Myosotis alpestris* – Alpen-Vergissmeinnicht

lockt Bienen und Schmetterlinge an

Hohe Wiesen-Schlüsselblume
Primula elatior

Aussehen: aufrecht, horstbildend, 20 bis 30 cm hoch und 20 bis 25 cm breit
Blütezeit: März bis April
Blüte: hellgelb
Laub: mittelgrün
Standort: sonnig bis halbschattig
Boden: schwach sauer bis neutral, frisch bis feucht, sandig-lehmig, lehmig, humos
Verwendung: bunte Beet- und Staudenpflanzung, Steingarten, Schnittblume

einer der ersten Blüher im Frühling

Fiederblättriges Schaublatt
Rodgersia pinnata

Aussehen: aufrecht, horstbildend, 90 bis 120 cm hoch und 60 bis 80 cm breit
Blütezeit: Juni bis Juli
Blüte: weiß
Laub: glänzend dunkelgrün

Sumpf-Vergissmeinnicht; die geaderten Blätter oben gehören einm Italienischen Aronstab.

Schaublatt

Seifenkraut

Standort: halbschattig
Boden: schwach sauer bis neutral, frisch bis feucht, sandig-humos, sandig-lehmig, gute Drainage
Verwendung: für bunte Beet- und Staudenpflanzungen, Einzelpflanzung, Gehölzrand, Teich- und Uferrand, auffallende Blätter
Weitere Arten: *R. podophylla*, Gestieltblättriges Schaublatt – wird höher und breiter, bis 1,50 m

sehr attraktive Blattschmuckstaude

Prächtiger Sonnenhut
Rudbeckia fulgida var. *sullivantii* 'Goldsturm'

Aussehen: aufrecht buschig, horstbildend, 50 bis 60 cm hoch und 40 cm breit
Blütezeit: August bis Oktober
Blüte: goldgelb
Laub: dunkelgrün

Sonnenhut

Standort: sonnig
Boden: schwach sauer bis schwach alkalisch, frisch bis feucht, sandig-lehmig, lehmig
Verwendung: für bunte Beet- und Staudenpflanzungen, lockt Bienen und Schmetterlinge an, auffallende Blüten

wirken am besten als große Gruppe oder im Tuff

Kleines Seifenkraut, Rotes Seifenkraut
Saponaria ocymoides

Aussehen: niederliegend bis kissenförmig, horstbildend, 10 bis 20 cm hoch und 30 bis 40 cm breit
Blütezeit: Mai bis September
Blüte: karminrosa
Laub: hellgrün
Standort: sonnig
Boden: schwach sauer bis alkalisch, mäßig trocken bis frisch, durchlässig, sandig-kiesig
Verwendung: Kübel- und Topfkultur, Einfassung, Steingarten, lockt Bienen und Schmetterlinge an

schöne Blütenpracht

Scharfer Mauerpfeffer, Scharfe Fetthenne
Sedum acre

Aussehen: polsterbildend, kriechend, schnell wachsend, 3 bis 10 cm hoch und 40 bis 60 cm breit
Blütezeit: Juni bis Juli
Blüte: leuchtend gelb
Laub: blassgrün
Standort: vollsonnig
Boden: schwach sauer bis neutral, trocken bis mäßig trocken, durchlässig, sandig-kiesig
Verwendung: Kübel- und Topfkultur, Einfassung, Mauerfugen und Trockenmauern, flächendeckende Bodenbegrünung, für Tröge und Schalen

alle Teile bewirken bei Verzehr Übelkeit, Pflanzensaft kann Hautreizungen hervorrufen

Scharfer Mauerpfeffer

Fetthenne, Reichblühendes Fettblatt
Sedum floriferum

Aussehen: niederliegend bis aufrecht, horstbildend, 10 bis 20 cm hoch und 30 bis 40 cm breit
Blütezeit: Juni bis Juli
Blüte: leuchtend gelb
Laub: mittel- bis dunkelgrün
Standort: sonnig
Boden: schwach sauer bis schwach alkalisch, trocken bis frisch, sandig-kiesig, sandig-lehmig
Verwendung: Mauerfugen und Trockenmauern, flächendeckende Bodenbegrünung, lockt Bienen und Schmetterlinge an, auffallende Blüten, idealer Bodendecker
Sortenbeispiele: 'Diffusum' – gelb, 'Weihenstephaner Gold' – leuchtend gelb

> alle Teile bewirken bei Verzehr Übelkeit, Pflanzensaft kann Hautreizungen hervorrufen

Kamtschatka-Fettblatt

Woll-Ziest
Stachys byzantina

Aussehen: niederliegend bis kriechend, 30 bis 40 cm hoch und 40 bis 60 cm breit
Blütezeit: Juli bis August
Blüte: rosa bis rosapurpur
Laub: silbergrau
Standort: sonnig
Boden: schwach sauer bis schwach alkalisch, mäßig trocken, durchlässig
Verwendung: für bunte Beet- und Staudenpflanzungen, lockt Bienen und Schmetterlinge an, guter Bodendecker

Woll-Ziest

Fetthennen – eine Auswahl kompakt wachsender Arten für die Teichanschlusszone und Steingärten:

Botanische Namer	Deutscher Name	Aussehen, Höhe	Blütezeit, Farbe
Sedum aizoon	Fetthenne, Gold-Fettblatt	aufrecht buschig, horstbildend, 40 bis 60 cm	Juli bis August, leuchtend gelb
Sedum album	Weißer Mauerpfeffer	polsterbildend, kriechend, 5 bis 10 cm	Juni bis August weiß
Sedum cauticola	Fetthenne, Felsen-Fettblatt	polsterbildend, kriechend, 5 bis 12 cm	August bis September, karminrot bis purpurrosa
Sedum kamtschaticum	Fetthenne, Kamtschatka-Fettblatt	polsterbildend, kriechend, 5 bis 10 cm	Juli bis August, leuchtend gelb
Sedum-Maximum-Hybride 'Matrona'	Fetthenne	aufrecht buschig, horstbildend, 40 bis 50 cm	August bis September, rosa bis bräunlich-rosa
Sedum telephium	Fetthenne	aufrecht buschig, horstbildend, 40 bis 60 cm	August bis September, purpurrosa

Sortenbeispiel: 'Silvercarpet' – dichter grauer Bodendecker

auffallende Blätter

Trollblume
Trollius europaeus

Aussehen: aufrecht buschig, horstbildend, 50 bis 70 cm hoch und 30 bis 40 cm breit
Blütezeit: Mai bis Juni
Blüte: leuchtend gelb
Standort: sonnig bis halbschattig
Boden: sauer bis schwach sauer, frisch bis feucht, durchlässig
Verwendung: für bunte Beet- und Staudenpflanzungen, Japangarten, wunderschöne Blüten

immer mehrere Pflanzen als Gruppe setzen

Königskerze
Verbascum-Hybriden

Aussehen: aufrecht, horstbildend, bis 180 cm hoch und 30 bis 40 cm breit
Blütezeit: Juni bis August
Blüte: weiß, gelb, pastellfarben
Standort: sonnig
Boden: schwach sauer bis schwach alkalisch, mäßig trocken bis frisch, durchlässig, sandig-lehmig, steinig
Verwendung: für bunte Beet- und Staudenpflanzungen, Schnittblume, lockt Bienen und Schmetterlinge an

wirkt am besten in einer kleinen Gruppe

Königskerze

Trollblume

Gräser und Bambus

Gräser gehören zu den attraktivsten ausdauernden Pflanzen am Teich. Ihre vielfältigen Wuchsformen und attraktiven Blütenstände lockern jede Stauden- oder Teichrandbepflanzung auf. Im Winter sind sie, von zartem Raureif überzogen, besonders attraktiv. Da etliche Arten sehr wüchsig sind, pflanzt man diese am besten mit einer Wurzel- oder Rhizomsperre. So verhindert man auch Schäden an der Teichfolie durch aggressive Triebe und Wurzeln.

Riesenschilf, Pfahlrohr
Arundo donax

Aussehen: aufrecht, horstbildend, 2 bis 5 m hoch und bis 80 cm breit
Blütezeit: Juli bis August
Blüte: weißlich
Laub: grau- bis mittelgrün
Standort: sonnig
Boden: schwach sauer bis schwach alkalisch, frisch bis feucht, humos
Verwendung: Japangarten, sumpfige Stellen, auffallender Wuchs, Winterschutz wird empfohlen
Sortenbeispiel: 'Variegata' – schöne, weiß gestreifte Blätter

Riesengras, das tropische Atmosphäre verbreitet

Riesenschilf, Sorte 'Variegata'

Morgenstern-Segge
Carex grayi

Aussehen: aufrecht buschig, horstbildend, 50 bis 75 cm hoch und 50 bis 60 cm breit
Blütezeit: Juli bis August
Blüte: grün
Laub: sattgrün
Standort: sonnig bis halbschattig
Boden: sauer bis schwach alkalisch, frisch bis feucht, durchlässig
Verwendung: bunte Beet- und Staudenpflanzung, Einzelpflanzung

der Name kommt vom Fruchtstand

Riesen-Pfeifengras, Rohr-Pfeifengras
Molinia arundinacea

Aussehen: buschig, horstbildend, 1,20 bis 2,50 m hoch und 40 bis 60 cm breit
Blütezeit: August bis September
Blüte: gelbgrün
Laub: mittelgrün
Standort: sonnig bis halbschattig
Boden: alkalisch, wechselfeucht, frisch bis feucht, durchlässig
Verwendung: bunte Beet- und Staudenpflanzung, Einzelpflanzung

besonders schön im Herbst

Morgensternsegge

Riesen-Pfeifengras

Federborstengras, Lampenputzergras
Pennisetum alopecuroides

Aussehen: breit überhängend, 60 bis 120 cm hoch und genauso breit
Blütezeit: Juli bis September
Blüte: gelb-bräunlich
Laub: mittel- bis dunkelgrün
Standort: sonnig
Boden: schwach sauer bis schwach alkalisch, frisch, durchlässig, sandig-lehmig
Verwendung: bunte Beet- und Staudenpflanzung, Einzelpflanzung
Sortenbeispiele: 'Hameln' – kompakt wachsend, 'Little Bunny' – Zwergform

auffallende Blütenstände

Noch mehr schöne Gräser

Name	Merkmale
Zittergras (*Briza maxima*)	hübsche, nickende Ährchen
Palmwedelsegge (*Carex muskingumensis*)	leuchtend grüne Halme, horstbildend
Blau-Schwingel (*Festuca cinera*)	Halme stahlblau, für trockene Randbereiche
Schnee-Marbel (*Luzula nivea*)	für schattigere Bereiche, attraktive weiße Blütenstände

Federborstengras

Zwerg-Bambus
Pleioblastus pumilus

Aussehen: buschig breit wachsend, 25 bis 35 cm hoch und 60 bis 90 cm breit
Laub: mittelgrün
Standort: halbschattig, absonnig
Boden: neutral, ausgeglichen, frisch, durchlässig, humos
Verwendung: bunte Beet- und Staudenpflanzung, flächendeckende Bodenbegrünung, ausläufertreibend, am besten in großes abgesenktes Gefäß setzen

stark wuchernd, mit Wurzelsperre pflanzen

Weitere Bambus-Arten (alle mit Wurzelsperre pflanzen)

Name	Merkmale
Schirmbambus (*Fargesia murielae*)	bis 4 m hoch und breit, vielseitig verwendbar
Knoten-Bambus (*Phyllostachys aurea*)	3 bis 4 m hoch und breit, Stängel gelbgrün
Wiesen-Bambus (*Sasa veitchii*)	buschig breit wachsend, bis 1,5 m hoch, breite Blätter

Schirmbambus

Makete-Bambus
Pseudosasa japonica

Aussehen: straff aufrecht dichtbuschig, schnell wachsend, 2 bis 3 m hoch und praktisch unbegrenzt breit
Laub: dunkelgrün, unterseits silbrig grau, auffallend breit
Standort: sonnig bis halbschattig
Boden: schwach sauer bis schwach alkalisch, frisch bis feucht, durchlässig, humos
Verwendung: Einzelpflanzung, Japangarten, auffallender Wuchs, vor austrocknenden Ostwinden und Wintersonne schützen, kann kleine Dickichte bilden

mit Wurzelsperre pflanzen

Zwerg-Bambus

Palmblatt-Bambus, Breitblättriger Zwerg-Bambus
Sasa palmata

Aussehen: buschig breit wachsend, schnell wachsend 1,50 bis 2,50 m hoch und 1 bis 2 m breit
Laub: dunkelgrün, schwach glänzend
Standort: sonnig bis halbschattig
Boden: anpassungsfähig, frisch bis feucht, fruchtbar, humos
Verwendung: bunte Beet- und Staudenpflanzung, Einzelpflanzung, auffallender Wuchs
Weitere Art: *S. pumila* – ähnlich im Wuchs und Aussehen

mit Wurzelsperre pflanzen

Farne

Farne sind eine sehr alte Pflanzengruppe und verbreiten eine urweltliche Atmosphäre. Sie fühlen sich besonders an kühlen und feuchten Stellen wohl. Schattige Bereiche in der Umgebung des Teichs mit hoher Luftfeuchtigkeit sind ideal.

Hufeisenfarn, Pfauenradfarn, Streifenfarn
Adiantum pedatum

Aussehen: breit buschig bis überhängend, 30 bis 50 cm hoch und bis 40 cm breit
Laub: breit lanzettliche bis eiförmige, gefiederte Wedel, mittelgrün
Standort: halbschattig bis schattig
Boden: sauer bis schwach sauer, frisch bis feucht, humos, sandig-humos
Verwendung: Gehölzrand und Schattengarten, nordseitige Natursteinmauer
Weitere Art: *A. venustum* – Himalaya-Frauenhaarfarn – mittelgrün, im Herbst bronzegrün

attraktiver Farn mit zartem Laub

Hirschzungenfarn
Asplenium scolopendrium

Aussehen: aufrecht, horstbildend, 40 bis 60 cm und ebenso breit

Hirschzungenfarn

Frauenfarn

Laub: lanzettliche bis riemenförmige Wedel (bis 40 cm lang), glänzend grün
Standort: halbschattig
Boden: alkalisch, frisch, durchlässig, humos, hohe Luftfeuchtigkeit
Verwendung: Gehölzrand und Schattengarten, Unterpflanzung von Baum- und Strauchgruppen

Winterschutz empfehlenswert

Heimischer Frauenfarn, Wald-Frauenfarn
Athyrium filix-femina

Aussehen: breit buschig bis überhängend, 50 bis 90 cm hoch und 40 bis 80 cm breit
Laub: lanzettliche, 2- bis 3-fach gefiederte Wedel (bis 1 m lang), hellgrün
Standort: absonnig
Boden: sauer bis neutral, frisch bis feucht (bis dauerfeucht), durchlässig, humos
Verwendung: Schattengarten, Unterpflanzung von Baum- und Strauchgruppen
Sortenbeispiele: viele mit abweichenden Wedelformen und Farben: 'Cristatum' – Hahnenkamm-Frauenfarn, 'Cruciatum' – Kreuzfieder-Frauenfarn, 'Minor' – klein bleibend

vor Austrocknung schützen

Rippenfarn, Gewöhnlicher Rippenfarn
Blechnum spicant

Aussehen: flach wachsend, Höhe: 25 bis 40 cm, Breite: 50 bis 60 cm
Laub: lanzettliche gefiederte Wedel (bis zu 50 cm lang), dunkelgrün
Standort: halbschattig bis schattig, son-

nenabgewandte Gartenteichflächen
Boden: schwach sauer bis sauer, frisch bis gut feucht, durchlässig, humos
Nährstoffbedarf: sehr gering
Bewässerung: regelmäßig bis häufig
Pflanzabstand: 30 bis 40 cm
Verwendung: Gehölzrand und Schattengarten, flächendeckende Bodenbegrünung, Unterpflanzung von Baum- und Strauchgruppen, ans Teichufer

Straußfarn, Trichterfarn
Matteuccia struthiopteris

Aussehen: straff aufrecht, stark Ausläufer bildend, 1 bis 1,50 m hoch und 80 bis 120 cm breit
Laub: lanzettliche, 2-fach gefiederte Wedel (bis 120 cm lang), olivgrün
Standort: halbschattig bis schattig
Boden: sauer bis schwach sauer, frisch bis feucht, humos, sandig-humos
Verwendung: Einzelpflanzung, Ergänzung von Blumenbeeten und Staudenpflanzungen, Unterpflanzung von Baum- und Strauchgruppen, für große Gärten
Weitere Arten: *M. orientalis* – aufrechter Trichterfarn, bis 1 m groß mit großen dunkelgrünen Wedel, *M. pensylvanica* – imposante Art, bis 1,50 m groß, eignet sich besonders für den Einzelstand, braucht weniger Feuchtigkeit

kann sich stark ausbreiten, daher in eingesenkten Kübel pflanzen

Königsfarn

Rippenfarn

Königsfarn
Osmunda regalis

Aussehen: breit aufrecht, armdicke Wurzelstöcke, Höhe: 80 bis 120 cm, Breite: 100 bis 150 cm
Laub: dreieckige, 2-fach gefiederte Wedel (bis 1 m lang), gelblich- bis hellgrün
Standort: halbschattig bis schattig
Boden: sauer bis neutral, frisch bis feucht, durchlässig, humos, torfig
Verwendung: Einzelpflanzung, Gehölzrand und Schattengarten, Unterpflanzung von Baum- und Strauchgruppen, am besten im Moorbeet in Teichnähe mit Torf
Sortenbeispiele und weitere Art: 'Gracilis' – etwas kompakter als die Art, 'Purpurascens' – ähnlich wie die Art, die austreibenden Blätter sind im Frühjahr rötlich gefärbt, *O. cinnamomea* – Zimtfarn mit gefiederten bläulich grünen Wedeln

je feuchter der Standort, desto mehr Sonne wird vertragen

Straußfarn

Fische im Gartenteich

Fische sind für viele Menschen ein Hauptmotiv bei der Anlage eines Gartenteichs. Auch für Kinder sind sie interessant zu beobachten und zu füttern. Die Auswahl der für Gartenteiche geeigneten Arten ist groß, die Palette reicht vom Klassiker schlechthin, dem Goldfisch, über viele einheimische Arten wie Moderlieschen, Bitterling oder Stichling bis zum König aller Teichfische, dem japanischen Koi.

Gartenteichfische

Fische gehören für viele Menschen zu einem Gartenteich wie Seerosen, Rohkolben und Sumpfdotterblumen. Damit sie sich wohlfühlen, muss man einige Voraussetzungen erfüllen, damit man lange Freude an den schuppigen Tieren hat.

Was man beachten muss

Wer sich für die Haltung von Fischen im Teich entscheidet, muss einige Punkte beachten. Da ein normaler Gartenteich eigentlich zu klein ist, um die durch Fische und Fischfutter verursachten Wasserverunreinigungen zu bewältigen, ist ein Filter oder Filterteich nötig. Mechanische und Biologische Filter sind ab Seite 102 im Kapitel Pflege beschrieben. Fische niemals in einen neu angelegten Teich einsetzen, da dieser noch keine biologische Aktivität aufgebaut und damit noch nicht von genug Stickstoff abbauenden Bakterien besiedelt ist. Im Fachhandel gibt es dafür spezielle Starterkulturen von nützlichen Bakterien.

Ein Fischteich sollte möglichst groß und reich strukturiert sein. Da viele Fische Wasserinsekten, deren Larven oder anderen Kleintiere fressen, muss man kleinere Teichbereiche abtrennen, wenn man Libellen, Amphibien und anderen Tieren einen Lebensraum bieten will. Der Teich muss mindestens 80 cm, besser 1 m tief sein, damit die Fische den Winter unbeschadet überstehen. Der Teichgrund sollte aus feinem Sand oder Kies bestehen, da sich zwischen größeren Steinen Schlamm, der zu Fäulnis führt, ansammeln kann.

Tipp

Ein Fischteich ohne Filter ist nicht sinnvoll. Wählen Sie nur leicht zu reinigende Filter, die sich nicht mit Schlamm zusetzen. Eine Reinigung, die zu aufwändig ist, wird schnell vernachlässigt.

Goldfische sind die beliebtesten Teichfische.

Je nach Größe der Fische sollte man nicht mehr als 3 bis 4 Tiere pro Kubikmeter Wasser einsetzen (Faustregel: 10 bis 15 cm Fisch pro 500 Liter Wasser). Wasserwerte wie pH-Wert, Härtegrad, Sauerstoff-, Ammonium-, Nitrat- und Nitritgehalt müssen regelmäßig überprüft werden.

Raubfische (Seite 191) haben im Gartenteich nichts zu suchen.

Auswahl der Fische

Je nach Größe eignen sich bestimmte Arten besser oder weniger für den Gartenteich. Unkompliziert sind klein bleibende Arten wie Moderlieschen, Bitterling oder Stichlinge. Goldfische brauchen schon etwas mehr Platz. Große Fische, wie Gras- oder Silberkarpfen, sind nur für wirklich große Teiche geeignet. Auch verschiedene Lebensraumansprüche muss man berücksichtigen, manche Arten lieben offene Wasserflächen, andere eher stark mit Wasserpflanzen bewachsene Bereiche.

Fischkauf

Fische kauft man am besten im Zoofachhandel. Dort ist oft eine große Auswahl an verschiedenen Fischen vorhanden. Lassen Sie sich ausführlich beraten, damit Sie später keine Enttäuschungen erleben – sei es weil sich die Fische untereinander nicht vertragen, zu groß werden oder als am Boden lebende Arten nicht zu sehen sind. Man sollte stets nur bei einem Händler kaufen, um die Gefahr, Krankheiten einzuschleppen, zu minimieren.

Die Becken des Händlers sollten sauber und gut einsehbar sein. Gesunde Fische schwimmen ruhig atmend und mit locker gespreizten Flossen. Werden diese an den Körper gepresst, deutet das auf Krankheiten hin. Die Farbe sollte arttypisch sein und die Schleimhaut und Flossen makellos und ohne Verletzungen. Offene Stellen auf der Haut, blutunterlaufene Stellen und Flecken oder weiße Pünktchen sind ein Warnsignal. Fische, die nicht fressen, sich scheuern oder apathisch am Beckenboden oder in einer Ecke stehen, sind gestresst oder krank. Der Kot sollte fest und nicht fädig oder schleimig sein.

Der Fang sollte mit einem feinmaschigen Kescher erfolgen und dem Transportwasser einige Tropfen eines Wasseraufbereitungsmittels zugegeben werden, das vermindert den Transportstress.

Transport und Einsetzen

Sind die Fische gekauft, sollten sie auf dem schnellsten Weg vom Händler nach Hause gebracht werden, also nicht im Auto in der Sonne liegen las-

Das Einsetzen der Fische aus der Transporttüte geschieht behutsam.

sen und noch andere Erledigungen tätigen! Am Teich wird sofort ausgepackt und etwa ein Drittel des Transportwassers entfernt und durch Teichwasser ersetzt. Nach einer Wartezeit von etwa fünf Minuten wiederholt man diese Prozedur, insgesamt dreimal. Dann lässt man die Fische in den Teich schwimmen. Man lässt die Tiere für zwei bis drei Wochen in Ruhe und füttert nur sparsam, gerade soviel, wie in wenigen Minuten verzehrt wird.

Fütterung

Im Fachhandel gibt es für jede Fischart viele verschiedene Sorten von Futtermitteln. Kleinere Arten und Jungfische benötigen ein feineres Futter als zum Beispiel große Goldfische oder -orfen. Generell sollte man im Frühjahr und Sommer eher proteinreicheres Futter geben, da die Fische zu dieser Zeit wachsen. Im Herbst legen sich die Tiere dann einen Energievorrat für den Winter an, der Kohlehydratanteil des Futters soll dann höher sein. Da der Sauerstoffbedarf der Fische durch die Verdauung steigt, ist eine Fütterung am Abend weniger empfehlenswert, da dann auch Wasserpflanzen und Algen Sauerstoff verbrauchen und der Gehalt im Wasser sinkt.

Füttern Sie niemals zuviel! Futter, das nicht sofort gefressen wird, sinkt zum Boden und fault dort. Dies führt zu einer zusätzlichen Wasserbelastung.

Tipp

Wechseln Sie öfters die Futtersorten und Marken. Durch die Abwechslung gewöhnen sich die Fische nicht an eine Sorte und verweigern nicht die Nahrungsaufnahme, sollte diese einmal nicht erhältlich sein.

Überwinterung von Teichfischen

Wenn der Teich tief genug ist (mindestens 80 cm, besser 1 m), können die Fische im Winter im Teich bleiben. Wärme liebende Arten wie Koi oder Goldfischzuchtformen müssen im Haus überwintern. Der Filter muss im Winter abgeschaltet werden, da durch die ständige Wasserbewegung die natürliche Temperaturverteilung im Wasser (oben an der Eisdecke 0 °C und am tiefsten Punkt 4 °C) gestört wird. Ein Eisfreihalter und Stängel von Pflanzen wie Schilf oder Rohrkolben ermöglichen den Gasaustausch und das Eindringen von Sauerstoff in das Teichwasser.

Ein Eisfreihalter garantiert im Winter, dass Sauerstoff ins Wasser gelangen kann.

Fischarten für den Teich

Es gibt eine große Auswahl von Fischarten, die zur Haltung im Gartenteich angeboten werden. Aber nicht alle Arten sind gleichermaßen gut geeignet. Manche der angebotenen Kaltwasserfische benötigen kühles, sauerstoffreiches Wasser oder leben ausgesprochen räuberisch, und sind deshalb für einen normalen Teich nicht geeignet.

Goldfisch
Carassius auratus

Beschreibung: Zuchtform der Silberkarausche, bis 30 cm und größer, viele Formen, reinweiße, goldfarbene, schwarze, gescheckte, langflossige, mit Blasen- und Teleskopaugen, Löwenköpfige, perlschuppige und viele mehr, viele Zuchtformen sind so in der Bewegungsfreiheit eingeschränkt, dass man auf ihre Haltung verzichten sollte
Herkunft: Gewässer Asiens
Ansprüche/Lebensweise: anspruchslos, Zuchtformen nicht für den Gartenteich, vermehrt sich leicht, auch in kleineren Teichen, ernährt sich von Wasserinsekten und auch Algen

Orfe
Leuciscus idus

Beschreibung: 35 bis 50 cm, schlank, beliebt sind die Goldorfe, eine Zuchtform mit orangeroter Farbe und neuerdings auch eine blaue Züchtung

Goldorfen

Herkunft: einheimisch
Ansprüche/Lebensweise: Schwarmhaltung, hohe Ansprüche an die Wasserqualität und den Sauerstoffgehalt, mindestens 10 m^2 Wasseroberfläche, halten sich an der Wasseroberfläche auf, ernährt sich von Wasserinsekten und anderen Kleintieren

Rotauge, Plötze
Rutilus rutilus

Beschreibung: 20 bis 35 cm groß, Körper silbrig, Flossen rötlich, Auge mit rotem Ring, Maulspalte gerade, Rückenflosse liegt über dem Bauchflossenansatz, die Goldplötze ist eine Zuchtform mit goldorangefarbener Grundfärbung
Herkunft: einheimisch
Ansprüche/Lebensweise: ruhiger Schwarmfisch, der sich in den mittleren und oberen Wasserbereichen aufhält, ernährt sich von Wasserinsekten und anderen Kleintieren, auch von Algen, laicht auch im Gartenteich

Goldfische

Rotfeder
Scardinius erythrophtalmus

Beschreibung: 20 bis 30 cm groß, Maulspalte steil, Rückenflosse hinter dem Bauchflossenansatz, die Goldfeder ist eine beliebte Zuchtform
Herkunft: einheimisch
Ansprüche/Lebensweise: Schwarmfisch, der sich in den mittleren und oberen Wasserschichten aufhält, frisst neben Wasserinsekten und Kleingetier auch feine Wasserpflanzen und Algen, vermehrt sich leicht, was zu Überbevölkerung führen kann

Karausche
Carassius carassius

Beschreibung: 20 bis 30 cm groß, oberseits grünlich, unterseits gelb, hohe Rückenflosse, Stammform des Goldfischs
Herkunft: einheimisch
Ansprüche/Lebensweise: Flachwasserbereiche, ernährt sich hauptsächlich von pflanzlicher Kost, robust und friedlich, laicht im Mai/Juni auch im Gartenteich

Bitterling
Rhodeus amarus

Beschreibung: bis 9 cm groß, silbrig mit hohem Rücken, Weibchen mit langer Legeröhre

Bitterlinge

Herkunft: einheimisch
Ansprüche/Lebensweise: Weibchen legt ab April bis Juni seine Eier mit einer Legeröhre in Teich- und Malermuscheln, liebt stark bewachsene Gewässer, Schwarmfisch, frisst Wasserinsekten und auch Algen

Moderlieschen
Leucaspius delineatus

Beschreibung: 6 bis 10 cm groß, schlank, Maulspalte steil, silbrig-bläulich

Moderlieschen

Herkunft: einheimisch
Ansprüche/Lebensweise: Schwarmfisch, der sich in den meist an der Wasseroberfläche aufhält und im April/Mai laicht, ernährt sich von Algen, Pflanzen und kleinen Wasserlebewesen

Ukelei
Alburnus alburnus

Beschreibung: 10 bis 15 cm groß, silberfarben, schlank
Herkunft: einheimisch
Ansprüche/Lebensweise: an der Oberfläche lebender Schwarmfisch, bevorzugt klares Wasser, frisst kleine Wasserinsekten, Larven und Kleintiere, auch Algen

Dreistachliger Stichling
Gasterosteus aculeatus

Beschreibung: 5 bis 10 cm lang, Weibchen größer als das Männchen, zur Laichzeit ist das Männchen oberseits bläulich und unterseits rot gefärbt, sonst wie das Weibchen blaugrau bis olivgrün gefärbt, Rückenflosse mit 3 frei stehenden Stacheln
Herkunft: einheimisch
Ansprüche/Lebensweise: lebt in krautigen Gewässern in den mittleren und unteren Wasserschichten, Männchen baut zur Laichzeit ein Nest und betreibt Brutpflege, lebt räuberisch von allerlei Kleingetier, Insekten und deren Larven, ähnlich, aber etwas kleiner ist der Neunstachlige Stichling *(Pungitius pungitius)* mit 9 bis 11 Rückenstacheln

Elritze
Phoxinus phoxinus

Beschreibung: bis 15 cm groß, schlank, oberseits grünlich, unterseits weißlich mit bis zu 15 dunklen Querbinden
Herkunft: einheimisch
Ansprüche/Lebensweise: braucht kühles, sauerstoffreiches Wasser, am besten mit Strömung, laicht im April und Mai, wenn die Wasserqualität stimmt, friedlicher Schwarmfisch, der sich von Wasserinsekten und Larven ernährt

Elritzen

Graskarpfen
Ctenopharyngodon idella

Beschreibung: bis 1 m groß, im Gartenteich kleiner bleibend
Herkunft: Asien
Ansprüche/Lebensweise: nur für große Teiche, ernährt sich von Algen und Wasserpflanzen, deshalb nur für pflanzenlose Zierteiche, kann in Teichen, die tiefer als 80 cm sind, auch überwintern

Silberkarpfen
Hypophtalmichtys molitrix

Beschreibung: bis 1 m, im Teich kleiner, silbrig-grau mit großem Auge
Herkunft: Asien
Ansprüche/Lebensweise: nur für große Teiche, ernährt sich von Schwebealgen und Plankton, kann also auch in bewachsenen Gewässern gehalten werden

Graskarpfen (oben) und Silberkarpfen (unten)

Räuberische Fischarten, die sich nicht für den Gartenteich eignen

Pfauenaugenbarsch *(Centrarchus macropterus)*
Sonnenbarsch *(Lepomis auritus)*
Steinbarsch *(Ambloplites rupestris)*
Katzenwels *(Ictalurus nebulosus)*

Japanische Koi

Koi sind die Könige der Teichfische. Ursprünglich stammen sie aus Japan und haben in den letzten Jahren einen eigenen Liebhaberkreis in Europa für sich gewinnen können. Die Vielfalt ihrer Farben und Zeichnungen wird von keiner anderen Fischart übertroffen.

Koiteiche

Wichtig bei der Planung eines Koiteichs ist ein Gesamtkonzept, das die Größe des Beckens, Fischbesatz, Filter und Überwinterung umfasst. Fische und Teich müssen als Einheit gesehen werden.

Koi sind gesellige Tiere und verkümmern bei der Einzelhaltung. Pro Koi muss man mindestens 1.000 Liter Wasser einkalkulieren. Für größere Tiere (Jumbos) sind 2.000 Liter pro Fisch besser. Da Koi große Fische sind, viel fressen und entsprechend üppige Mengen an Ausscheidungen und Kot produzieren, ist der Einsatz eines Filters unumgänglich. Je mehr Platz zur Verfügung steht, desto besser. Die Wasserqualität ist stabiler, der Krankheitsdruck geringer und die Tiere sind weniger stressanfällig.

Wenn Bodengrund eingebracht wird, sollte dieser aus feinem Sand bestehen, da sich die Koi sonst die Barteln am Maul beim Gründeln verletzen können und sich in den Zwischenräumen großer Kiesel Schlamm ansammelt.

Pflanzen dienen im Koiteich der Wasserklärung und entfernen belastenden Schadstoffe wie Nitrat oder Phosphat.

Zahme Koi sind einfach faszinierend.

Die Haltung von Koi erfordert einen großen Filter- und Technikaufwand.

Wasserqualität

Koi stellen hohe Ansprüche an die Wasserqualität und Temperatur. Sie tolerieren zwischen 4 und 40 °C. Darunter oder darüber fühlen sie sich nicht mehr wohl und gehen ein. Temperaturschwankungen von mehr als 1 °C pro Tag sind ebenfalls zu vermeiden.

Der pH-Wert muss zwischen 6 und 8,5 liegen, darüber kommt es zu Schleimhauttrübungen. Durch Schwebealgen schwanken pH-Wert und Sauerstoffgehalt im Wasser, beides führt zu Stress beim Koi. Auch die Effizienz des Biofilters sinkt. Der Nitritgehalt muss gegen 0 mg/L gehen, der Nitratgehalt sollte 40 mg/L nicht übersteigen. Sonst kommt es zu unerwünschter Algenbildung. Wasserpflanzen sind die besten Verwerter und Entferner von Stickstoffverbindungen aus dem Wasser. Abgestorbenes Pflanzenmaterial soll nicht wieder ins Wasser gelangen. Spezielle

Tipp

Bakterien-Starter-Kulturen erhöhen die Leistungsfähigkeit eines biologischen Filters und verkürzen die Zeit, bis der Filter optimal funktioniert.

Nitratfilter, die eine intensive Betreuung und Überwachung benötigen, können auch zum Einsatz kommen. Die Sauerstoffsättigung sollte, abhängig von der Temperatur, mindestens 70% betragen. Die Messung erfolgt am besten vor Sonnenaufgang, da dann der Gehalt am niedrigsten, und damit am kritischsten ist.

Filter

Ohne Filter ist es nicht möglich, einen Koiteich zu betreiben. Da das Wasser durch die großen Fische stärker belastet ist, muss man eine mechanische und biologische Filterung, egal ob kombiniert oder separat, einplanen. Auch der Einsatz von selbstreinigenden UV-Lampen zur Entkeimung ist ratsam. Die Leistung der Filterpumpen ist von der Beckengröße abhängig. Eine Wassermenge von 1.000 Litern sollte mindestens ein- bis zwei-, besser drei- bis viermal pro Stunde gefiltert werden. Dabei darf man nicht die Filterleistung mit der Umwälzleistung verwechseln. Das Wasser muss sehr langsam durch den Biofilter fließen, damit der Abbau der Schadstoffe ausreichend erfolgen kann. Da das Wasser am Ende der Filterprozedur praktisch sauerstofffrei ist, muss es, bevor es wieder in den Teich gelangt, belüftet werden.
Zusätzlich kann durch den Einsatz von Ozon in der Klarwasserkammer des Filters eine Verbesserung der Wasserqualität erreicht werden. Das Algenwachstum wird gehemmt und der Abbau der Endprodukte der Filterbakterien beschleunigt. Auch die gelbe Farbe der Koi wird dadurch intensiver.
Schlamm, der sich auf dem Grund angesammelt hat, sollte regelmäßig entfernt werden. Er sorgt für unschöne Wassertrübungen durch die gründelnden Fische und verbraucht beim Abbau zusätzlichen Sauerstoff.

Überwinterung

Koi sind Wärme liebende Fische, die nur dann im Freien überwintern können, wenn der Teich tiefer als 1,5 m ist. Ist der Teich flacher, wird eine Teichheizung ist nötig. Die optimale Überwinterungstemperatur liegt bei 6 bis 7 °C. Wenn diese Temperatur gewährleistet ist, kann auch der Filter im Winter durchlaufen. Um den Wärmeverlust zu mindern, kann die Teichoberfläche mit einer isolierenden Matte oder speziellen Kugeln abgedeckt werden. Auch Abdeckungen, wie sie für Schwimmbäder geeignet sind, leisten gute Dienste.

Fütterung

Die Fütterung von Koi unterscheidet sich nicht von der anderer Teichfische (Seite 189). Auf eine ausgewogene Ernährung muss besonders geachtet werden, will man optimal gefärbte und gesunde Koi sein Eigen nennen. Im Frühjahr beginnt man ab einer Wassertemperatur von 12 °C mit den ersten Futtergaben und stellt diese im Herbst, wenn die Wassertemperatur unter 10 °C sinkt, wieder ein. Schwankt die Temperatur, muss gefüttert werden, da die Tiere Energie verbrauchen und sonst verhungern würden.
Durch verschiedene Futterzusatzstoffe kann die Intensität der Färbung verbessert werden. Das ist zum Beispiel karotinhaltiges Futter oder solches, dem Spirulina-Algen zugesetzt sind.

Auswahl der Koi

Die meisten Koi haben erst im dritten bis fünften Jahr ihre endgültigen Farben und Zeichnungsmuster erreicht. Bis zum Alter von 2 bis 3 Jahren kann keine endgültige Aussage getroffen werden. Metallische Koi zeigen dieses Merkmal am ehesten im Kopfbereich. Für Koi gelten dieselben Gesundheitskriterien wie für andere Teichfische (Seite 188). Ein guter Händler lässt seinen Bestand regelmäßig veterinärmedizinisch überwachen und liefert beim Kauf ein Gesundheitszeugnis (wichtig ist vor allem ein negativer Herpestest) mit.

Störe als Begleitfische

Häufig trifft man Störe in Koiteichen, die als zusätzliche Attraktion gehalten werden. Durch ihr urweltliches Aussehen haben sie eine ganz besondere Ausstrahlung. Sie schwimmen ständig am Grund und sorgen so für eine gute Wasserdurchmischung. Allerdings sind ihre Temperaturansprüche denen der Koi eigentlich entgegengesetzt. Während der Koi eher ein Fisch ist, der warmes Wasser liebt und den hiesigen kalten Winter übersteht, ist der Stör ein Kaltwasserfisch, der im Sommer bei hohen Wassertemperaturen leicht unter Stress leidet. Da Störe sehr groß werden können, eignen sich manche der im Zoofachhandel angebotenen Arten nicht für normal dimensionierte Koiteiche.

Koi in verschiedenen Farben bei einem Händler im Auswahlbecken.

Farbvarianten des Koi

Kaum eine Fischart ist so variabel wie der japanische Koi. Man unterscheidet über 100 verschiedene Farbvarianten, die in 15 Klassen aufgeteilt werden. Diese Einteilung wurde von der Zen Nippon Airinkai (ZNA), dem größten Koi-Club der Welt mit Sitz in Japan, vorgenommen.

Shusui

Standard und Bewertungen

Der Wert eines Koi ist von Körperform, Farbe und Zeichnung abhängig. Die rote Zeichnung (genannt Hi) muss mindestens bis zur Mitte des Kopfs und an den Seiten über die Seitenlinie reichen. Die Flossen sollen ungezeichnet sein. Idealerweise ist die rote Kopfzeichnung v-förmig, und auch Koi mit roten Lippen (Kuchibeni) sind sehr beliebt. Je großflächiger die rote Zeichnung auf dem Körper ist, desto besser, weil dies bei großen Koi besonders imposant wirkt. Die schwarze Zeichnung nennt man Sumi.

Asagi

Asagi stammen direkt vom japanischen Wildkarpfen *(Carpinus carpio)*, dem Magoi, ab. Sie sind sehr elegante Erscheinungen und haben einen gleichmäßig blau beschuppten Rücken mit hellen Säumen. Kopf- und Körperseiten sind orangerot, ebenso die Brustflossen.
Hi-Asagi haben eine dominierende rote Zeichnung. **Marumi-Asagi** sind in Japan sehr begehrt. Sie haben eine Rückenzeichnung von sehr hellem Blau.

Asagi

Shusui

Diese Variante entstand aus Kreuzungen mit europäischen Spiegelkarpfen. Die Farbgebung ist dieselbe wie beim Asagi, der Shusui hat aber an den Seiten keine Schuppen, sondern eine glatte Lederhaut. So wirkt die Farbzeichnung besonders auffällig. Entlang der Rückenlinie sind große Spiegelschuppen erwünscht.
Hi-Shusui oder **Aka-Shusui** haben einen hohen Rotanteil. **Perl-Shusui** sind sehr selten und haben silbrig glänzende Spiegelschuppen.

Kohaku

Diese rotweiße Koi-Variante ist sehr beliebt, da sie ausgesprochen plakativ wirkt. Das Rot sollte intensiv sein, von Dunkelorange bis Erdbeerrot und das Weiß dicht, schneeweiß und ohne Farbsprenkel. Vom Kohaku unterscheidet man verschiedene Untervarianten:
Straight Hi (Ippon-Hi) Kohaku mit durchgezogener roter Fläche von Kopf bis Schwanz. **Inazuma Kohaku** wie Ippon-Hi Kohaku, aber mit blitzförmiger roter Zeichnung. **Nian Kohaku** mit zwei möglichst gleich großen roten Flecken auf dem Rücken. **Sandan Kohaku** mit drei roten Flecken auf dem Rücken. **Yondan Kohaku** mit vier roten Flecken auf dem Rücken. **Tancho Kohaku** mit einem einzigen roten Fleck auf dem Kopf, sehr beliebt. **Maruten Kohaku** mit einem roten Fleck auf dem Kopf und einer klar begrenzten roten Körperzeichnung. **Kanoko Kohaku** mit roten Flecken auf den einzelnen Schuppen sind weniger beliebt.

Taisho Sanshoku (Sanke, Taisho Sanke)

Diese dreifarbigen Koi gehören zu den beliebtesten Varianten außerhalb Japans. Das Rot sollte tiefrot und das Weiß schneeweiß sein. Die u-förmige rote Kopfzeichnung ist beim Sanke besonders wichtig. Die schwarze Zeichnung, Sumi genannt, sollte im Alter tiefschwarz sein, in der Jugend ist sie oft noch blaubrau. Auf dem Kopf sollte keine schwarze Zeichnung auftreten, auf Brust- oder Schwanzflosse ist Sumi allerdings sehr begehrt. Man unterscheidet zwei Sumi-Formen.
Tsubo Sumi ist besonders gesucht. Die schwarzen Flecken befinden sich auf schneeweißen Grund und dürfen nicht von Rot umfasst werden. **Kasane Sumi** ist ganz vom roten Hi eingefasst.

Showa Sanshoku

Showa sind schwarzgrundige Koi mit weißer und roter Zeichnung. Der Weißanteil sollte maximal 20% betragen. Es

Oben Kohaku mit Straight Hi, Mitte Inazume Kohaku, unten Nidan Kohaku

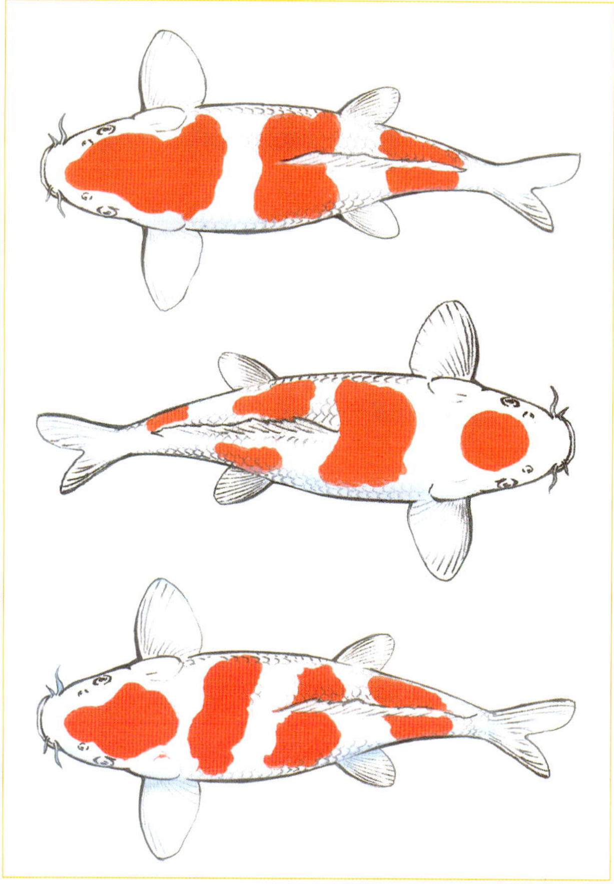

Oben Sandan Kohaku, Mitte Maruten Kohaku, unten Yondan Kohaku

gibt zwei Hi-Varianten, eine orangerote und eine tiefrote. Die schwarze Sumi-Zeichnung sollte besonders tiefgründig und intensiv sein. Ein Blaustich ist Zeichen guter Qualität. Der Kopf muss mit alle drei Farben gezeichnet sein. Die schwarze Zeichnung auf den Brustflossen nennt man Motoguro. Es gibt auch Showa mit Tancho-Zeichnung und Maruten-Zeichnung wie beim Kohaku.
Auch bei anderen Varianten gibt es Showa, wie den **Kindai Showa** mit weißer Hauptfarbe und wenig Rot und Schwarz, den **Kin Showa** (Seite 198), den **Kage Showa** und den **Koromo Showa**.

Utsurimono
Diese Variante hat eine schwarze Grundfarbe, die möglichst großflächig sein sollte, mit roter, gelber oder weißer Zeichnung. Man unterscheidet folgende Varianten:
Shiro Utsuri mit weißer Zeichnung sind selten und begehrt. Jungtiere sind

Taishu Sanshoku, oben mit Tsubo Sumi, unten mit Kasane Sumi

schwer zu erkennen, da sie oft grau-verwaschen gezeichnet sind. **Hi-Utsuri** mit roter Zeichnung bekommen im Alter oft rote Sprenkel (Shimi) in den schwarzen Bereichen. **Ki-Utsuri** mit gelber Zeichnung sind ausgesprochen selten. Bei karotinhaltigem Futter färben sie ins Orangerot um. Die metallische Variante nennt man **Kin Ki Utsuri**.

Bekko

Im Gegensatz zum Utsuri ist die Farbzeichnung beim Bekko umgekehrt. Die Grundfarbe ist Weiß, Rot oder Gelb. Auf dem Körper verteilt liegen kleine, im Idealfall tiefschwarze Flecken. Auf dem Kopf ist eine Zeichnung unerwünscht. Die drei Grundvarianten sind: **Shiro Bekko** mit schneeweißer Grundfarbe. Der Kopf sollte keinen gelblichen Schimmer aufweisen. **Aka Bekko** mit roter Grundfarbe, die im Alter leider meist verblasst. **Ki Bekko** haben eine gelbe Grundfarbe und sind eher selten, aber auch nicht sonderlich begehrt.

Koromo

Koromo haben einen schwarzen Saum auf den roten Schuppen des Hi. Man kennt folgende Varianten:

AI-Goromo sind die typischen Vertreter mit weißer Grundfarbe. Das Rot sollte tief und farbintensiv sein. **Sumi-Goromo** haben die rote Zeichnung sehr dunkel überlagert und haben nicht das Netzmuster des Ai-Goromo. **Budo Goromo** haben eine tief weinrote Zeichnung mit deutlicher Schuppung. Das Weiß muss schneeweiß sein. **Koromo Sanke** sind dreifarbiger Sanke mit der typischen dunklen Überlagerung im Rot (Hi). **Koromo Showa** haben eine weiße Grundfarbe, kleine schwarze Sumi-Flecken und ein dunkel überlagerte Hi-Flecken.

Kawarimono

Diese Gruppe umfasst alle nicht metallischen Koi, die keiner der vorherigen Gruppen zugeordnet werden können. Die bekanntesten sind die **Chagoi**-Varianten mit bräunlicher oder gräulicher Zeichnung auf weißem Grund. Sie werden sehr groß (bis 80 cm). Der **Soragoi** ist gräulich, der **Ochiba Shigure** braungrau. Bei den bräunlich gefärbten Varianten reicht die Farbe von Gelb (**Kigoi**) über hell- bis schokoladenbraun bis violett. Schwarze Varianten sind der **Karasugoi**, der komplett schwarz gefärbt ist, der **Hajiro** ist schwarz bis auf die weißen Flossensäume und der **Yotsoshiro** ist ein schwarzer Koi mit weißem Kopf und weißen Flossenrändern.

Eine zweite Untergruppe der Kawarimono sind die **Kumonryu**-Varianten. Dazu zählt man schwarz-weiße oder blau-weiße Koi der Doitsu-Variante mit Lederhaut und großen Spiegelschuppen.

Goshiki

Goshiki bedeutet „Fünf Farben". Die graue Grundfarbe (von hell bis dunkel) setzt sich aus Rot, Schwarz, Weiß und Blau zusammen, die rote Zeichnung ist ähnlich dem Kohaku. Besonders schwarzgrundige Goshiki mit tiefrotem Hi sind sehr begehrt.

Tancho

Ein Koi, der nur einen einzigen roten Fleck auf dem Kopf trägt, wird Tancho genannt. Je nach Klasse spricht man dann vom Tancho Kohaku, Tancho Sanke oder Tancho Showa.

Hikarimono

Diese und die beiden nächsten Klassen zeichnen sich durch die metallische Färbung aus. Metallische Koi, die nur eine Grundfarbe haben, werden **Ogon** genannt. Man unterscheidet folgende Varianten:

Yambuki Ogon mit intensiver gelber Farbe. **Platin Ogon** sind weiß bis silbern gefärbt und werden auch **Purachina** oder **Platinum** genannt. **Orange Ogon** werden sehr groß (70 cm), die Grund-

Oben Taisho Sanke, unten Showa Sanshoku

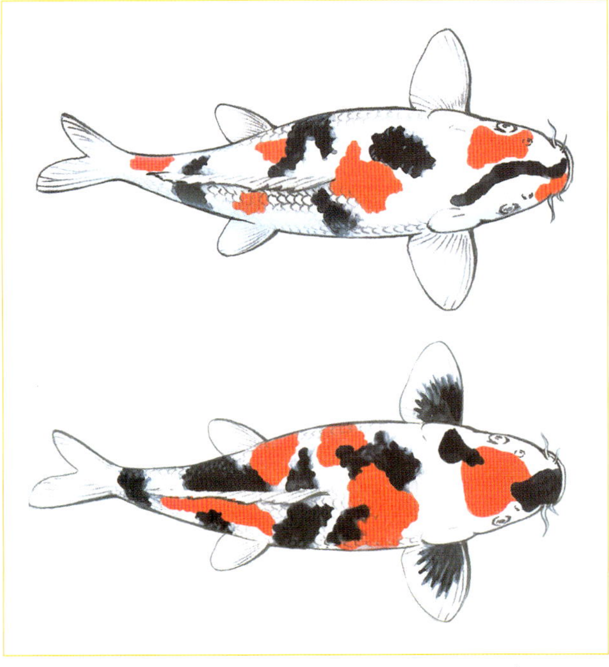

Showa Sanshoku: oben Kindai Showa, unten Maruten Showa

Hikarimono: oben Yambuki Ogon, unten Orange Ogon

Bekko: oben Shiro Bekko, Mitte Aka Bekko, unten Ki Bekko

Koromo: oben Ai Goromo, unten Budo Goromo

Kawarimono: oben Ochiba Shigure, unten Kumonryu

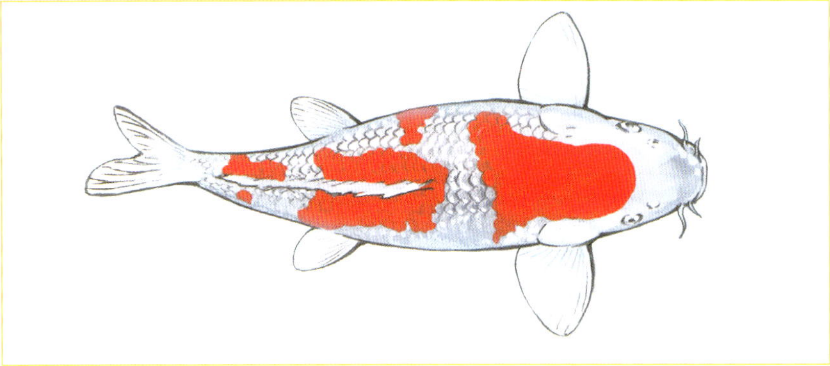

Goshiki

farbe ist Orange. **Matsura** haben dunkle, metallisch glänzende Schuppen, die auf dem weißen, gelben oder orangefarbenen Körper ein Netzmuster ergeben. **Gin Matsura** nennt man weiße Exemplare, **Kin Matsura** haben eine gelbe Grundfarbe.

Hikariutsurimono
Diese Gruppe umfasst alle Showa und Utsuri, die fein metallisch glänzende Schuppen besitzen. Die Farben sind meist nicht so intensiv ausgeprägt, das Rot ist eher orange und das Schwarz eher gräulich.
Kin Showa sind analog zum Showa dreifarbige Koi mit einem metallischen Glanz.
Kin Hi Utsuri sind zweifarbig rot und schwarz gemustert.
Kin Ki Utsuri sind zweifarbig gelb und schwarz gemustert.
Gin Shiro sind ebenfalls zweifarbig, aber weiß und schwarz gemustert.

Hikarimoyo-mono
Mehrfarbige, metallische Koi, die nicht von den Showa- oder Utsuri-Linien stammen, werden in dieser Klasse zusammengefasst.
Hariwake haben auf weißer Grundfarbe eine gelbe, gold- oder orangefarbene Zeichnung. Die wichtigsten Vertreter sind **Kikusui**, eine Variante des Doitsu (Seite XXX) mit dunkelorangefarbener Zeichnung auf schneeweißem Grund. **Hariwake Ogon** sind weiß mit Zitronengelb (wird bei karotinhaltigem Futter orange!). Beim **Hariwake Matsuba** trägt jede Schuppe einen dunklen Fleck.
Zur zweiten Untergruppe gehört der **Kujaku**, ein zweifarbiger, metallischer Koi mit dunkler Färbung und ausgeprägter Matsuba-Schuppung und der **Yamatonishiki**, ein Sanke mit metallischem Glanz.

Kingirin
Diese Koi zeichnen sich durch eine besondere Schuppenstruktur aus, die die-

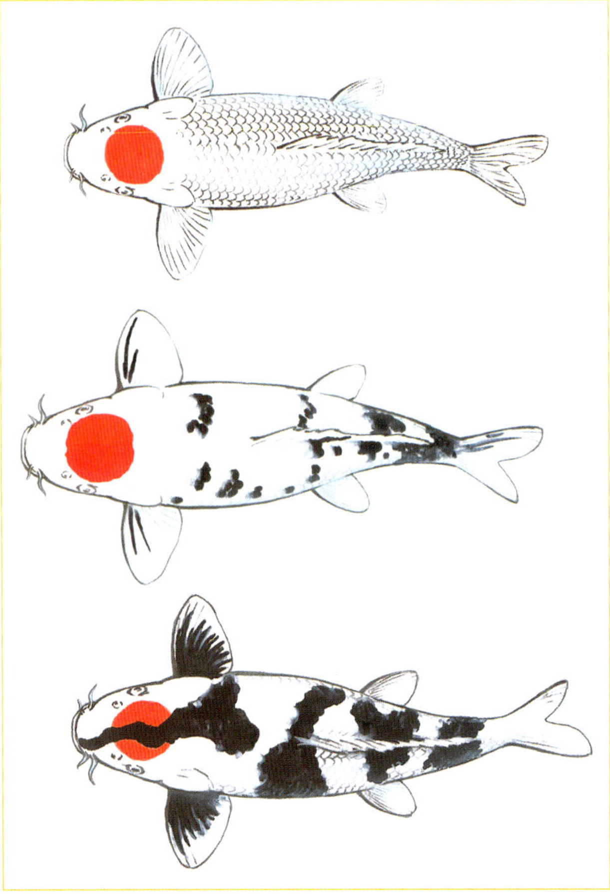

Tancho: oben Tansho, Mitte Tancho Sanke, unten Tancho Showa

Utsurimono: oben Shiro Utsuri, Mitte Ki Utsuri, unten Hi Utsuri

Hikariutsurimono: oben Gin Showa, Mitte Kin Ki Utsuri, unten: Gin Shiro

Hikarimoyo-mono: oben: Hariwake, Mitte Kikusui, unten: Kujaku

se wie mit Diamantsplittern belegt aussehen lässt. Dies kann bei jeder anderen Koi-Gruppe auftreten, diese bezeichnet man dann als Ginrin Kohaku, Ginrin Sanke und so weiter. Beim **Beta Ginrin** glänzen die ganzen Schuppen, während beim **Kado Ginrin** nur die Schuppenränder schimmern. Beim **Pearl Ginrin** haben die Schuppen zusätzlich einen perlmuttartigen Glanz.

Doitsu

Diese Gruppe bezeichnet auch keine besondere Farbe oder Zeichnung, sondern eine besondere Beschuppung. Sie entstanden wie der Shusui aus Kreuzungen mit dem Europäischen Spiegelkarpfen und haben Reihen großer Spiegelschuppen auf einer unbeschuppten Lederhaut. Sie kommen bei allen Gruppen vor, man spricht dann vom Doitsu Sanke oder Soitsu Kohaku. Nur der Shusui (Doitsu-Form des Asagi und der Kumonryu) haben eigene Namen.

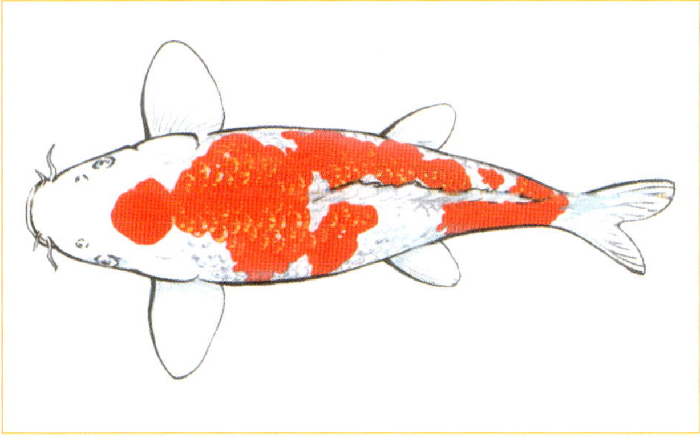

Kinginrin

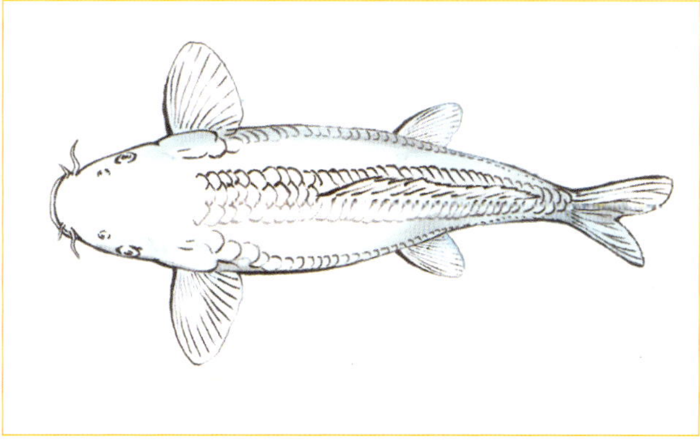

Doitsu

Krankheiten bei Koi und Gartenteichfischen

Um eine Einschleppung von Krankheiten in einen Teich zu vermeiden, sollten Vorsichtsmaßnahmen getroffen werden. Erwerben Sie ausschließlich vollkommen gesund aussehende Fische. Wenn sich die Fische nicht normal verhalten oder Anzeichen einer Erkrankung zeigen, sollten Sie vom Erwerb dieser Tiere Abstand nehmen, auch wenn sie Ihnen noch so gut gefallen!

Kaufen Sie die Fische immer beim selben Händler, so vermindern Sie das Risiko der Einschleppung von Krankheiten. Beobachten Sie Ihre Fische täglich einige Minuten sorgfältig, damit Ihnen ein ungewöhnliches Verhalten, das ein Hinweis auf eine Erkrankung sein kann, baldmöglichst auffällt. Je früher eine Krankheit erkannt wird und je früher therapeutische Maßnahmen ergriffen werden, umso besser stehen die Chancen für eine baldige Gesundung. Halten Sie Enten vom Teich fern, sie können Parasiten einschleppen. Kaufen Sie Wasserpflanzen nur aus Becken ohne Fischbesatz und spülen Sie sie vor dem Einsetzen gründlich mit Wasser ab.

Zu viele Fische im Verhältnis zum Wasservolumen verschlechtern nicht nur die Wasserqualität, sondern führen auch zu vermehrtem Stress und somit zu einer erhöhten Neigung zu Infektionen. Eine regelmäßige Wasserkontrolle ist wichtig, um eine Verschlechterung der Wasserqualität frühzeitig zu erkennen.

Krankheiten

Eine entscheidende Rolle für das Wohlergehen der Fische im Teich spielt die Wasserqualität. Verschiedene Ursachen können zu einer Erkrankung von Fischen oder sogar deren Tod führen. Sauerstoffmangel tritt vor allem bei höheren Wassertemperaturen auf. Die Fische stehen an der Wasseroberfläche und schnappen nach Luft. Falls nicht Abhilfe geschaffen wird, verenden sie durch Ersticken.

Eine Nitritvergiftung tritt vor allem bei hoher Belastung des Wassers mit organischen Stoffen auf. Bei pH-Werten über 7 kann es dann zu einer Ammoniakvergiftung kommen. Ammoniak greift die Kiemen an, sodass die Fische keinen Sauerstoff mehr aufnehmen können. Bei einem Anstieg oder Abfall des pH-Wertes in Bereiche über 8 oder unter 6 kann die Säure- beziehungsweise Laugenkrankheit auftreten, bei der hauptsächlich das Kiemenepithel betroffen ist. Die Fische schießen unruhig durch das Wasser.

Bei allen negativen Veränderungen der Wasserqualität sollte ein Teilwasserwechsel erfolgen und gegebenenfalls eine zusätzliche Belüftung installiert werden. Vor allem beim Ein- oder Umsetzen von Fischen muss die Temperatur **langsam** angeglichen werden.

Wenn der Fischbesatz nicht zu hoch ist, muss wenig gefüttert werden, da die Fische durch hineingefallene Insekten, deren Larven, Wasserpflanzen und Algen genug Nahrung finden. Die meisten Teichfische werden überfüttert und leiden an Adipositas (Verfettung). Älteres oder nicht trocken gelagertes Futter kann mit Schimmelpilzen, die das so genannte Aflatoxin enthalten, verdorben sein. Dies führt zu einer Lebererkrankung, die oft tödlich verläuft.

Gefahren und Krankheitsursachen

Reiher

Reiher und andere Fisch fressende Vögel können die Anzahl der Fische in einem Teich stark dezimieren und Fische erheblich verletzen, sodass gerade bei wertvollen Fischen Gegenmaßnahmen ergriffen werden müssen. Dies kann durch Spannen von Schnüren, Bändern oder Netzen über dem Teich erfolgen. Auch eine Lage des Teiches nahe am Haus ist für die meisten Fisch fressenden Vögel abschreckend.

Parasiten

Parasiten sind sehr häufig bei Teichfischen anzutreffen. Prinzipiell werden

Wie unterscheide ich einen gesunden von einem kranken Fisch?

Kennzeichen	gesunder Fisch	kranker Fisch
Schwimmverhalten	arttypisch, die Bewegungen erfolgen koordiniert; Fluchtverhalten, wenn der Kescher sich nähert	sondert sich von anderen Fischen ab, liegt auf dem Boden, unkoordinierte und/oder verlangsamte Bewegungen, auf der Seite liegen, durch das Wasser schießen, Scheuern an Einrichtungsgegenständen oder dem Boden, Apathie, Hängen an der Wasseroberfläche, lässt sich leicht fangen
Futteraufnahme	jederzeit bereit, Futter aufzunehmen	verweigert Futter; nimmt Futter auf, spuckt es aber sofort wieder aus
Körperform	der Art entsprechend, Kopf wirkt im Verhältnis zum Körper proportioniert	Abmagerung (bis hin zum „Messerrücken"), verdickter Körper, asymmetrische Form, Schwellungen
Haut	alle Schuppen vorhanden, glatt anliegend und glänzend	übermäßige Schleimbildung, Beläge, Wunden oder Geschwüre, zahlreiche fehlende Schuppen, Rötungen und/oder Blutungen, abstehende Schuppen
Flossen	vollständig vorhanden	ausgefranst, nur noch teilweise vorhanden, Blutungen, watteartige Beläge
Farbe	arttypisch und kräftig	blass, Rötungen
Augen	gleich groß	hervortretend, asymmetrisch, Linsentrübung
Kot	dunkel gefärbt und ohne Schleimbeimengungen	weißlich, mit Schleimbeimengungen

Zutrauliche Koi lassen sich beim Füttern problemlos auf Krankheiten untersuchen.

einzellige und mehrzellige, sowie Innen- und Außenparasiten unterschieden. Einzellige Außenparasiten können vom Tierarzt durch einen Abstrich unter dem Mikroskop festgestellt werden. Zu diesen gehören *Ichthyophthirius*, *Costia*, *Chilodonella* und *Trichodina*.

Ein einzelliger Innenparasit, der häufig bei Goldfischen anzutreffen ist, ist *Hoferellus carassii*. Er nutzt im Wasser lebende Würmchen als Zwischenwirt und verursacht massive Nierenschwellungen. Ein befallener Goldfisch nimmt immer mehr an Umfang zu, bis er nicht mehr koordiniert schwimmen kann. Diese Erkrankung ist nicht heilbar.

Vielzellige Außenparasiten sind zum Teil mit bloßem Auge sichtbar, wie Kiemenkrebse, *Lernea*, Fischläuse und Fischegel. Kiemen- und Hautwürmer (*Dactylogyrus* und *Gyrodactylus* spp.) hingegen sind nur in einem Kiemenbeziehungsweise Hautabstrich unter dem Mikroskop festzustellen.

Vielzellige Innenparasiten sind beispielsweise Würmer, die häufig im Darm parasitieren und zu einer Abmagerung führen können. Die Diagnose kann hier durch die mikroskopische Untersuchung des Kots erfolgen.

Bakterielle, virale und Pilzinfektionen

Bakterien verursachen meist nur unter suboptimalen Haltungsbedingungen und/oder Stress Probleme. Am häufigsten sind *Aeromonas* spp. oder *Pseudomonas* spp. nachzuweisen. Bei Koi werden die häufig auftretenden Geschwüre vor allem durch diese Bakterien verursacht. So genannte atypische Mykobakterien können Fischtuberkulose auslösen, die mit Geschwürbildung, Glotzaugen und/oder aufgetriebenem Bauch einhergeht. Diese Infektion ist nicht heilbar und kann auch auf den Menschen übertragen werden, wo sie sich als Hautveränderung (so genanntes „Schwimmbadgranulom") manifestiert. Viren lösen die so genannten Karpfenpocken aus. Sie kommen bei Koi relativ häufig vor, sind aber in der Regel nicht lebensbedrohlich. Das Koi-Herpesvirus (KHV) wurde in viele Bestände eingeschleppt und hat dort hohe Verluste hervorgerufen. Daher sollten neue Koi nur aus solchen Quellen bezogen werden, die nachweislich frei von diesem Virus sind, da mit einem einzigen neuen Fisch ein ganzer Bestand innerhalb weniger Tage verenden kann. Eine Therapie ist nicht bekannt. Die Symptome äußern sich durch apathisches Herumliegen der Fische, Epithelablösungen an den Kiemen und schließlich Verenden der Fische.

Pilze

Bei Fischen finden sich hauptsächlich *Saprolegnia* spp., die watteähnliche Beläge bilden. Pilze treten beim Fisch immer sekundär auf, das heißt nach einer Verletzung oder bei einem Parasitenbefall mit Verletzung der Haut. Daher muss zuerst die eigentliche Krankheitsursache beseitigt werden.

Therapie

Eine exakte Diagnose der Krankheitsursache ist die Voraussetzung, um die richtigen Therapiemaßnahmen ergreifen zu können. Ein wahlloses Ausprobieren von Medikamenten schadet nur und führt in den seltensten Fällen zum Erfolg. Zudem geht wertvolle Zeit verloren, da bei frühzeitiger Diagnose die Prognose wesentlich günstiger zu stellen ist. Es gibt inzwischen zahlreiche Tierärzte, die sich auf Fischkrankheiten spezialisiert haben und bei Erkrankungen weiterhelfen können (Anhang). Je nach Krankheitsursache bietet der Fachhandel oder behandelnde Tierarzt geeignete Medikamente. Gegen virale Krankheiten helfen keine Medikamente.

Medikamentenanwendung im Teich

Wenn nur einzelne Fische erkrankt sind, sollten diese in ein Aquarium oder einen Plastikbehälter umgesetzt und separat behandelt werden. Betrifft die Krankheit aber den überwiegenden Teil, alle Fische oder handelt es sich um eine parasitäre Infektion, ist eine Behandlung im Teich angezeigt. Filter sollten weiterlaufen, da die Krankheitserreger auch im Filter sitzen und zu einer neuen Infektion führen könnten, wenn der Filter nach der Behandlung des Teiches wieder eingesetzt wird.

Neben der Anwendung von Medikamenten ist natürlich eine Optimierung der Wasserqualität und der weiteren Haltungsbedingungen eine unabdingbare Voraussetzung für eine Gesundung und Gesunderhaltung der Fische.

Reiher können für Fische im Gartenteich eine große Gefahr sein.

Tiere am Gartenteich

Wasser im Garten ist ein Anziehungspunkt und Lebensraum für viele verschiedene Tiere. Die ersten neuen Bewohner sind Libellen und Wasserläufer, die sich schon nach wenigen Stunden am Teich einfinden werden. Wenn der Teich und seine Umgebung naturnah gestaltet sind, kann man sich auch bald über weitere Besucher und Dauergäste wie Vögel, Amphibien oder Reptilien freuen. Sogar einige Kleinsäuger fühlen sich am Teich wohl.

Lebensräume für Tiere

Wildlebende Tiere werden sich nur dann am und im Gartenteich ansiedeln, wenn ihre Lebensraumsansprüche erfüllt werden. Durch gezielte Maßnahmen kann man die Umgebung des Gartenteichs für viele Tierarten attraktiv gestalten und sie so zum Bleiben verlocken.

Tiere rund um den Gartenteich

Es gibt sehr verschiedene Gestaltungsmöglichkeiten und Ideen, wie der Garten rund um den Teich aussehen soll. Von sehr gepflegten englischen Rasenflächen über großblumige Staudenrabatten oder Chinaschilf- und Bambushaine bis hin zu Koniferengruppen oder Büschen aus aller Welten Länder. Doch ein solches Teichrandambiente gefällt den Tieren um den Gartenteich nur bedingt. Mit aufgeräumten, intensiv gepflegten, gemähten und beschnittenen Rasen- und Pflanzflächen voller exotischer Gewächse können die potenziellen tierischen Siedler wenig anfangen. Hier finden sie nur wenig Schutz und fast keine Nahrung. Denn allein die heimischen Wildpflanzen und dazu eine reichhaltige lebendige Gestaltung mit verschiedenen Extra-Lebensräumen lassen den Teich auch zur Lebensstatt von allerlei geflügelten, vier- oder sechsbeinigen Bewohnern werden.

Tipp

Verwenden Sie möglichst viele heimische Wildpflanzen bei der Gestaltung des Teichumfeldes

Wildpflanzen als Lebensbasis

Um es kurz zu machen: Gartentiere sind Fans eines möglichst naturnahen Umfeldes. Betrachten wir nur kurz den ökologischen Wert einer heimischen Wildpflanze. Jede Wildpflanzenart am Teich dient im Schnitt zehn heimischen Tierarten als Nahrungsquelle. Je größer die Zahl der Wildpflanzen also rund um den Teich und im Garten wird, um so lebendiger wird das Ganze. Nun ist es gar nicht so leicht, heimische Wildpflanzen zu bekommen. In Gartencentern und Gärtnereien ist man da meist fehl am Platz. Im Anhang finden Sie eine Auswahl an Organisationen und Bezugsquellen, über die Sie einheimische Pflanzen und Saatgut beziehen können.

Naturnaher Teich mit Wildpflanzen

Fische im Gartenteich?

Fische kommen in Natur in der Regel nicht in Gewässern von der Größe eines normalen Gartenteichs vor, sie bewohnen größere Teiche oder Seen, Bäche und Flüsse. Fische können zwar im Gartenteich mit menschlicher Hilfe überleben, bringen aber meist für den Rest der Teichtiere Probleme mit sich. Mit der Fischhaltung entscheidet man sich unwillkürlich gegen eine Vielzahl anderer Lebewesen. Entweder fördert die Fütterung die Algenproduktion oder die Fische fressen gleich das Gros der Wasserbewohner mit auf und stören so das ökologische Gleichgewicht. Für Frösche, die meisten Krötenarten, Molche, Libellen und viele andere Lebewesen zählen Fische als Feinde. Ein erfolgreiches Heranwachsen ihrer Larven ist ungewiss. Allein Erdkröten können in Fischteichen erfolgreich laichen und aufwachsen, sie werden aufgrund von Abwehrstoffen nicht gefressen. Alle anderen Amphibien haben diesen Schutz dagegen nicht und werden von Fischen gefressen. Selbst so genannte amphibienverträgliche Fische wie das Moderlieschen schaden dem natürlichen Gleichgewicht. Sie fressen Plankton und Wasserinsekten und werden damit zu starken Konkurrenten für die Larven der Molche, Libellen und Käfer. Das ist schade, denn hierzulande stehen besonders viele Amphibien und Libellen auf der Roten Liste gefährdeter Arten.

Mit einem naturnahen Teich ohne Fische leisten Sie folglich einen Beitrag zum Natur- und Artenschutz. Dies alles sollte einem klar sein, bevor man Fische einsetzt.

Naturnahe Lebensräume

Schon während des Teichbaues kann man viel für die Tierwelt tun. Die Hilfe für Gartentiere beginnt während der Ufergestaltung. Doch auch Teichtiefe und die Verwendung des Bodenaus-

Klettermaxe Laubfrosch im Blumenmeer

hubs eröffnen zusätzliche Lebensmöglichkeiten. Schließlich spielt auch das weitere Umfeld eine Rolle. Wege, Sitzplätze, Blumenrasen, Blumenwiesen, Blumenbeete, Ast- und Steinhaufen, Hecken und Gebüsche können speziell für Teichbewohner attraktiv gestaltet werden.

Naturnahe Lebensräume rund um den Teich

Lebenselement für Tiere	Geförderte Tiergruppe	Nutzung
Teichufer	Frösche, Vögel, kleine Säugetiere, Insekten	Versteck, Sitzplatz, Futter
Baumstamm	Kröten, Frösche, Reptilien	Versteck
Hügel in Teichnähe	Säuger, Insekten, Reptilien	Versteck, Futter, Winterquartier
Sitzplatz	Kröten, Insekten, Reptilien	Futter, Versteck
Wege	Kröten, Insekten, Reptilien	Futter, Versteck
Blumenrasen	Kröten, Frösche, Vögel, Insekten	Futter
Blumenwiese	Kröten, Frösche, Vögel, Insekten	Versteck, Futter
Blumenbeet	Kröten, Frösche, Vögel, Insekten	Versteck, Futter
Blumensaum	Kröten, Frösche, Vögel, Insekten, Reptilien	Versteck, Futter
Trockenmauer	Kröten, Frösche, Vögel, Reptilien	Versteck, Futter, Winterquartier
Steinhaufen	Kröten, Frösche, Reptilien, Insekten	Versteck, Futter, Winterquartier
Asthaufen	Kröten, Frösche, Reptilien, Vögel, Insekten	Versteck, Futter, Winterquartier
Büsche	Kröten, Frösche, Vögel, Insekten	Versteck, Futter, Nistplatz
Hecken	Kröten, Frösche, Vögel, Insekten	Versteck, Futter, Nistplatz

Naturnaher Teich mit weitem, flachem Kiesufer, Wiese und Wildsträucherhecke.

Die richtige Teichtiefe

Es ist zwar immer wieder zu lesen, dass Gartenteiche mindestens einen bis anderthalb Meter tief sein müssten. Doch diese Zahlen gelten nur, wenn Fische gehalten werden sollen. Bei einem Spaziergang in Natur findet man hingegen alle möglichen kleinen und größeren Teiche und Tümpel, mit Wassertiefen zwischen 10 und 50 cm. Tatsächlich reichen diese nicht so tiefen Gewässer für viele andere Teichbewohner aus. Da solche Teiche manchmal im Winter durchfrieren und möglicher Fischbesatz und die Schar anderer Feinde eingeht, sind sie für seltene Amphibien wie den Laubfrosch oder Molche von besonders hohem Wert. Auch was den Bewuchs betrifft, hat jede Amphibienart spezielle Vorlieben und Ansprüche. So mögen etwa Pioniere wie Unken, Wechselkröte und Laubfrosch, aber auch Fadenmolche, nahezu unbewachsene flache Tümpel. Nimmt der Pflanzenwuchs zu, stellen sich Berg- und Teichmolche ein, begleitet von Grasfröschen und Wasserfröschen. Von allen Molchen liebt der Kammmolch am meisten stark bewachsene Gewässer. Unter den Kröten ist die Erdkröte die Art, die auch noch in stark verkrauteten Tümpeln laicht.

Weil aber flachere Gewässer schneller zuwachsen, sollte man sie öfters als tiefere freiräumen. Dabei darf man nicht zimperlich sein. Will man Pionierarten der offenen Biotope fördern, müssen wir sogar alles herausholen. Keine Angst: Es bleibt trotzdem genug übrig für den Fortbestand.

Terrassenstuhl als Ruheplatz für Sonnenanbeter wie den Laubfrosch

Ufergestaltung für Tiere

Grundsätzlich gilt hier: Je vielgestaltiger und natürlicher das Ufer ist, um so wertvoller wird es. Nach Möglichkeit sollte mindestens eine Seite des Teiches ein flach ansteigendes Ufer haben. Am besten nimmt man hierfür die sonnigste Seite. Sie ist wichtig als Ruhe- und Sonnenplatz für Wasserfrosch, für Zauneidechsen und Reptilien wie die Ringelnatter. Doch auch Insekten und Spinnen wärmen sich hier auf. Ob das Ufer blank oder bewachsen sein soll, hängt von den zu fördernden Tieren ab. Eidechsen, Wasserfrösche und Ringelnattern lieben etwas mehr Deckung, während beispielsweise Vögel offene Ufer stark bevorzugen. Hier können sie baden und trinken. Freilich können sich auch offene mit bewachsene Uferpartien abwechseln. Das Gefälle sollte am besten sehr gering sein, ideal fällt der Teich auf einer Breite von 50 cm zwischen 3 und 5 cm ab. Zur Ufergestaltung verwendet man am besten Sand

Idyllischer Flachwasserteich mit natürlichem Umfeld

Tipp

Verwenden Sie den Teichaushub zur Gestaltung des übrigen Gartens. Damit lassen sich viele spannende Lebensräume für Mensch und Tier schaffen.

(Korngröße 0/4 mm) oder auch Kies (Korngröße 0/32mm), wobei Kies pflegeleichter ist. Auch unsortierter reiner Wandkies (Korngröße 0/X mm) mit größeren Kieseln ist dekorativ und nützlich. Mit dem Alter und zunehmendem Uferbewuchs ändert sich die Tierwelt. Arten wie Unken oder Laubfrösche, die offene Ufer lieben, bleiben aus, während für Molche, Erdkröten und Wasserfrösche ein zugewachsener Rand wenig Probleme bereitet. Zur Pflege des Biotops gehört es daher, alle paar Jahre einzelne Uferabschnitte vom Bewuchs frei zu machen und so die natürliche Sukzession wieder beginnen zu lassen. Damit entstehen Lebensräume für verschiedenste Tierarten auf neue.

Baumstamm als Bereicherung

Ein alter Baumstamm oder Wurzelstock sind eine echte Bereicherung für den Teich. Am Kiesufer hingelegt, vielleicht zum Teil ins Wasser ragend, erfüllt er viele Funktionen. Er eignet sich als Sitzplatz und Jagdwarte für Schmetterlinge, Libellen und Vögel. Besonders beliebt sind aber die geschützten Randbereiche als sicherer Sonnenplatz für Amphibien und Reptilien, die sich bei Gefahr und im Winter auch gern unter dem Stamm verkriechen.

Hügel in Teichnähe

Wenn möglich, sollte man den Aushub im Garten deponieren. Mit etwas Geschick lässt sich daraus eine kleine Landschaft modellieren, die Platz für heimische Pflanzen und damit Tiere bietet. Hügel können eine Teichseite unzugänglich machen, um so ungestörte Zonen für die Fauna zu schaffen. Sie dürfen sich aber auch weiter weg vom Teich in den Garten ziehen. Am einfachsten und pflegeleichtesten überdeckt man den Erdaushub mit einer 20 bis 30 cm dicken Kiesschicht und schafft damit trockene, warme, nährstoffarme Standorte. Man kann bildhübsche Akzente mit Kleingehölzen setzen und dazwischen Ansaaten und Pflanzungen von Stauden machen. Beliebt und ungemein nützlich für die Tierwelt des Teiches sind Wildblumenwiesen, Wildblumensäume oder bewusst mit einheimischen Wildblumen bepflanzte Beete.

Sitzplätze und Wege

Sitzplätze schaffen trockenwarme, steinige Standorte im Garten. Deshalb ist es nicht nur für Menschen schön, wenn ein Sitzplatz oder die Terrasse in Teichnähe liegt. Auch Wärme liebende Tiere wie Eidechsen, Blindschleichen oder die Vielzahl der Insekten lassen sich hiermit ans Teichufer locken. Andere Gartengestaltungselemente wie Wege, Hügel, Blumenbeete und Trockenmauern lassen sich gut mit Sitzplätzen kombinieren.

Wege führen zum Sitzplatz und Teich, oft auch um ihn herum. Werden sie als offene, versickerungsfähige Naturwege gebaut, so entstehen gleichzeitig interessante Lebensräume für Tier und Pflanze. Auch hier finden sich Wärme liebende Bewohner wie Insekten und Reptilien ein. In der Nacht sind sie das Jagdrevier für so manche Erdkröte sowie für Molche.

Natursteinterrasse mit vielen Verstecken und Sonnenplätzen für Zauneidechsen und Ringelnattern.

Blumenrasen und Blumenwiesen

Blumenrasen eignen sich als blütenstarke Alternative zum kurz geschorenen englischen Rasen. Sie werden nur fünf- bis achtmal jährlich nach Bedarf gemäht, sind betretbar und bespielbar. Dieser Lebensraum zieht Insekten und viele andere Kleintiere aller Art an und wirkt damit als gedeckter Tisch für Erdkröten, Frösche und diverse Gartenvögel wie Bachstelze und Co.

Blumenwiesen sind von der ökologischen Bedeutung noch wertvoller als Blumenrasen. Sie werden überlebenswichtig für Frösche, Kröten und für Molche und vor allem sämtliche blütenbesuchende Insekten. Man mäht sie ein- bis dreimal im Jahr, je nach Boden und Blumenwiesentyp. Direkt am Teichufer wachsen mit Teufelsabiss, Prachtnelke und anderen Schönheiten die Pflanzen der Feuchtwiese. Man kann das Teichufer extra flach und groß und nur leicht ansteigend planen, für einen besonders großen Streifen feuchter Wiese. Auch lässt sich an anderer Stelle Gewinn bringend zugunsten der Feuchtwiesentiere Regenwasser versickern. Je weiter und höher man vom Teich entfernt ist, um so magerer und trockener werden die Wiesen. Sehr attraktiv sind etwa magere Wildblumenwiesen auf Kies, die oft auch an höhere Stellen des Teichufers passen. Aber auch nährstoffreichere Flächen entwickeln sich schön. Anbieter von qualitativ hochwertigem Saatgut finden Sie im Anhang.

Tipp

Verwenden Sie als Überlebensversicherung für die Tierwelt statt exotischer Pflanzen und Zuchtformen heimische Wildpflanzen in ihrem Garten.

Blumenbeete

Blumenbeete lassen sich an allen Standorten in Teichnähe oder im Garten anlegen. Während man größere Bereiche eher wiesenartig ansät, beschränken sich Blumenbeete häufig auf kleinere Flächen. Als Blumenbeet kann man alle wiesenartigen Lebensraumtypen bepflanzen wie Wasser- und Sumpfgräben, Sumpfbeete, Feuchtwiese, trockene oder magere oder nährstoffreiche Plätze. Auch Duftpflanzenbeete um den Sitzplatz oder am Wegrand bringen jede Menge Leben mit sich. Zusätzliche Möglichkeiten bieten Hochstaudenbeete mit Pionierpflanzen wie Königs- und Nachtkerzen oder mit ausdauernden Arten wie Malven oder Ackerglockenblumen. Je mehr heimische Pflanzen hierbei verwendet werden, um so größer wird der Nutzen für die Tierwelt.

Blumensäume

Ein Saum aus Blumen und Kräutern begleitet Wege, Büsche oder Hecken. Durch sie werden vor allem Vögel und Insekten angelockt. Es gibt viele schöne wunderbare Einsaatmischungen und Pflanzrezepte. Probieren Sie ruhig einmal verschiedene Mischungen aus. Be-

In diesem teichnahen Wildblumenbeet leben Laubfrösche, Ringelnattern und Eidechsen.

Trockenmauern schaffen eine vielfältige Naturgartenlandschaft.

sonders attraktiv sind Wildblumensäume als Einsaat in und vor frisch gepflanzten Hecken. Sie ersetzen in ihrer Funktion die üblichen Bodendecker oder den Rindenmulch.

Trockenmauern

Attraktive Elemente zur Strukturierung eines Gartens sind Trockenmauern. Sie begrenzen einseitig Sitzplätze, begleiten Wege oder fangen Hügel ab. Auch freistehend sind sie wertvoll. Trockenmauern dienen allen Amphibien und Reptilien als Tagesversteck und Winterquartier. Auch wendige Vögel wie Zaunkönig und Rotkehlchen suchen sich hier ganzjährig Nahrung. Sogar Brutplätze finden sich in Ritzen von Natursteinmauern.

Stein- und Asthaufen

Anhäufungen von Steinen erweisen sich nicht nur als zwischenzeitlicher Lagerplatz fürs Baumaterial, sondern als eigener und besonders spannender Lebensraum. Hier wohnen und verkriechen sich Amphibien und Reptilien ganzjährig, hier leben viele kleine und große Insekten. Gleich ob in der Sonne oder im kühlen Schatten der Hecke, ein Steinhaufen ist aus Sicht der Gartentiere eine lohnende Investition. Der Baum- und Strauchschnitt aus dem Garten kann, wenn man ihn zu einem Haufen aufschichtet, eine wichtige ökologische Funktion bekommen. Alljährlich wird von oben neu aufgelegt, die unteren Schichten verrotten zu fruchtbarem Humus. Asthaufen in der Sonne sind beliebt bei Ringelnattern und Eidechsen, im Schatten dienen sie Fröschen, Kröten, Kleinsäugern und Käfern als Unterschlupf. Man kann sie mit entsprechenden Schling- und Rankpflanzen sogar optisch aufwerten.

Sträucher und Hecken

Sträucher und Büsche dienen als Markierungspunkte und Strukturgeber. Als solches werden sie auch von der Tierwelt verstanden. Jeder heimische Wildstrauch ist ein Gewinn für die Tierwelt, ist er doch für eine Heerschar von Laub-, Blüten- und Fruchtnutzern Nahrungsquelle und Lebensraum.
Hecken aus heimischen Wildsträuchern sind wie Lebensadern für die Gartentiere. Sie bringen Verstecke, Brutplätze und vor allem Futter für die Pflanzen fressende und räuberische Tierwelt. Sowohl die der Sonne zugewandten Seiten als auch schattigere Stellen sind Lebensraum für Amphibien, Vögel, Kleinsäuger und Insekten.

Kieselstein-Haufen zum Sonnen und Verstecken.

Insekten

Wer in der warmen Jahreszeit einen neuen Teich anlegt, braucht nicht lange warten, bis die ersten Wasserbewohner einschweben. Oft sind es nur Minuten, da steht schon die erste Mosaikjungfer in der Luft. Auch Wasserläufer, Rückenschwimmer und Wasserkäfer kommen schnell.

Der Teich und seine Ufer bereichern den Garten mit vielen neuen Tierarten, die das feuchte Element als Lebenselixier brauchen. Es ist überaus erstaunlich, wie mobil gerade Wasserinsekten sind, die, einmal angelangt, dem Teich dafür überaus treu bleiben.
Man kann die Zahl der Insekten noch um ein Vielfaches steigern, wenn man nicht nur den Teich mit seiner Bepflanzung, sondern auch die Lebensräume in der Umgebung des Teichs naturnah anlegt. Erst dann wird ein Gartenteich ein Teil im Biotopverbund des Gartens. Viele Insekten, etwa Libellen und Schmetterlinge, brauchen sogar ein solches naturnahes Umfeld, um Nahrung und Verstecke zu finden oder sich zu vermehren.

Leben einimpfen

Naturnahe Teiche sollte man am besten mit Regen- oder Grundwasser auffüllen. Notfalls funktioniert auch Leitungswasser. Einige Tage nach dem Einlassen ist es notwendig, dem noch recht sterilen Wasser Leben einzuimpfen, damit die natürlichen Kreisläufe der Mikroorganismen in Schwung kommen. So kann sich schneller ein ökologisches Gleichgewicht bilden. Dazu ist es nötig, von einem bestehenden Naturteich sozusagen als Startpaket einige Eimer Wasser zu holen. Am besten bedient man sich in verschiedenen Wasserschichten und Bereichen, vom Ufer wie auch vom Teichgrund. Man darf dabei ruhig mit dem Eimer durch die Pflanzen ziehen und sogar etwas Bodenschlamm ausschöpfen. Diese Mischung wird in das frische Wasser des neuen Teiches geschüttet, mehr braucht man nicht zu tun. Neben Mikroorganismen werden so Samen und Sprossen von Pflanzen sowie Eier, Larven und Kleintiere des alten Teichwassers übertragen.

Männchen der Blaugrünen Mosaikjungfer

Libellen

Die fliegenden Edelsteine gehören zu den schönsten Teichbewohnern. Die kräftigen Großlibellen unterscheiden sich deutlich von feineren Kleinlibellen. Besonders Großlibellen errichten Reviere über dem Teich, die gegen Artgenossen in beeindruckenden Luftkämpfen verteidigt werden. Hier fliegen sie auch Patroullie. Schon nach kurzem kann man besonders beliebte Ruheplätze und Jagdwarten entdecken, die immer wieder aufgesucht werden. Dort lassen sie sich leicht fotografieren. Die Eier werden ans Ufer, ins Wasser oder in Wasserpflanzen gelegt. Libellenlarven entwickeln sich räuberisch im Wasser. Sie sind überaus gefräßig und können einen ganzen Teich ausräumen. Larvenfutter je nach Größe: Wasserflöhe, Eintagsfliegen, Mückenlarven, Kaul- und Molchquappen, Fischbrut. Die Erwachsenen Libellen jagen Insekten im Flug in der Luft.

Schlüpfende Mosaikjungfer

Blaugrüne Mosaikjungfer
Aeshna cyanea

Beschreibung: eine der größten Arten am Teich, Länge 8 cm, Flügelspannweite 9 bis 11 cm, schwarzer T-Fleck auf der Stirn, Männchen im Brustbereich grüngelb, am Hinterleib himmelblau, beim Weibchen rotbraun und gelb.
Flugmonate: Juni bis Oktober
Lebensraum: bewachsene Teiche. Auch schattige Biotope, nur an älteren Kleingewässern oder Teichen.
Lebensweise/Fortpflanzung: häufig auch weitab von Gewässern anzutreffen. Männchen patrouillieren zwischen mehreren Teichen und liefern sich Revierkämpfe, Weibchen legt Eier ans Ufer, Larvenentwicklung mit 10 Häutungen dauert 2 bis 3 Jahre.

Plattbauch
Libellula depressa

Beschreibung: Länge 4,5 cm, Flügelspannweite 8 cm, abgeplatteter Hinterleib, beim Männchen wachsblau mit gelben Flecken seitlich, beim Weibchen olivbraun.
Flugmonate: Mai bis Juni
Lebensraum: unbewachsene Teiche, nur an neuen oder fast pflanzenfreien Teichen.
Lebensweise/Fortpflanzung: bester Flieger unter den Libellen, bilden Reviere am Teich, Eiablage des Weibchens aus dem Legetanz in Schiffchen ins Wasser, Larvenentwicklung mit 11 Häutungen dauert 2 Jahre.

Vierfleck
Libellula quadrimaculata

Beschreibung: Länge 5 cm, Flügelspannweite 8 cm, Männchen und Weibchen braunoliv, vier auffällige schwarze Flecken im Flügel.
Flugmonate: Mai bis September
Lebensraum: nicht zu dicht bewachsene Teiche, liebt moorige Gewässer.
Lebensweise/Fortpflanzung: häufig weitab von Gewässern, Reviere am Teich, Eiablage des Weibchens ins Wasser, Larvenentwicklung 2 Jahre.

Gemeine Heidelibelle
Sympetrum vulgatum

Beschreibung: Länge 4 cm, Flügelspannweite 6 cm, Hinterleib und Ansatzstellen der männlichen Flügel tiefrot, im Brustbereich rotbraun, Weibchen goldfarben mit rötlichem Schimmer, roter Flügelansatz, rechtwinkelig abstehende Legescheide.
Flugmonate: Juli bis Oktober
Lebensraum: Teiche aller Art, anspruchslos.
Lebensweise/Fortpflanzung: nie weitab von Gewässern, Eiablage paarweise ins freie Wasser, Larvenentwicklung nur 1 Jahr.

Hufeisen-Azurjungfer
Coenagrion puella

Beschreibung: Länge 3 cm, Flügelspannweite 4 cm, Hufeisenzeichnung am 2. Hinterleibsegment, Männchen hellblau und schwarz, Weibchen grün- bis braungelb.
Flugmonate: Mai bis August

Plattbauch-Männchen

Azurjungfern-Paar

Lebensraum: stark bewachsene, ältere Teiche.
Lebensweise/Fortpflanzung: nur am Gewässer Eiablage als Paar in Wasserpflanzen, Larvenentwicklung mit 10 Häutungen dauert 2 bis 3 Jahre.

Große Pechlibelle
Ischnura elegans

Beschreibung: Länge 3 cm, Flügelspannweite 4 cm, Männchen mit schwarzem Hinterleib mit hellblauem Ring im 8. Segment, Weibchen ebenso oder andersfarbig.
Flugmonate: Mai bis September
Lebensraum: stark bewachsene, ältere Teiche, auch in sauren Gewässern und Brackwasser.
Lebensweise/Fortpflanzung: nur am Gewässer, Reviere über Wasserpflanzen, Eiablage allein in Wasserpflanzen, 2 bis 3 Generationen im Jahr.

Weitere Libellenarten am Gartenteich

Braune Mosaikjungfer ***(Aeshna grandis)***
Fledermaus-Azurjungfer ***(Coenagrion pulchellum)***
Gemeine Smaragdlibelle ***(Cordulia aenea)***
Becher-Azurjungfer ***(Enallagma cyathigerum)***
Großes Granatauge ***(Erythromma najas)***
Gemeine Binsenjungfer ***(Lestes sponsa)***
Großer Blaupfeil ***(Orthetrum cancellatum)***
Große Heidelibelle ***(Sympetrum striolatum)***

Käfer

Die Schwimmkäfer sind wie Libellen sehr schnelle Besiedler junger Teiche. Schon nach einigen Tagen tauchen sie auf. Es gibt sie in groß und klein, die meisten leben unter Wasser. Alle weisen typische Anpassungen ans Wasserleben auf: Stromlinienform, kräftige behaarte und extra lange Ruderfüße. Sie können sehr lange Tauchgänge unternehmen und haben keinen Auftrieb. Besondere Aufmerksamkeit erregen die Taumelkäfer auf der Wasseroberfläche. Mit zweigeteilten Augen identifizieren sie ihre Beute sowohl unter Wasser wie auch über Wasser. Die meisten Käfer des Wassers leben als Räuber und jagen alles, was sie größenmäßig überwältigen können. Besonders bekannt ist der Gelbrandkäfer, dessen unglaubliche Gefräßigkeit nur noch von seiner schwimmenden Larve übertroffen wird. Weniger bekannt ist, dass es auch pflanzenfressende Käfer am Teich gibt, etwa den Seerosenblattkäfer oder Schilfkäfer. Und gar nicht selten, aber trotzdem fast nie gesichtet sind die Ufer bewohnenden Arten, unter ihnen spezielle Laufkäfer wie den Uferläufer. Das liegt an ihrer heimlichen nächtlichen Lebensweise. Man entdeckt sie jedoch beim Umdrehen von Holzstücken und Steinen.

Furchenschwimmer
Acilius sulcatus

Beschreibung: Länge 15 bis 18 mm, breiter, flacher Körper, gelbe Grundfarbe mit feiner schwarzer Marmorierung, Kopf und Hals schwarz, auf dem Kopf ein gelbes V, Männchen mit runden Haftscheiben an Vorderbeinen, Flügeldecken der Weibchen mit 4 Längsfurchen
Flugmonate: Mai bis Juli

Schilfkäfer bei der Paarung

Gelbrandkäfer-Weibchen

Lebensraum: Teiche aller Art mit gutem Pflanzenwuchs
Lebensweise/Fortpflanzung: wendiger, schneller Schwimmer, Eiablage an Land unter feuchtem Holz, Larve schwebt im Wasser, schwimmt sehr gut, Verpuppung am Ufer in selbstgegrabener Höhle. Beute: Mückenlarven, Wasserflöhe, Kaulquappen, Aas.

Schnellschwimmer
Agabus bipustulatus

Beschreibung: Länge 10 mm, glänzend schwarz
Flugmonate: Mai bis Juni
Lebensraum: Teiche aller Art mit Schlammgrund und gutem Pflanzenwuchs
Lebensweise/Fortpflanzung: lebt in fast jedem Teich, die Erwachsenen sind sehr schnelle, gewandte Schwimmer mit starken Schwimmbeinen, die Larven krabbeln nur in Pflanzen herum. Nahrung: Kaulquappen, Wasserasseln, Würmer und Insektenlarven.

Schilfkäfer
Donacia spp.

Beschreibung: Länge 5 bis 13 mm, metallisch glänzend schwarz, grün oder braun, lange bockkäferähnliche Fühler
Flugmonate: Juni bis Juli
Lebensraum: Teiche mit Ufervegetation
Lebensweise/Fortpflanzung: als Pflanzenfresser spezialisiert auf Igel- und Rohrkolben, Sumpfschwertlilie, Schilf, Schwanenblume und Seggen-Arten. Die Erwachsenen leben meist über, die Larven unter dem Wasser.

Gelbrandkäfer
Dyctiscus marginalis

Beschreibung: Länge 27 bis 35 mm. Breite 15 bis 18 mm, meist der größte Käfer im Wasser, Oberseite dunkeloliv, Bauch gelb, typische gelbe Flügelkante, Männchen mit Saugnäpfen an Vorderfüßen und glatter Oberfläche, Weibchen oft mit gefurchten Flügeldecken
Flugmonate: März bis Oktober
Lebensraum: pflanzenreiche Gewässer und Teiche
Lebensweise/Fortpflanzung: flinker Schwimmer und Taucher, Eiablage in Wasserpflanzenblättern, Lebensalter bis zu 5 Jahre, starker Räuber, Larve bis 80 mm lang mit spitzen Kieferzangen, überwältigt alle kleineren Wassertiere, vor allem Amphibienlarven und Kleinfische.

Seerosen-Blattkäfer
Galerucella nymhaeae

Beschreibung: Länge 8 mm, schlank, gelbbraune Grundfarbe, Unterseite schwarz, Beine gelb
Flugmonate: Mai bis September
Lebensraum: Teiche aller Art mit See- oder Teichrosen

Weitere Käferarten am Teich

Teichschwimmer *(Colymbetes fuscus)*
Kupferner Uferläufer (Elaphrus cupreus)
Kugelschwimmer (Hyphydrus ovatus)
Zwergschwimmer (Hydroporus palustris)
Grundschwimmer (Laccophilus hyalinus)

Lebensweise/Fortpflanzung: Käfer und Larven fressen Blätter, mehrere Generationen im Sommer, Eiablage in gelben Häufchen auf Blattoberseite, schwarze Larven nagen Gänge in Blätter, ohne die Unterseite zu durchstoßen, bewegliche, schwarze Puppen.

Gewöhnlicher Taumelkäfer
Gyrinus substriatus

Beschreibung: Länge 7 mm, Oberseite kahl, Flügeldecken mit 11 Punktreihen, glänzend schwarz
Flugmonate: Mai bis Oktober
Lebensraum: wenig bewachsene Teiche mit freier Wasseroberfläche
Lebensweise/Fortpflanzung: schneller, wendiger, sich oft in Kreisen drehender (taumelnder) Schwimmkäfer auf der Wasseroberfläche, geteilte Augen zum Sehen über und unter Wasser. Jagt ins Wasser gefallene Insekten, taucht bei Gefahr ab. Paarung und Eiablage von Frühjahr bis Sommer, Jungkäfer ab September.

Wanzen

Eigentlich sehen Wanzen doch ganz anders aus, fragt man sich, wenn man das erste Mal wasserbewohnende Vertreter dieser Insektenfamilie sieht. An Pflanzenstängeln beobachtet man meistens Tiere, deren Rücken an ein Ritterschild erinnert. Wanzen des Wassers haben völlig andere Körperformen entwickelt. Schmal und feingliedrig wie ein Wasserläufer oder massiv kompakt wie der Wasserskorpion. Viele Arten sind mit die ersten Tiere, die man in einem neuen Teich begrüßen darf. Alle Arten leben räuberisch.

Wasserläufer
Gerris lacustris

Beschreibung: Länge 10 mm, schlanker Körper, langes mittleres und kurzes vorderes Beinpaar, graubraun, 10 schwer unterscheidbare Arten von 6 bis 20 mm Größe
Flugmonate: April bis Oktober, einige Individuen auch flugunfähig
Lebensraum: Teiche aller Art, anspruchslos
Lebensweise/Fortpflanzung: das Pendant zum Rückenschwimmer, erbeutet Insekten auf der Wasseroberfläche, Eiablage unter Wasser, entwickelt sich vom Ei bis zum fertigen Tier in 5 Häutungen.

Wasserläufer saugen eine tote Mosaikjungfer aus.

Teichläufer
Hydrometra stagnorum

Beschreibung: Länge 12 mm, stabartiger Körper, sehr langer Kopf, fast immer ungeflügelt
Flugmonate: April bis Oktober, einige Individuen auch flugfähig
Lebensraum: Teiche aller Art mit flachen Ufern
Lebensweise/Fortpflanzung: staksiger Gang, langsamer als Wasserläufer, lauert oft am Ufer auf Beute auf dem Wasser, Eier werden einzeln am Ufer deponiert.

Wasserskorpion
Nepa cinerea

Beschreibung: Länge 22 mm, dazu 10 mm langes Atemrohr am Hinterleib, Vorderbeine zu zangenartigen Fängen ausgebildet, dunkelbraun oder rötlich
Flugmonate: flugunfähig, mit Wasserpflanzen verbreitet, ganzjährig anzutreffen
Lebensraum: Kleingewässer mit flachen Ufern
Lebensweise/Fortpflanzung: langsam und unbeweglich, lauert meist im flachen Wasser nach Beute, Eiablage auf der Oberseite von Wasserpflanzenblättern.

Rückenschwimmer

Rückenschwimmer
Notonecta glauca

Beschreibung: Länge 16 mm, kompakter Bau, gelbbraun, schwimmt auf Rücken, Luftvorrat am Bauch, lange haarige Hinterbeine zum Schwimmen, rotbraune Flügeldecken
Flugmonate: April bis Oktober
Lebensraum: eingewachsene Teiche
Lebensweise/Fortpflanzung: hängt umgekehrt unter der Wasseroberfläche, zieht von dort ins Wasser gefallene Insekten nach unten, um sie auszusaugen.

Wasserskorpion

Weitere Wanzen im Wasser

Ruderwanze ***(Corixa puntata)***
Schwimmwanze ***(Ilyocoris cimicoides)***
Hüftwasserläufer ***(Mesovelia furcata)***
Zwergrückenschwimmer ***(Plea leachi)***
Stabwanze ***(Ranatra linearis)***
Springwanze ***(Saldula saltatoria)***

Fliegen und Mücken

Das Heer der Ufer und Wasser bewohnenden Fliegen und Mücken ist unüberschaubar. Unzählige Arten nutzen den Teich als Vermehrungsplatz für ihre Larven. Es wimmelt nur so von seltsamen Tieren mit fantastischen Anpassungen an das nasse Element.

Eintagsfliegenlarve

Eintagsfliege
Caenis spp.

Beschreibung: Länge 8 mm, Erwachsene weißlich, mit drei Schwanzfäden, hochgestellte Flügel, Larve: 7 mm, drei Schwanzfäden
Flugmonate: Mai bis Juli
Lebensraum: eingewachsene Teiche aller Art
Lebensweise/Fortpflanzung: Erwachsene leben nur wenige Stunden oder Tage, Paarung im großen Schwarm, Eiablage auf dem Wasser, Larven häuten sich bis 20 Mal.

Büschelmücke
Chaoborus crystallinus

Beschreibung: Länge 7 mm. Erwachsene sind hellgraue, dicht behaarte Mücken. Männchen mit behaarten Fühlern. Durchsichtige Larve 15 mm
Flugmonate: April bis Juni, August bis Oktober
Lebensraum: kleine Teiche
Lebensweise/Fortpflanzung: Erwachsene trinken Nektar, Larven schweben waagerecht im Wasser, fressen Kleinkrebse.

Zuckmücke
Chironomidae

Beschreibung: viele hundert Arten von 2 bis 14 mm Länge, verlängerte Vorderbeine ständig zuckend, Flügel kürzer als Hinterleib, Larven wurmförmig, rot, weiß, grün oder grau, 10 bis 20 mm
Flugmonate: Mai bis August
Lebensraum: eingewachsene Teiche aller Art
Lebensweise/Fortpflanzung: Erwachsene fressen nicht, Larven leben frei oder in Röhren am Boden, bis zu 5000 Tiere pro Quadratmeter, wichtiges Futter für Molche und Fischbrut.

Gemeine Stechmücke
Culex pipiens

Beschreibung: Länge 6 mm, dunkelbraun, Hinterleib mit hellgrauen Querbinden, Weibchen mit Stechrüssel, Männchen mit haarigen Fühlern, Larve 10 mm
Flugmonate: März bis Oktober
Lebensraum: kleine und kleinste Gewässer, Regentonnen, faulige Tümpel
Lebensweise/Fortpflanzung: Weibchen saugen Blut, Eiablage in Schiffchen zu 200 bis 400 Eiern im Wasser, Steckmückenlarven sind keine Bewohner von Naturteichen, sie bevorzugen modriges Wasser.

Köcherfliegen bei der Paarung

Gemeine Köcherfliege
Limnephilus flavicornis

Beschreibung: viele ähnliche Arten, Länge 14 mm, 37 mm Flügelspannweite, Erwachsene gelbbraun, Flügel dachziegelartig übereinander gefaltet, lange Fühler, Larve 30 mm
Flugmonate: Mai bis Oktober
Lebensraum: eingewachsene Teiche aller Art
Lebensweise/Fortpflanzung: Erwachsene fliegen abends und nachts in Schwärmen, Eiablage in Gallertklumpen an Uferpflanzen, Larven bauen aus Pflanzenteilen, Steinchen oder Schnecken einen Schutzköcher, weiden Algen auf Steinen ab.

Schlammfliege
Sialis spp.

Beschreibung: Länge 30 mm, 35 mm Flügelspannweite, Erwachsene mit vier netzartig strukturierten schwarzbraunen

Weitere Fliegen- und Mückenarten

Tastermücken *(Dixidae)*
Schlammfliege *(Eristalis tenax)*
Waffenfliegen *(Stratiomyidae)*
Schnaken *(Tipulidae)*
Ringelschnake *(Theobaldia annulata)*

Flügeln, Körper schwarz, lange Fühler, Larve 40 mm
Flugmonate: Mai bis August
Lebensraum: eingewachsene Teiche aller Art
Lebensweise/Fortpflanzung: Erwachsene kriechen auf Ufervegetation, fliegen nur ungern, Gelege mit schwarzen Eiern oft auf Schilfblättern, Larven räuberisch im Schlamm, 2 Jahre Entwicklungszeit mit 9 Häutungen

Schmetterlinge

Natürlich bietet ein Gartenteich auch Schmetterlingen Raum. Feuchtwiesenstauden des Ufer wie Teufelsabbiss oder Blutweiderich locken Falter aller Art an. Doch was die meisten nicht vermuten: Auch inmitten des Teiches existieren Schmetterlinge. Fraßlöcher an Wasserpflanzen zeugen davon.

Aurorafalter
Anthocharis cardamines

Beschreibung: Flügelspannweite 40 mm, weiße Grundfarbe mit schwarzen Spitzen, beim Männchen außerdem orange, Raupe grünlich, 35 mm
Flugmonate: April bis Juni
Lebensraum: Feuchtwiesen mit Wildblumen am Teich
Lebensweise/Fortpflanzung: Aurorafalter sind typische Bewohner feuchter Wiesen, sie besuchen mit Vorliebe das Wiesenschaumkraut, die Futterpflanze ihrer Raupen.

Mittlerer Weinschwärmer

Männchen des Zitronenfalters saugt an einer Karthäusernelke

Landkärtchen
Araschnia levana

Beschreibung: Flügelspannweite 40 mm, Sommergeneration dunkel mit weißem Rückenband, Spätsommergeneration rotbraun mit schwarzen Flecken, Raupe 30 mm
Flugmonate: April bis Mai, Juli bis August
Lebensraum: Feuchtwiesen mit Wildblumen und verwilderte Ecken am Teich
Lebensweise/Fortpflanzung: Landkärtchen fliegen in zwei unterschiedlich aussehenden Generationen, am Teichufer besuchen sie Sumpfdotterblume, Wasserdost und Wasserminze. Die Raupen leben an Brennnesseln.

Mittlerer Weinschwärmer
Deilaphila elpenor

Beschreibung: Flügelspannweite 70 mm, olivgrün, lila und rosa, Raupe grüngelb bis braungelb, 80 mm
Flugmonate: Mai bis Juni
Lebensraum: Feuchtwiesen mit Wildblumen am Teich
Lebensweise/Fortpflanzung: Weinschwärmer nutzen eine Vielzahl von Wildblumen am Teichufer, sehr gerne besuchen sie etwa Seifenkraut, die Raupen leben von vielen Futterpflanzen, darunter Weidenröschen und Blutweiderich

Zitronenfalter
Conepteryx rhamni

Beschreibung: Flügelspannweite 57 mm, Flügelunterseite mit braunem Fleck, Männchen zitronengelb, Weibchen blassgelb, Raupe grünlich, 33 mm
Flugmonate: Februar bis Mai, Juli bis September
Lebensraum: Feuchtwiesen am Teich, Wildblumenwiesen und Wildgehölze
Lebensweise/Fortpflanzung: Zitronenfalter nutzen eine Vielzahl von Wildblumen am Teichufer, sehr gerne besuchen sie etwa Kriechenden Günsel, Blutweiderich und Weidenkätzchen, die Raupen leben an Faulbaum und Kreuzdorn.

Laichkraut-Zünsler
Elophila nymphaeata

Beschreibung: mit 30 mm Flügelspannweite größter Wasserschmetterling, weiße Flügel mit brauner Musterung, Raupe grünlich, 20 mm
Flugmonate: Juni bis August
Lebensraum: Schwimmblattvegetation in Teichen aller Art
Lebensweise/Fortpflanzung: Erwachsene ruhen tagsüber in Vegetation, tanzen abends über dem Gewässer, Eiablage auf der Blattunterseite von Laichkraut, See- und Teichrose oder Froschbiss, Raupe tarnt sich mit einem ausgeschnittenen Blatt, frisst Löcher in die Futterpflanze.

Weitere Schmetterlingsarten

Kleiner Fuchs *(Aglais urticae)*
Distelfalter *(Cynthia cardui)*
Ochsenauge *(Maniola jurtina)*
Kleiner Kohlweißling *(Pieris rapae)*
C-Falter *(Polygonia c-album)*
Brauner Dickkopf *(Thymelicus sylvestris)*
Admiral *(Vanessa atalanta)*

Mollusken

Schnecken und Muscheln gehören zur Klasse der Mollusken und sind häufige Bewohner von Teichen. Sie ernähren sich hauptsächlich von Algen oder filtern das Wasser nach Kleinstlebewesen, eine Eigenschaft, die sie im Gartenteich sehr nützlich macht.

Schnecken

Schnecken gehören in jeden Teich. Sie nehmen eine wichtige Rolle als Pflanzenfresser und Zersetzer ein und sind geschätzt, weil sie Algen abweiden. Eine Vielzahl von Formen hat sich an das Wasserleben angepasst. Doch auch am Ufer kriechen Vertreter dieser typischen Feuchtlandbesiedler.

Große Schlammschnecke
Lymnaea stagnalis

Beschreibung: 60 mm hoch und 30 mm breit, gelblich bis dunkelgrau, breite, dreieckige Fühler, Gewinde spitz zulaufend, deshalb auch Spitzschlammschnecke genannt, letzter Umgang bauchig erweitert

Lebensraum: bewachsene Bereiche
Lebensweise/Fortpflanzung: sehr anpassungsfähige Art mit speziellen Gehäuseformen in besonderen Gewässern, ernährt sich von abgestorbenen und lebenden Pflanzenteilen und Aas. Zwitter, Eiballen werden an Pflanzen abgelegt. Junge Ringelnattern drehen gern die Köpfe ab.

Schlammschnecken

Posthornschnecken

Posthornschnecke
Planorbarius corneus

Beschreibung: die größte aller 17 heimischen Tellerschnecken, Gehäuse bis 35 mm breit, posthornartig gewunden, fünfeinhalb Windungen, dunkelbraun bis rötlich, fadenförmige Fühle
Vorkommen: nur in Tieflagen, nicht im Mittelgebirge
Lebensraum: bewachsene Bereiche
Lebensweise/Fortpflanzung: ernährt sich von Algen, Wasserpflanzen und Aas, Zwitter, Eiballen werden an Pflanzen abgelegt.

Flache Tellerschnecke
Planorbis planorbis

Beschreibung: mittelgroße Tellerschnecke, Gehäuse bis 17 mm breit, sehr flach, posthornartig gewunden, 5 bis 6 Windungen, die letzte weniger bauchig, hornfarben bis rötlich, fadenförmige Fühler, deutlich ausgeprägter Kiel am unteren Gehäuserand
Lebensraum: bewachsene Bereiche
Lebensweise/Fortpflanzung: ernährt sich von Algen und abgestorbenen Pflanzenteilen, Zwitter, Eiballen werden an Pflanzen abgelegt

Bernsteinschnecke
Succinea putris

Beschreibung: Gehäuse bis 22 mm hoch und 11 mm breit, letzte Windung deutlich größer, 3 bis 4 Windungen, Schale hellbraun, bernsteinfarben, durchsichtig, zerbrechlich, 2 Fühlerpaare mit Augen an der Spitze
Lebensraum: bewachsene Bereiche
Lebensweise/Fortpflanzung: landlebend im Uferwuchs, oft auch auf Wasserpflanzen und Algen, kann den Körper meist nicht ins Gehäuse zurückziehen, ernährt sich von Pflanzen, Zwitter.

Weitere Schneckenarten im Teich

Teichnapfschnecke *(Acroloxus lacustris)*
Weiße Tellerschnecke *(Gyraulus albus)*
Gewöhnliche Schlammschnecke *(Lymnaea peregra)*
Leberegelschnecke *(Lymnaea trunculata)*

Teichmuscheln

Muscheln

Muscheln sind im Teich häufiger als man gemeinhin annimmt. Vielfach bewohnen aber eher die kleinen unscheinbaren Arten den Teich. Als Filtrierer reinigen sie das Wasser. Einzelne Arten leben jedoch auch räuberisch.

Teichmuschel
Anodonta cygnea

Beschreibung: Schalen 20 cm lang und 12 cm hoch, länglich eiförmig, Vorderende rund, Hinterende spitz, grün- bis dunkelbraun
Lebensraum: Teichboden mit Schlammgrund
Lebensweise/Fortpflanzung: lebt eingegraben im Boden, nur das spitze Hinterende mit den Öffnungen für Atem- und Nahrungswasser schaut heraus, der Bitterling legt seine Eier im Kiemenraum der Muschel ab.

Muscheln filtern das Wasser auf natürliche Weise.

Malermuschel
Unio pictorum

Beschreibung: Schalen 14 cm lang, 6 cm hoch, schmal, zungenförmig, Vorderende rund, Hinterende spitz, gelboliv
Vorkommen: im Bereich der Flusstäler,
Lebensraum: Teichgrund in großen Teichen
Lebensweise/Fortpflanzung: lebt eingegraben im Boden, nur das spitze Hinterende mit den Öffnungen für Atem- und Nahrungswasser schaut heraus. Die Larven wachsen im Kiemenraum von Fischen wie dem Bitterling auf, dieser legt seine Eier in den Kiemenraum der Muschel ab, beide sind aufeinander angewiesen.

Kugelmuschel
Sphaerium corneum

Beschreibung: Schalen 14 mm lang und 10 mm hoch, dünnschalig, graubraun bis gelblich
Lebensraum: bewachsene Bereiche
Lebensweise/Fortpflanzung: lebt im Bodenschlamm, kann durch langen beweglichen Fuß gut an Wasserpflanzen klettern. Filtert normalerweise das Wasser nach Plankton ab, haftet sich aber auch an den Zehen von Molchen fest und verdaut diese, Zwitter.

Amphibien

Frösche, Kröten, Unken und Molche sind in naturnah gestalteten Teichen häufig anzutreffen. Während sich manche Arten wie der Wasserfrosch das ganze Jahr im Teich aufhalten, kommen andere wie der Grasfrosch, die Erdkröte oder Molche nur zum Laichen ins Wasser.

Vorausgesetzt, man hält keine Fische, hat man große Chancen, verschiedenen Amphibienarten ein neues Zuhause zu bieten. Hierbei sollte aber nicht nur der Teich, sondern auch das Umfeld naturnah gestaltet sein. Mit jedem naturnahen Gartenteich kann man Lurche im Siedlungsraum fördern. Vielfach sind diese künstlichen Gewässer die einzigen Laichplätze für gefährdete Spezies. Bei entsprechenden Bedingungen stellen sich die passenden Arten von selbst ein. Das Naturschutzgesetz verbietet es, Laich, Kaulquappen oder erwachsene Tiere einzusetzen. Die meisten Frösche und Kröten kommen nur zum Laichen, der Eiablage, zum Gewässer, andere bleiben dem Gartenteich ganzjährig treu. Zu den Gästen, die man an vielen geeigneten Tümpeln begrüßen darf, gehören Grasfrosch und Erdkröte.

Heimische Amphibien in Gärten

Amphibienart	Laichbiotop	natürliche Verbreitung
Erdkröte *(Bufo bufo)*	bewachsene Teiche	Deutschland, bis 2.000 m
Kreuzkröte *(Bufo calamita)*	flache, sandige, kiesige offene Teiche	Norddeutschland und Flussniederungen
Wechselkröte *(Bufo viridis)*	flache, sandige, kiesige offene Teiche	Deutschland
Rotbauchunke *(Bombina bombina)*	flache pflanzenreiche Kleingewässer	Tieflandart, Ostdeutschland, nur bis 200 m
Gelbbauchunke *(Bombina variegata)*	junge, offene Gewässer	Berglandart, Süd- und Westdeutschland, bis 2.000 m
Laubfrosch *(Hyla arborea)*	junge, offene Teiche	Deutschland
Moorfrosch *(Rana arvalis)*	kleine Teiche und Gräben	Deutschland
Springfrosch *(Rana dalmatica)*	größere Teiche	Mittel- und Süddeutschland, sporadisch im Norden
Wasserfrosch *(Rana esculenta)*	größere Teiche	Deutschland
Teichfrosch *(Rana lessonae)*	kleinere Teiche	Deutschland
Seefrosch *(Rana ridibunda)*	große Teiche, Seen	Deutschland
Grasfrosch *(Rana temporaria)*	kleine und größere Teiche	Deutschland
Bergmolch *(Triturus alpestris)*	kleine und größere Teiche	Deutschland, Tiefland bis 3.000 m
Kammmolch *(Triturus cristatus)*	pflanzenreiche größere Gewässer	Deutschland, bis 1.000 m
Fadenmolch *(Triturus helveticus)*	kleinere und kleinste Gewässer	Westdeutschland
Teichmolch *(Triturus vulgaris)*	kleine und größere Teiche	Deutschland, bis 1.000 m

Laubfrosch im Pflanzendickicht

Auch Teichmolche sind in der Regel häufig. Sie sind verhältnismäßig anspruchslos und kommen mit sehr vielen verschiedenen Bedingungen klar. Doch neben diesen Alleskönnern (Ubiquisten) gibt es auch Spezialisten, die wir nur gelegentlich antreffen. Bergmolche kommen eher in hügeligem und bergigem Gelände vor, während Kammmolche zwar überall, aber insgesamt nur zerstreut vorkommen.
Noch seltener finden sich Laubfrösche oder gar extreme Lebensraumspezialisten wie Unken oder Wechselkröten ein. Sie benötigen geradeso wie die Kreuzkröte Bedingungen, die nur ausnahmsweise im Garten gegeben sind.

Frösche und Unken

Frösche gehören zu den häufigsten Amphibien am Gartenteich. Doch ihre Ansprüche sind verschieden. Während etwa Grasfrösche nahezu überall vorkommen, finden sich Moor- oder Laubfrosch nur stellenweise. Auch Unken sind Ausnahmeerscheinungen.

Quackender Laubfrosch

Laubfrosch
Hyla arborea

Beschreibung: unverwechselbar, oberseits grün, seitwärts dunkelbraune Abgrenzung von Augen zu Oberschenkeln, Unterseite grau, Färbung kann aber auch grau, gelblich oder bräunlich sein, je nach Zustand des Tieres, Haftscheiben an den Zehen zum Klettern. Weibchen ohne, Männchen mit kehlständiger runzeliger, gelbbrauner Schallblase
Vorkommen: Tieflandbewohner bis etwa 600 m
Lebensraum: Flusstäler mit sauberen fischfreien Teichen mit naturnahem Umland, mit oder ohne Bewuchs, Hecken und Gebüsche
Lebensweise/Fortpflanzung: Laubfrösche zählen zu den unsteten Pionierarten, sie benötigen Teiche ohne Fische und am besten auch noch ohne Molche, denn beides sind Feinde von Eiern und

Wasserfrösche

Kaulquappen. Der durchdringende Ruf lockt Weibchen auch noch aus 1 bis 2 km Entfernung an den Laichplatz. Die Männchen halten am Ufer Rufreviere von 2 bis 3 m Durchmesser. Weibchen legen während der Laichzeit von April bis Juni jeweils 30 bis 40 Eier in nur haselnussgroßen Laichballen. Im Garten benötigt der einzige Kletterfrosch offene abwechslungsreiche Strukturen mit Wiesen, Staudenbeeten, Steinmauern und Heckenelementen, er sonnt sich gerne meterhoch in der Vegetation. Als Nahrung dienen Blüteninsekten, Spinnen, Käfer und vieles andere mehr. Die Tiere überwintern eingegraben in der Erde. Laubfrösche sind sehr selten geworden.

Teich- und Wasserfrosch
Rana lessonae und *R. esculenta*

Beschreibung: Körperlänge 5 bis 12 cm, Rücken und Schenkel mit hellen oder satten Grüntönen, manchmal bräunlich, zuweilen heller Grün abgesetzter Rückenstreifen. Meist kurze Hinterbeine, bei Männchen hinter den Mundwinkeln weißliche Schallblasen
Vorkommen: überall verbreitet
Lebensraum: kleine und große pflanzenreiche Gewässer
Lebensweise/Fortpflanzung: anders als die meisten Frösche und Kröten, bleiben Teich- und Wasserfrosch ihrem Gewässer ganzjährig treu. Da sich die Arten miteinander und auch mit dem noch viel größeren Seefrosch *(Rana ridibunda)* kreuzen, sind sie sehr schwer auseinander zuhalten, Experten gehen sogar davon aus, dass der Wasserfrosch gar keine eigene Art, sondern ein Bastard zwischen Teich- und Seefrosch ist und sprechen bei allen dreien von der Gruppe der „Grünfrösche". Die Rufe sind meckernd bis keckernd und können ebenfalls sehr laut werden, wie beim Laubfrosch werden sie im Chor vorgetragen. Erst ab Mai beginnt die Paarungszeit, gelegt werden kleine Laichballen. Nach 3 bis 4 Monaten als Kaulquappe verziehen sich die Jungfrösche auf angrenzende Wiesen, erst als größere Tiere kehren sie ans Wasser zurück. Als Nahrung dienen Fliegen, Libellen und andere Insekten, gefressen werden aber auch andere Jungfrösche und Krötennachwuchs.

Moorfrosch
Rana arvalis

Beschreibung: mit nur 8 cm Körperlänge kleiner als der Grasfrosch, im Gegensatz zu ihm spitz zulaufende Schnauze, Männchen zur Laichzeit blau gefärbt
Vorkommen: im Flachland bis 600 m
Lebensraum: Flussniederungen und pflanzenreiche Teiche in naturnahem Umfeld
Lebensweise/Fortpflanzung: Moorfrösche kommen ähnlich wie Grasfrösche nur zum Ablaichen zum Teich, jedoch etwas später. Die Laichzeit beginnt Ende März/Anfang April, oft hat der Grasfrosch dann schon gelaicht. Die Paarungsrufe sind glucksend und blubbernd, nicht knurrend wie beim Grasfrosch, Moorfrösche sind viel seltener als Grasfrösche.

Grasfrösche beim Laichen

Vorsicht Ochsenfrösche!

Der Ochsenfrosch *(Rana catesbeiana)* ist ein sehr großer Frosch (bis 20 cm Körperlänge und 25 cm Hinterbeinlänge) aus Nordamerika. Er wurde von Terrarianern in Deutschland eingebürgert und kommt vor allem an Teichen, Seen und Flüssen im Ruhrgebiet vor. Er vermehrt sich dort ungehindert, ein Weibchen legt bis zu 25.000 Eier. Problematisch wird die Art inzwischen durch ihren ungeheuren Hunger. Er vertilgt nicht nur Insekten, sondern auch Jungenten, Mäuse, Fische und Frösche und führt dadurch zum Rückgang der heimischen Fauna. Ochsenfrösche dürfen nicht ausgesetzt werden.

Grasfrosch
Rana temporaria

Beschreibung: mit 10 cm Körperlänge größer als der Moorfrosch, im Gegensatz zu ihm stumpfe Schnauze, braun, gelblich oder rötlich, dunkel marmoriert
Vorkommen: bis 2.500 m
Lebensraum: Flussniederungen und pflanzenreiche Gewässer in naturnahem Umfeld
Lebensweise/Fortpflanzung: neben Erdkröten sind Grasfrösche die häufigsten Amphibien im Garten. Zur Laichzeit kommen die Tiere oft schon im Februar zum Teich, ansonsten leben sie an feuchten Plätzen und streifen nachts auf Futtersuche umher. Sie fressen Insekten, Würmer, Spinnen und Schnecken, knurrende Paarungsrufe, Laichballen enthalten bis zu 4.000 Eier, die Entwicklung zum Jungfrosch dauert 2 bis 3 Monate.

Gelbbauchunke
Bombina variegata

Beschreibung: 5 cm Körperlänge, flacher Körper, oberseits unauffällig grau- bis grünbraun, unten mit gelb-schwarz marmorierter Warnfarbe
Vorkommen: Süd-und Westdeutschland, Tieflagen bis 2.000 Meter, die rotschwarze Rotbauchunke *(Bombina bombina)* kommt in den tiefer gelegenen Regionen als Flachlandart im östlichen Deutschland vor (hauptsächlich entlang der Elbe und in Flussniederungen)
Lebensraum: pflanzenfreie, oft auch sehr flache Kleingewässer
Lebensweise/Fortpflanzung: Gelbbauchunken sind typische Pionierarten für junge Gewässer ohne Konkurrenz anderer Arten. Man findet sie häufig in Wagenspuren oder Gräben. Bei Bedrohung werfen sich die Tiere auf den Rücken, zeigen die gelbe Unterseite und erstarren in einer abwehrenden Schreckhaltung.
Im April wandern die Tiere zum Laichgewässer, wo sie bis in den Sommer bleiben. Bis zu 100 Eier werden über eine lange Zeit einzeln oder in kleinen Klumpen verteilt.

Gelbbauchunke

Kröten

Erdkröten kennt wohl jeder. Die warzige Haut, der kompakte Rumpf mit den ziemlich gleich langen Beinen, die nicht zum Hüpfen, sondern zum vierfüßigen Laufen gebaut sind. Das sind typische Merkmale für Kröten. Dazu zählt auch eine Lebensweise, die außerhalb der Laichzeit oft Kilometer weg vom nächsten Gewässer stattfinden kann.

Keine Krötenart kommt mit so unterschiedlichen Bedingungen aus wie die Erdkröte. Ihre Verwandten Kreuz- und Wechselkröte sind spezialisierter und nicht so weit verbreitet.

Wechselskröten bei der Paarung

Erdkröte
Bufo bufo

Beschreibung: 10 bis 15 cm Körperlänge, größte heimische Kröte, Weibchen doppelt so groß und schwer wie Männchen, oberseits braune, warzige Haut, unten weißgrau, Männchen am Klammergriff und an Brunftschwielen an Zehen zu erkennen

Vorkommen: überall häufig, bis 2.000 m

Lebensraum: pflanzenreiche Gewässer aller Art

Lebensweise/Fortpflanzung: Erdkröten besiedeln alle möglichen Lebensräume in freier Landschaft wie im Siedlungsraum. Neben dem Grasfrosch sind sie die häufigste Lurchart im Garten, keine besonderen Ansprüche an das Laichgewässer, deshalb oft in Gartenteichen. Zur Laichzeit im März/April wandern Männchen und Weibchen zu ihrem Geburtsgewässer, die Männchen rufen nur sehr leise, die Weibchen legen meterlange doppelte Laichschnüre mit 2.000 bis 5.000 Eiern um Wasserpflanzen oder Äste. Die schwarzen Kaulquappen schlüpfen in Massen, ernähren sich von Algen und verlassen Ende Juni das Gewässer. Von da an leben sie an Land, manchmal 1 bis 2 km entfernt von ihrem Laichplatz, im Garten brauchen die nachtaktiven Erdkröten viele feuchte Verstecke, die nützlichen Tiere fressen Würmer, Schnecken, Käfer, Spinnen und vieles mehr.

Kreuzkröte
Bufo calamita

Beschreibung: 8 cm Körperlänge, unverkennbar durch weiße oder gelbliche Streifen entlang des Rückgrats, ansonsten warzige Haut, braun oder grünlich mit rötlichen Punkten

Vorkommen: vor allem im Norden und Osten und in Flussniederungen

Lebensraum: sandige, kiesige, flache, pflanzenarme Gewässer

Lebensweise/Fortpflanzung: wie Wechselkröten sind sie Bewohner trockenerer Landschaften, sie kommen sogar auf Nordseeinseln in Dünen vor, besiedeln Heiden und Sand- und Kiesgruben in den Flussauen, von dort dringen sie in ihrem mäuseartigen Lauf bis in Gärten vor, wo sie geeignete Laichgewässer nutzen, Männchen mit kurzen Trillerrufen, Paarung von März bis Juni, doppelreihige Laichschnüre mit 1.000 Eiern

Erdkröte

Wechselkröte
Bufo viridis

Beschreibung: 10 cm Körperlänge, unverkennbar, Tarnfarben mit großen grünen und kleinen roten Flecken auf weißgrauem Grund

Vorkommen: überall

Lebensraum: sandige, kiesige pflanzenarme Gewässer

Lebensweise/Fortpflanzung: die Art ist an Hitze und Trockenheit angepasst, sie kommt in der „Kultursteppe" des Menschen in sand- und kiesreichen Regionen vor. Wechselkröten sind sehr mobil, von Sand- und Kiesgruben stoßen sie manchmal bis in Gärten vor, doch die Pionierart ist unstet und ihrem Geburtsgewässer nicht treu. Die 2 bis 4 m langen Eischnüre enthalten bis zu 10.000 Eier, die Paarungsrufe der Männchen erinnern an Vogeltrillern.

Molche

Molche sind vielen Naturteichbesitzern ein Begriff. Sie sind anpassungsfähig und keineswegs selten. Am häufigsten findet man Teichmolche, daneben oft auch Bergmolche. Kammmolche und Fadenmolche sind dagegen schon eine Ausnahme, denn sie sind nicht so weit verbreitet.

Bergmolch
Triturus alpestris

Beschreibung: Weibchen mit 10 cm, Männchen 8 cm Körperlänge, gedrungen. Männchen im Hochzeitskleid prächtig blaugrau-silberweiß mit schwarzen Flecken, leuchtend orangefarbener Bauch, kein Kamm. Weibchen viel kräftiger, oben unscheinbar grünlich, bräunlich marmoriert, seitliche schwarze Flecken, leuchtend orangefarbener Bauch ohne Flecken
Vorkommen: überall, bis 3.000 m
Lebensraum: naturnahes Gelände, Kleingewässer, auch kühleres Wasser
Lebensweise/Fortpflanzung: In geeigneten Gewässern kommen Berg-, Teich- und Kammmolch zusammen vor. Bergmolche sind sehr standorttreu, sie wandern höchstens 200 bis 300 m von ihrem Geburtsort weg. Die nachtaktiven Tiere jagen Insekten und Würmer, im Teich fressen sie auch Froschlaich und Kaulquappen. Zur Paarungszeit von März bis Juli begeben sie sich ins Wasser, das Weibchen legt 150 bis 300 Eier einzeln an Wasserpflanzen ab. Die bis 40 mm langen Larven tragen anfangs Kiemen und gehen im Laufe des Sommers zum Landleben über.

Kammmolch
Triturus cristatus

Beschreibung: 18 cm Körperlänge, größte Molchart, gelb geringelte Zehen, Männchen oben schwarzbraun mit kleinen weißen Punkten, im Wasser mit hohem gezacktem Kamm und Silberstreifen im Schwanz, Bauch gelb oder orange mit schwarzen Flecken, Weibchen größer, sonst wie Männchen, ohne Kamm und Silberstreif

Kammmolchpaar, Weibchen links, das Männchen rechts

Vorkommen: überall, bis 1.000 m
Lebensraum: naturnahes Gelände und pflanzenreiche Kleingewässer
Lebensweise/Fortpflanzung: An Land tragen Kammmolche keinen Kamm, dort findet man sie nachts auf Futtersuche. Im Wasser macht sie der breite Schwanz zu fischartigen Schnellschwimmern, sie halten sich von allen Molchen am längsten im Teich auf. Weibchen legen ihre Eier bis in den August. Kammmolche bringen 200 bis 300 Eier hervor, die Larven besitzen große Kiemenbüschel und werden erreichen in 3 Monaten eine Länge von 70 mm. Sie jagen im Wasser freischwebend Krebse und Kleintiere. Wie bei allen Molchen erfolgt die Überwinterung an Land.

Bergmolch-Weibchen

Fadenmolch
Triturus helveticus

Beschreibung: 10 cm Körperlänge, schlank, oberseits gelblich bis bräunlich, rosa Kehle, Bauch weißlich mit leichtem Gelb in der Mitte, Männchen ohne Kamm, aber mit häutiger Rückenleiste, Schwanz in 6 mm langem Faden endend, Weibchen nur schwer vom Teichmolch zu unterscheiden,
Vorkommen: Westdeutschland
Lebensraum: naturnahes Gelände, zum Laichen Kleingewässer, auch Pfützen
Lebensweise/Fortpflanzung: Fadenmolche leben von allem Molcharten am wenigsten im Wasser, sie verlassen es schon bald nach Beginn der Paarungszeit im März.

Teichmolch
Triturus vulgaris

Beschreibung: 11 cm Körperlänge, schlank, Männchen oberseits braungefleckt, im Wasser mit Zackenkamm, Weibchen unscheinbar graubraun oder gelblich, Unterseite leicht rötlich

Teichmolch-Männchen

Vorkommen: überall, bis 1.000 m
Lebensraum: naturnahes Gelände, Kleingewässer
Lebensweise/Fortpflanzung: Teichmolche benötigen etwas wärmere Teiche als Bergmolche, wie bei allen Molchen ist das Paarungsritual spannend, hierbei wird das Weibchen vom Männchen mit Duftstoffen aus dem Schwanz befächelt, schließlich setzt das Männchen eine Samenkapsel ab, die von der Partnerin aufgenommen wird.

Reptilien

Reptilien am Gartenteich?
So was wie Saurier? Keine Frage:
Etliche Arten bevölkern als verkleinerte Ausgaben der prähistorischen Echsen noch heute den Garten und öffnen das Tor in urweltliche Zeiten.

Mehr noch als die meisten Amphibienarten haben Reptilien sehr spezielle Ansprüche. Das ganze Umfeld muss stimmen, damit sich solche Arten wie Ringelnatter oder Zauneidechse am Teich ansiedeln. Essenziell ist viel Natur, geeigneter Unterschlupf und Beute. Meist erweist sich auch ein Gartengrundstück als zu klein für die Anforderungen der Arten. Und da mehrere naturnahe Gärten in Nachbarschaft noch ziemlich selten sind, kann einem nur ein grundsätzlich naturnahes Umfeld helfen. Dazu zählt bezüglich der Ringelnatter etwa ein angrenzendes Bach- oder Flusstal oder eine Teichlandschaft. Eidechsen bevorzugen Kiesgruben oder einen Steinbruch in der Nähe. Manchmal finden sich Arten wie die Zauneidechse jedoch auch in städtischem Umfeld, etwa entlang von Bahngleisen oder steinigen Straßendämmen. Wechselwarme Reptilien sind Sonnenanbeter, sie brauchen viel offenes Gelände. Neben ausreichenden, möglichst störungsfreien Ruhestellen müsste der Garten auch einigermaßen katzenfrei sein, denn Hauskatzen sind geduldige und vor allem sehr geschickte Eidechsenjäger, die auch vor jungen Blindschleichen und Ringelnattern nicht Halt machen. Und noch eines haben heimische Echsen nötig: Eiablageorte spezieller Natur. Ringelnattern brüten gern in Komposthaufen oder in eigens angelegten Mieten aus Sägemehl, Rindenmulch oder Holzhäckseln (Hackschnitzeln). Zauneidechsen beanspruchen große Sandhügel oder Sandflächen für die Eiablage. Im Grunde müsste man folglich seine ganze Gartengestaltung an den Bedürfnissen dieser Arten ausrichten, um sie überhaupt anzulocken, denn selbstverständlich darf man die unter Naturschutz stehenden Tiere nicht fangen und aussetzen. Dennoch ist es nicht sicher, ob und wann sie überhaupt von selbst kommen. Blindschleiche und Waldeidechse siedeln sich schneller im Garten an. Oft werden sie nicht einmal bemerkt, da sie ein ausgesprochen heimliches Leben führen.

Männliche Zauneidechse beim Sonnebad in einer Hauswurz

Männliche Ringelnattern im Ringkampf am Teichufer

Eidechsen

Blindschleiche
Anguis fragilis

Beschreibung: 45 cm Körperlänge, schlangenförmige Eidechse ohne Beine, glatte glänzende Schuppen, kaum vom Rumpf unterscheidbarer Kopf, Augen mit Häutchen verschließbar. Langer Schwanz mit stumpfer Spitze, kann bei Gefahr abgeworfen werden, regeneriert nur zum Teil wieder. Braune, gelbliche, kupferne oder bleigraue Färbung, manchmal dunkler Mittelstreifen, Jungtiere glänzend goldfarben mit dunkler Rückenlinie
Vorkommen: überall, bis 2.400 m
Lebensraum: naturnahes Gelände, üppig bewachsene sonnige, feuchte Areale, Totholz und Steinhaufen

Blindschleiche

Lebensweise/Fortpflanzung: Bei warmen Wetter vor allem morgens und abends aktiv, aber kaum zu sehen, da sie meist verborgen zwischen Pflanzen und Totholz kriecht. Lebendgebährend, von Juni bis August werden 8 bis 12 bis 90 mm lange Junge zur Welt gebracht. Winterruhe oft zu mehreren im Boden von Oktober bis März. Ernährt sich von Würmern und Schnecken.

Zauneidechse
Lacerta agilis

Beschreibung: 24 cm Körperlänge. Kräftige Eidechse mit großem rundschnäuzigem Kopf, starke Beine, massiver Schwanz. Männchen unten und seitlich grün mit braunen und gelben Flecken, dunkelbraune Kopfplatte mit braunen Rückenstreif, der in den braunen Schwanz übergeht, Weibchen hellgrau oder braun, sonst mit gleicher Zeichnung, Jungtiere rein braun mit grauweissen Flecken

Paarungsritual bei Zauneidechsen

Vorkommen: überall, bis 1.000 m
Lebensraum: naturnahes Gelände, sonnige, trockene, offene Flächen
Lebensweise/Fortpflanzung: Morgens ausgiebiges Sonnenbad zum Aufwärmen. Ausgeprägtes Territorialverhalten der Männchen, die keine Konkurrenten dulden, Paarungszeit ab April. Ablage der 10 bis 14 Eier im Mai oder Juni an sandig-sonnigen Orten, nach 2 Monaten schlüpfen die 60 mm großen Jungen. Eidechsen erbeuten Insekten und Spinnen, aber auch Jungtiere, die deshalb sofort nach dem Schlupf in alle Richtungen fortfliehen. Winterruhe eingegraben im Boden von Oktober bis März. Der größte Feind im Garten ist die Katze, mit Maschen- oder Hasendraht überzogene Bereiche schützen die Echsen vor Nachstellungen.

Waldeidechse
Lacerta vivipara

Beschreibung: 20 cm Körperlänge, schlanke Eidechse mit schmalerem Kopf, kürzere Beine, langer Schwanz, Männchen und Weibchen gleichfarbig braun mit kleinen dunklen und hellen Flecken, dunkle Mittellinie, Jungtiere schwärzlich
Vorkommen: überall, bis 2.400 m
Lebensraum: waldiges, krautiges Gelände, gehölzreiche, feuchtere Areale
Lebensweise/Fortpflanzung: Waldeidechsen leben sehr versteckt zwischen Kräutern und Gras, am Heckenrand oder im Gras. Die Fähigkeit, lebend zu gebären, verschafft ihnen ebenfalls Besiedlungsvorteile, weil sie so auch in feuchteren und kühleren Lagen Nachwuchs bekommen.Sie brauchen anders als etwa Zauneidechsen bewachsenere Biotope, die sie im Siedlungsraum eher finden. Deswegen sind sie in mehr Gärten zuhause, als vieleGartenbesitzer ahnen. Männchen zeigen kaum Territorialverhalten, Paarungszeit im Mai, Geburt der 4 bis 10 Jungen im August. Nahrung sind Insekten, Spinnen und Asseln. Winterruhe von Oktober bis Februar.

Jungtier der Waldeidechse

Schlangen und Schildkröten

Ringelnattern am Teich sind nur denjenigen vergönnt, die über ein sehr natürliches Umfeld verfügen. Doch wenn das gegeben ist, kann man viel für die faszinierenden Schlangen tun. Besonders mangelt es an guten Brutplätzen, die man mit extra Haufen aus Kompost, Sägemehl, Hackschnitzel oder Mulch anbieten kann. Von Schildkröten hingegen sollte man schon aus Artenschutzgründen die Finger lassen.

Schildkröten im Teich?

Im Tierhandel werden Jungtiere vor allem von nordamerikanischen Schmuckschildkröten *(Chrysemys)* oft sehr billig angeboten. Bei Preisen von wenigen Euro pro Stück für niedliche, streichholzschachtelgroße Tierchen wird so mancher schwach. Doch für das Terrarium taugen sie nur begrenzt, denn schon bald erreichen sie 20 bis 40 cm Körperlänge. Dann werden sie in den Gartenteich gesetzt. Doch auch hier sind sie wie Fische nur mit Einschränkung zu genießen. Denn auch Schildkröten sind große Räuber, die Amphibienbrut und Jungtiere fressen. Außerdem kommt es immer wieder vor, dass Tiere in Freiheit gelangen und natürliche Biotope besiedeln. Wie Ochsenfrösche finden sie sich etwa im Ruhrgebiet Feuchtbiotope mit diesen Nordamerikanern. Das ist weder erwünscht noch erlaubt.

Die Europäische Sumpfschildkröte *(Emys orbicularis)* hat am Gartenteich ebenfalls nichts zu suchen. Sie steht unter strengstem Naturschutz und darf weder gefangen noch gehandelt werden.

Ringelnatter
Natrix natrix

Beschreibung: Männchen 75 cm, Weibchen bis 200 cm lang. Wie alle Nattern an den runden Pupillen von Giftschlangen wie der Kreuzotter (senkrechte Pupille) unzweifelhaft zu unterscheiden. Färbung grau bis braun, typisch zwei gelbe, weißliche oder orangefarbene halbmondartige Flecken an den Seiten des Hinterkopfes, die durch einen schwarzen Streifen vom Körper abgegrenzt sind
Vorkommen: überall, bis 2.400 m
Lebensraum: naturnahes, feuchtes, sumpfiges Gelände mit viel Wasser
Lebensweise/Fortpflanzung: Sehr wendige schnelle Schlange, die gut schwimmt und taucht. Winterschlaf von Oktober bis März im Boden. Im Aprill sieht man ft mehrere, konkurrierende Männchen in Paarungskämpfen mit einem einzelnen Weibchen in der Sonne ringen. Später im Jahr leben die Geschlechter als Einzelgänger und sind nicht merh in Gruppen anzutreffen.
Die Ablage von 30 Eiern im Juli oder August in verrottenden Haufen aus Laub, Schilf, Sägemehl oder Kompost. Nach 60 bis 75 Tagen schlüpfen 20 cm große Jungschlangen. Nahrung Frösche aller Art, Molche, Mäuse, kleinere Fische, die Beute wird lebend verschlungen.
Ringelnattern sind sehr selten geworden. Man kann ihnen mit künstlichen Bruthaufen helfen, auch sollte man ausreichend Sonnenplätze schaffen, damit sich die Tiere nicht auf Asphaltstraßen sonnen müssen, wo sie immer wieder überfahren werden. Die Sonnenplätze müssen stets gute Rückzugsmöglichkeiten bieten. Besonders beliebt sind Naturstein-Trockenmauern oder Ast- und Steinhaufen in der Sonne.

Ringelnatter beim Sonnen an einem geschützten Platz in Teichnähe.

Vögel

Ein naturnaher Gartenteich mit ausreichend flachen Ufern zieht Vögel magisch an. Das erste und von fast allen Gartenvögeln geteilte Bedürfnis ist das nach Trinkwasser, dicht gefolgt vom Baden. Doch auch als Nahrungsrevier taugt das feuchte Reich, nicht zu vergessen die Brutplätze, die bei seiner Anlage im Umland entstehen.

Grünfink
Carduelis chloris

Beschreibung: plumper Finkenvogel mit dickem Schnabel, Männchen mit gelbgrüner Brust, Weibchen gräulicher, gelbe Schwanzwurzel und Flügelspiegel, Körperlänge 14 cm
Vorkommen: überall häufig
Lebensraum: naturnahe Teiche und Umland

Grünfink-Männchcen

Lebensweise/Fortpflanzung: Grünfinken gesellen sich zur Schar der Durstigen und Badegäste am Teichufer, sie betreiben an Ort und Stelle ausführliche Gefiederpflege.

Mehlschwalbe
Delichon urbica

Beschreibung: schneller Flieger mit kurz eingeschnittenem Schwanz, Oberseite metallisch blau, Bauch mehlig weiß, kurze Füße
Vorkommen: überall häufig
Lebensraum: naturnahe Teiche mit freien Oberflächen und Umland
Lebensweise/Fortpflanzung: Mehlschwalben nutzen den Gartenteich in vielerlei Weise. Am schlammigen Ufer sammeln sie Baumaterial fürs Nest, sie schöpfen an heißen Tagen Wasser aus dem Flug und öfters schießen sie auf Insektenjagd über die Oberfläche.

Rotkehlchen
Erithacus rubecula

Beschreibung: rote Brust mit grauer Umrahmung, ansonsten schmutzigbraun, Körperlänge 14 cm
Vorkommen: überall häufig
Lebensraum: naturnahe Teiche und Umland, flache Ufer, Trockenmauern
Lebensweise/Fortpflanzung: Rotkehlchen sind ganzjährig häufig zum Trinken und Baden am flachen Ufer, hat es im Umland etwas Wildnis und Buschwerk, dann finden sie hier ihre Nahrung, eine Trockenmauer aus Naturstein mit vielen Nischen wird als Brutplatz gerne angenommen.

Bachstelze
Motacilla alba

Beschreibung: Länge mit dem zumeist wippenden Schwanz 18 cm, schwarz-weiße Färbung, Brust und Kopfplatte reinschwarz
Vorkommen: überall häufig
Lebensraum: naturnahe Teiche mit flachen Ufern und Umland
Lebensweise/Fortpflanzung: Bachstelzen gehören zwischen März und November

Bachstelze mit Jungen

Rotkehlchen

Enten am Gartenteich?

Die Verlockung ist groß. Der neue Teich liegt noch weitgehend leblos in der Sonne. Warum nicht ein putziges Entenpaar hier halten? Das könnte doch ordentlich gründeln und gleichzeitig übermäßige Algen fressen? Es ist wie mit Fischen und Schildkröten: Das Gegenteil von Natur ist der Fall. Ententeiche verkommen auf Grund der ungestümen Wühlarbeit und der Ausscheidungen bald zu Algenkloaken. Kaum ein anderes Lebewesen hat hier noch eine Chance.

Vertreiben Sie auf jeden Fall brutwillige Stockenten, die inzwischen so an den Menschen gewöhnt sind, dass sie Gartenteiche als willkommenen Lebensraum begrüßen.

zu den regelmäßigen Gästen des Gartenteiches, Voraussetzung dafür sind aber möglichst viele flache Ufer und Wege um den Teich, auch niedrig gemähte Rasen und Kräuterrasen werden abgesucht, hier stelzt der Vogel auf der Suche nach Fliegen, Mücken und frisch geschlüpften Libellen schwanzwippend auf und ab

Kohlmeise
Parus major

Beschreibung: mit 14 cm Länge größte aller heimischen Meisen, schwarzer Kopf mit weißgelben Wangen, schwarzes Längsband auf gelber Brust
Vorkommen: überall häufig
Lebensraum: naturnahe Teiche mit flachen Ufern, Bäume und Hecken
Lebensweise/Fortpflanzung: Kohlmeisen sind häufige Badegäste am flachen Ufer, besonders im Hochsommer sieht man sie mehrmals täglich Wasser schöpfen.

Feldsperling
Passer domesticus

Beschreibung: Länge 14 cm, Rücken hellbraun mit schwarzen und weißen Streifen, Braune Kopfplatte und schwarzer Ohrenfleck, Unterseite grau
Vorkommen: überall häufig
Lebensraum: naturnahe Teiche und Umland
Ansprüche: flache Ufer
Lebensweise/Fortpflanzung: Feldsperlinge kommen selten allein, meist fällt ein ganzer Trupp am Ufer zum Baden und Trinken ein.

Feldsperling

Kleiber
Sitta europaea

Beschreibung: Oberseits aschgrau, Bauch weiß oder rosa, spechtartiger langer Schnabel, kurze Füße, Körperlänge 14 cm
Vorkommen: überall häufig
Lebensraum: naturnahe Teiche mit flachen Ufern und Trockenmauern und Bäumen im Umland
Lebensweise/Fortpflanzung: Auch für den Kleiber sind die Flachufer am Teich wichtig, neben der Körperpflege holt er an seichten Stellen den Schlamm, mit dem er die Eingänge seiner Bruthöhle zukleistert.

Türkentaube
Streptopelia decaocto

Beschreibung: kleiner als Haustauben, Körperlänge 32 cm, schlank, hellgrau, langer Schwanz, typisches schwarzes Nackenband,
Vorkommen: überall häufig
Lebensraum: Umland naturnaher Teiche
Lebensweise/Fortpflanzung: Die Türkentaube ist einer der größten Vögel am Teich, sie trinkt und badet ausgiebig.

Zaunkönig
Troglodytes troglodytes

Beschreibung: klein, zimtbraun mit aufrechtem Schwanz, Körperlänge 9 cm
Vorkommen: überall häufig
Lebensraum: naturnahe Teiche, flache Ufer, Trockenmauern im Umland
Lebensweise/Fortpflanzung: Ganzjahresvogel am Teich, er badet und trinkt, durchkämmt Sumpfbeet und Feuchtwiese nach Nahrung und sucht noch im Winter die Spalten der Trockenmauer nach Insekten und Spinnen ab.

Zaunkönig

Säugetiere

Natürlich kann es bei entsprechendem Umland schon mal vorkommen, dass auf einmal ein Reh am Gartenteich trinkt oder Reinecke Fuchs einen Besuch abstattet. Aber diese Ereignisse sind eher Ausnahmen. Die wirklichen Begegnungen mit Säugetieren am Teich sind kleinerer Natur.

Die meisten Säugetiere am Teich sind so groß wie eine Maus oder so schlank wie ein Wiesel. Sie sind häufig nachtaktiv und so sind Chancen gering, sie zu sehen. Nur im Winter können wir die Spuren der heimlichen Bewohner eher verfolgen. Im Neuschnee hinterlassen sie sehr typische Spuren.

Hermelin
Mustela erminea

Beschreibung: größerer Verwandter des Mauswiesels, auch Großes Wiesel genannt, Körperlänge ohne Schwanz 30 cm, buschiger, brauner Schwanz hat schwarzer Spitze, dermit 9 bis 14 cm verhältnismäßig länger ist, als beim Mauswiesel, Kopf und Rücken im Sommer hellbraun, Unterseite weißgrau, zum Winter Weißfärbung des Fells bis auf die schwarze Schwanzspitze, im März erfolgt der Fellwechsel zurück ins braune Sommerkleid
Lebensraum: Siedlungsraum und kleinstrukturierte Kulturlandschaft
Lebensweise/Fortpflanzung: Hermeline jagen wie Mauswiesel fast ständig, also auch tagsüber. Sie stöbern auf der Suche nach Mäusen, vorzugsweise Wühlmäusen, auch am Teichufer entlang, verschwinden in Asthaufen- und Trockenmauern oder unter Steinen. Die Würfe der Weibchen zählen 6 bis 7 Junge, nach 3 bis 4 Monaten sind sie auf sich alleine angewiesen. Oft benutzen sie Holzstapel als Kinderstube und Versteck. Beeindruckend ist die Geschwindigkeit, mit der die Jagd abläuft, große Wiesel sind kaum eine Sekunde an einem Platz, sie bewegen sich mit großen Sprüngen fort.

Hermelin im braunen Sommerpelz

Mauswiesel
Mustela nivalis

Beschreibung: sehr schlanker, wendiger Kleinmarder, Körperlänge ohne Schwanz 20 cm, der dünne braune Schwanz ohne schwarze Spitze ist mit 3 bis 7 cm verhältnismäßig kurz, Kopf und Rücken hellbraun, Unterseite weißgrau.
Lebensraum: Siedlungsraum und kleinstrukturierte Kulturlandschaft
Lebensweise/Fortpflanzung: Mauswiesel kommen gut in naturnahen Gärten zurecht, sie sind so verbreitet, dass bestimmt in jedem Garten mindestens ein Tier regelmäßig vorbeischaut, und das meist ohne Kenntnis der Besitzer. Man kann sie jedoch entweder an den Trittsigeln im Teichschlamm beziehungsweise im Schnee identifizieren oder durch den typischen wurstartigen Kot, den sie als Reviermarkierung oft auf exponierte Orte wie Steine oder Baumstümpfe ablegen. Mauswiesel sind fast ständig unterwegs auf der Suche vor allem von Mäusen, die sie dank ihrer geringen Größe in deren Gängen jagen. Ihre Reviere sind mit 1 bis 15 Hektar ziemlich groß, auf der Suche nach ihrer Hauptbeute, den Wühlmäusen, können sie in einer Nacht 2 km Wegstrecke zurücklegen.
Die Würfe der Weibchen umfassen 4 bis 6 Junge, bei gutem Mäuseangebot und in guten Mäusejahren sind zwei Würfe in einem Jahr möglich. Die Ansiedlung von Mauswieseln kann man im Garten durch Trockenmauern, Ast- und Steinhaufen leicht fördern.

Mauswiesel

Iltis
Mustela putorius

Beschreibung: großer Marder mit hellem Gesicht mit dunkler Maske, grauweiße Unterwolle schimmert durch das braunschwarze Rückenfell, Körperlänge ohne Schwanz 38 cm, Schwanzlänge 13 cm
Lebensraum: naturnahe Flusstäler, Wald und Gebüsche
Lebensweise/Fortpflanzung: Iltisse sind in ihrer Verbreitung stark ans Wasser gebunden, am häufigsten findet man sie in Auwäldern, doch sie bewohnen auch Siedlungen. Er kann also durchaus einmal in der Dämmerung oder nachts am Teichufer auftauchen, um nach Beute wie Fröschen, Mäusen oder Schnecken zu suchen. Iltisse sind sehr scheu und selten, 7 Wochen nach der Paarungszeit im April bringt die Fähe 3 bis 7 Junge zur Welt, die mit etwa 3 Monaten selbstständig werden.

Wasserspitzmaus
Neomys fodiens

Beschreibung: sehr flinke, wendige Spitzmausart mit typischer spitzer Schnauze, oberseits grau, unten hellgrau, Körperlänge ohne Schwanz 10 cm, Schwanzlänge 5 bis 7 cm
Lebensraum: Siedlungsraum und Kulturlandschaft, klare Teiche
Lebensweise/Fortpflanzung: Wasserspitzmäuse sind 24 Stunden aktiv, immer auf Jagd. Sie tauchen und schwimmen hervorragend und erbeuten im Teich Schnecken, Frösche, Fische und Wasserinsekten, die oft größer als sie selbst sind. Spezielle Hinterfüße mit extra Schwimmborsten ermöglichen die schnelle Fortbewegung unter Wasser, dank ihre schrillen Stimme kann man sie öfters am Teich hören als sehen. Sie haben 2 bis 3 Würfe zwischen April und September mit 4 bis 8 Jungen.

Bisamratten am Gartenteich?

Wer in einem Flusstal oder nahe von Seen wohnt, bekommt schon manchmal unangemeldet Besuch, Bisamratten betrachten den Teich zuweilen als natürliche und willkommene Erweiterung ihres Territoriums. Sie haben einen Riesenappetit auf Wasserpflanzen aller Art, besonders auf die fleischigen, nahrhaften Wurzeln. In einer Nacht kann ein hungriges Tier den kompletten Aufwuchs eines Teiches vernichten. Nicht minder unpassend für Gartenteiche ist die Eigenart, am Ufer Wohnhöhlen zu graben, die Tiere beißen sich dabei durch Folie wie durch Vlies oder Lehmpackungen. Einmal angesiedelt, sind sie gar nicht so leicht zu vertreiben. Am besten hilft das Zerstören der Bauten, notfalls sogar das Ausgraben des Baues beziehungsweise der Tiere.
Weitergehende Maßnahmen wie Fallenstellen oder gar der Abschuss muss durch einen Jäger erfolgen, denn Bisamratten gehören zu den jagdbaren Tieren.

Iltis

Kleinsäuger im Garten und am Gartenteich

Schermaus ***(Avicola terrestris)***
Igel ***(Erinaceus europaeus)***
Steinmarder ***(Martes foina)***
Zwergmaus ***(Micromys minutus)***
Erdmaus ***(Microtus agrestis)***
Wasserfledermaus ***(Myotis daubentoni)***
Zwergfledermaus ***(Pipistrellus pipistrellus)***

Arbeits-kalender

Die im Jahresverlauf anfallenden Arbeiten und Pflegemaßnahmen sind, wenn man sie rechtzeitig, zum richtigen Zeitpunkt und regelmäßig ausführt, schnell erledigt. So bleibt genug Zeit, um das zu tun, wozu der Teich eigentlich dient: zum Entspannen, Beobachten und Genießen.

Arbeitskalender

Trockene Pflanzenteile werden entfernt und die Ufer saniert.

Der Wassergarten macht bei richtiger Anlage und regelmäßiger Pflege kaum Probleme. Dabei unterstützen die richtigen, sachgemäß ausgeführten Pflegemaßnahmen die Abläufe im Gartenteich, wie sie auch in einem natürlichen Gewässer fortwährend stattfinden. Pflegemaßnahmen sollten aber nie in einem Großreinemachen enden.

Gezielte und regelmäßige Wartung lässt sich meist ohne große Kraftanstrengung bewerkstelligen. Außerdem macht es Spaß, die natürlichen Abläufe oder das Funktionieren von Technik hautnah zu „begreifen“. Zudem gibt es jede Menge Hilfsmittel die die Maßnahmen nicht zur Mühe werden lassen. Bei neu eingerichteten Teichen sollte man sich ohnehin die ersten sechs Monate lang nur darauf beschränken, Eingewehtes oder Aufschwimmendes zu entfernen. Den Rest erledigt die Natur ganz ohne Zutun, sodass sich im Teich ein natürliches Gleichgewicht einstellen kann.

Januar

- Wenn der Teich zugefroren ist und Schnee darauf liegt, sollte man ihn regelmäßig in dem Bereich abfegen, wo Grünpflanzen unter dem Eis wachsen.
- Der Oxydator wird überprüft. Wenn der Behälter aufschwimmt, Wasserstoffperoxyd (H_2O_2) auffüllen und den Behälter wieder an der tiefsten Stelle des Teiches absenken.
- Eine Stelle des Teiches als Vogeltränke offen halten. Sie sollte katzensicher sein!

Eine offene Stelle im Teich ist ein Segen für Tiere, besonders für Vögel.

Februar

- Wasserwerte überprüfen (Seite 104). Es muss vor allem noch genügend Karbonathärte (Säurebindungskapazität) im Wasser sein. Durch starken Regen oder Schnee „süßt“ das Wasser aus. Zersetzungsprozesse im Wasser (Falllaub) unter dem Eis haben Humin- und Gerbsäure (auch Fulvosäuren) und Kohlendioxid freigesetzt, die den pH-Wert bis hin zu lebensfeindlichen Werten senken können, wenn zu wenig Karbonathärte als Puffer vorhanden ist. Bei Mangel KH-Stabilisator aus dem Fachhandel zugeben.
- Wasserstand auf die normale Höhe auffüllen. Wenn nötig und möglich, muss man Frischwasser langsam zulaufen lassen, damit kein Bodenschlamm aufgewirbelt wird.
- Sollten Tiere einen strengen Winter nicht überlebt haben, muss man sie sofort aus dem Teich entfernen und im Garten begraben.
- Treibende Eisschollen mit eingefrorenem Inhalt werden ebenfalls herausgefischt.
- Die Uferrings um den Teich, auch an unzugänglichen Stellen, nach Leckstellen absuchen.

- Bereits während der Schneeschmelze die Wasserqualität überprüfen und optimieren (Seite 104).
- Schäumt das Wasser bei Wasserbewegung, liegt ein Eiweißüberschuss vor, der sich mit einem Teilwasserwechsel (etwa ein Drittel austauschen) beheben lässt.
- Bei kritischen Wasserwerten kann als Sofortmaßnahme ein Wasseraustausch von 20 bis 25 % helfen. Die gleichzeitige Zugabe geeigneter Aufbereitungsmittel aus dem Fachhandel kann schnell zum Erfolg führen.
- Bachlauf und Wasserfall werden nach dem Tauwetter mit einem starken Wasserstrahl gesäubert.

März

- Bei der natürlichen, jedes Frühjahr wiederkehrenden Umschichtung des Wassers sinkt das wärmere Oberflächenwasser ab und das kältere Wasser steigt aus der Tiefe nach oben. Dies kann zu starken Wasserveränderungen (Eintrübungen) führen, die sich kaum beeinflussen lassen, nach einigen Tagen aber von selbst wieder verschwinden.
- Zu- und Ausgang für Amphibien sicherstellen.
- Erwärmen sich flache Uferbereiche durch intensive Sonneneinstrahlung (Kunststoffabdichtungen heizen sich schnell auf), kann es passieren, dass sich die Fische dort sonnen und als wechselwarme Tiere buchstäblich einfrieren und sterben, wenn die Nacht starken Spätfrost bringt. Als Reaktion sofort einen oder mehrere zusätzliche Eisfreihalter einbringen!
- Pumpen und Filter reinigen, überholen und wieder in Betrieb nehmen.
- Bachlauf und Wasserspiel wieder installieren und in Betrieb nehmen.
- Vom Herbst stehen gebliebene trockene Pflanzenteile abschneiden, wenn die Pflanze wieder ausgetrieben hat. Das Abgeschnittene am besten vor dem Kompostieren für 2 bis 3 Wochen in Teichnähe ablagern. So können Insekten, die darin überwintert haben, entkommen.
- Übermäßiger Polleneintrag kann zu Algenteppichen führen. Solche Placken sofort mit einem Teichkescher (Planktonnetz) abfischen.
- Sind die wichtigsten Sanierungsarbeiten mit der nötigen Sorgfalt abgeschlossen, kommt die Teichumgebung dran. Wichtig ist, dass die Tiere, die sich im Teich vermehren, nicht gestört werden und das biologische Gleichgewicht des Gewässers gesichert und erhalten bleibt.

April

- Ein möglicher Pflanzenüberschuss wird jetzt ausgelichtet.
- Dürre Rohrkolben und Schilf sowie andere Stängel aus dem Vorjahr dicht über dem Austrieb abschneiden und entsorgen.
- Anfang April die Seerosenkörbe höher stellen.

Fadenalgen regelmäßig entfernen

- Seerosen jetzt mit Düngekugeln düngen, um Blütenflor zu sichern.
- Aufschwimmendes und Algen abfischen und auf einem Stück Folie oder ähnlichem in unmittelbarer Teichnähe für 3 bis 4 Tage ablagern, damit Kleinlebewesen wieder ins Wasser flüchten können.
- Wege zum und um den Teich herum überprüfen, ob im Winter nichts gelitten hat.
- Empfindliche Fische erst dann aus dem Winterquartier holen, wenn die Wassertemperatur wieder über 15 °C gestiegen ist.

Mai

- Pflanzen wenn nötig umgruppieren und neue Pflanzen einbringen.
- Ab 10 bis 15 °C Wassertemperatur im Teich überwinterte Fische wieder füttern; aber nur, wenn das Futter auch aufgenommen wird.
- Die Fische beobachten und dabei auf ihren Gesundheitszustand und eventuellen Parasitenbefall achten. (Nach dem Winter sind sie besonders anfällig.)
- Ende Mai die Seerosen wieder auf die normale Tiefe bringen.
- Erst jetzt neue Fische zukaufen.

Juni

- Bei Hitzewellen und bei mehr als 25 °C Wassertemperatur den Sauerstoffgehalt überwachen. Wenn nötig, langsam kühles Wasser zulaufen lassen.
- Verdunstetes Wasser sofort wieder auffüllen. Am besten Schwimmschalter einsetzten. Wasser über ein Sieb oder eine Gießkannenbrause zulaufen lassen.
- Algen, Wasserlinsen, Blüten und Blätter regelmäßig abfischen.
- Bei großer Trockenheit sollten die Ufer und die unmittelbare Teichumgebung regelmäßig gewässert werden.
- Bei „grünem“ Wasser (Wasserblüte durch *Volvox*-Algen) einen UV-Klärer einsetzten.
- Bei großer Hitze mit Pflanzen oder Matten schattieren.

Juli

- Algen regelmäßig entfernen. Schleimige Placken mit einem feinem Netz, Fadenalgen wie Spaghetti auf Besen (oder Klobürste) wickeln, Rechen können die Teichfolie verletzen! Algen auf dem Kompost entsorgen.
- Filter und Filtermaterialien säubern.
- Sauerstoffwert des Teichwassers während Hitzeperioden überwachen (und nötigenfalls kaltes Wasser zulaufen zu lassen).
- Keimlinge von Weiden, Birken, Ahorn und anderen unerwünschten Gewächsen (auch Weidenröschen können sich schnell vermehren) kann man nun gut erkennen und restlos entfernen, genauso wie Löwenzahn, Quecke und diverse Wildkräuter am falschen Standort. Sie fühlen sich in Teichnähe wohl und müssen regelmäßig entfernt werden.

August

- Wenn sich zu viel Schlamm am Teichgrund angesammelt hat, mit einem Schlammsauger abpumpen (als Dünger unter Rhododendren geben); dabei reinigt man nicht alles auf einmal, sondern immer nur ein Stück, bis in den September hinein.
- Verlandungen im Uferbereich vorbeugen.

Tipp

Wem es Spaß macht, der kann ein Teichtagebuch führen, in dem von Anfang an Ereignisse und Beobachtungen festgehalten werden – durch aufschreiben, Skizzen, Fotos. Besonders interessant ist das Festhalten des Kommens und Gehens, des Gedeihens und Werdens im selbst geschaffenen Wassergarten. Kosten Sie das beglückende Gefühl aus, der Natur wieder ein Stück näher gekommen zu sein.

- Eingewehtes und abgestorbene Seerosenblätter und -blüten stets abfischen.

September

- Samen im Teichbereich ernten.
- Zu dicht Wucherndes auslichten.
- Wie im Vormonat regelmäßig Verblühtes entfernen. Abgestorbene Blätter im und am Teich abschneiden und entfernen (vor allem die der Seerosen).
- Zu üppig gewachsene Pflanzen umgruppieren oder entfernen.
- Stellen Sie fest, dass der Teich stark verschlammt ist (die Schlammschicht auf dem Teichgrund über 15 cm stark ist), so sollte die Saugpumpe nochmals in Aktion treten. Bitte vorsichtig zu Werke gehen, damit überwinternde Tiere nicht zu Schaden kommen (grobes Netz vor das Saugrohr spannen). Dabei das abgesaugte Material vor der Entsorgung für 2 bis 3 Tage in Teichnähe lagern.
- Jetzt werden auch die für die Überwinterung vorgesehenen Tonröhren oder Dachreiter auf den Grund des Gewässers abgesenkt.
- Noch bevor sich das Leben zur Winterruhe begibt, sollte auch die Tiefenzone entkrautet werden. Das Zuviel kommt auf den Kompost, nachdem es für 1 bis 2 Tage am Teichrand gelagert war.
- Empfindliche Seerosen (gelb blühende, kupferfarbige und Zwergseerosen) bis April tiefer als 50 cm stellen.

Das Netz schützt den Teich vor Laubeintrag.

Oktober

- Alle Wasserleitungen und Schläuche vor den ersten Frösten leer laufen lassen.
- Anfang Oktober Fische aus dem Miniteich ins Winterquartier (Aquarium) nach Innen bringen. Dies gilt auch für exotische Schwimmpflanzen. Drinnen kommen sie in flache Schalen aufs sonnige Fensterbrett.
- Bei Wassertemperaturen unter 15°C besonders aus flachen Teichen (unter 50 cm Wassertiefe) Fische und Seerosen in frostfreies Winterquartier bringen (Aquarium).
- Wasserqualität überprüfen. Wenn nötig, vorsichtshalber einen pH-Stabilisator zugeben.
- Laubschutznetz anbringen oder täglich alles eingewehte Laub abfischen.
- Abgestorbenes entfernen. Dabei werden Röhricht wie Schilfhalme und Rohrkolben sowie andere Pflanzenstängel, die kräftig oder innen hohl sind, stehen gelassen. Sie sehen bei Raureif bezaubernd aus und halten an der Wasseroberfläche den Teich etwas offen.
- Nicht winterharte, vor allem exotische Pflanzen frostfrei überwintern.
- Überzählige Fische herausfangen.
- Je nach Witterung im Oktober bis November Bachlauf und Wasserhahn abstellen; vorher leer laufen lassen.

In der stillen Zeit lassen wir den Teich ruhen.

- Pumpe und Filter sowie Filtermaterial gründlich reinigen.
- Den Auslauf eines Durchlüfters (hält eine kleine Stelle eisfrei) oder die Filterpumpe nie auf den Teichgrund stellen, sondern 20 bis 30 cm erhöht auf Lochziegel stellen, um eine Verwirbelung des Wasser in der Tiefe, das im Winter 4 °C aufweist, zu verhindern.
- Teichpumpen und Filter über den Winter weiterlaufen lassen, wenn gewährleistet ist, dass die Tiefwasserzone nicht verwirbelt wird. Die Aggregate sollten nicht einfrieren können.

November

- Nochmals die Wasserqualität überprüfen.
- Zustand der Ufer und des Dichtmaterials kontrollieren.
- Wasserabfluss durch abgestorbene Pflanzen (Kapillarwirkung) verhindern.
- Eisfreihalter und Oxydator einbringen.
- Überwintern Fische im Teich, darf das Wasser nicht total zufrieren. Ein Teilbereich kann mit einer Styroporhaube versehen werden (keine Strohballen verwenden, weil die Biomasse fault und eventuell enthaltene wasserlösliche Giftstoffe aus der Landwirtschaft freigibt).
- Nicht vergessen die Regenwasserbehälter zu leeren, weil sie sonst einfrieren und platzen können.
- Einen flachen Teich oder ein im Hochbau errichtetes Filter- oder Klärbecken kann man bei starkem Dauerfrost mit einem Lattenverschlag abdecken, der mit einer möglichst dicken Noppenfolie bespannt wurde.
- Für Vögel ist Wasser noch wichtiger als eine Winterfütterung. Während der Frostperiode daher regelmäßig für Trinkwasser sorgen.
- Reicht das Eis fast bis zum Teichgrund oder zeigen sich Blasen unter dem Eis, muss man für einen besseren Gasaustausch sorgen: Mit heißem Wasser oder einem auf eine Stelle gerichteten scharfen Wasserstrahl wird das Eis aufgetaut. Schöpft man dann einige Eimer Wasser aus dem Teich, entsteht unter dem Eis eine Luftblase, die für einige Tage den Gasaustausch sichert.
- Elektrische Stabheizer (Teichheizung) sind ebenfalls geeignet (unbedingt so installieren, wie in der Gebrauchsanweisung angegeben). Bei der Koipflege sind sie in unseren Breiten auf jeden Fall zu empfehlen.

Dezember

- Nun ist die stille Zeit für uns und all die Lebewesen im und am Teich gekommen. Keine Angst: Der Stoffwechsel der Tiere ist auf Winterruhe eingestellt, und wenn der Teich tief genug ist (über 80 cm), wird er auch nicht bis zum Grund durchfrieren.
- Über grünen Unterwasserpflanzen den Schnee vom Eis abfegen – dabei nicht lärmen.
- Teich nie aufhacken oder gar als Rutschbahn verwenden. Die Fische könnten Schaden nehmen.
- Gärtnerische Tätigkeiten bleiben auf einige Kontrollgänge beschränkt und man erfreut sich am reizvollen Bild, das ein Teich auch im Winter bietet. Oder man versucht, die rätselhaften Spuren verschiedener Besucher im frischen Schnee zu lesen beziehungsweise sie zu enträtseln.

Beredte Spuren zeugen vom Leben am Teich.

Schnelle Hilfe bei Problemen

Es kann immer wieder vorkommen, dass im Wassergarten Probleme auftreten. Der Wasserspiegel sinkt, Algen blühen oder das Wasser wird trüb, alles Probleme, die man bekämpfen kann. Dieser Problemlöser gibt Ihnen schnelle Hilfe bei allen Problemen rund um den Gartenteich.

Probleme mit dem Wasserstand

Problem: der Wasserspiegel sinkt
Ursache: Leck am Betonteich durch Gewalteinwirkung oder mangelhafte Verarbeitung
Maßnahme: Ist die Schadstelle ermittelt, muss man sie gründlich säubern. Am besten von innen und außen. Dann mischt man wasserfesten Zement und Sand im Verhältnis 1:2 und gibt mit dem Wasser noch Dichtmittel in den Mörtel. Diese Masse wird in den angefeuchteten Riss gestrichen. Nach dem Trocknen die reparierte Stelle am besten mit einem Schutzanstrich (Kunstharz) versehen. Wiederholen sich nach jedem Winter die Schäden oder verliert der Teich größere Wassermengen, kann man ihn mit einer Folie auskleiden (0,5 mm Stärke reichen aus).
Ursache: Leck am Folienteich durch Beschädigung (mit Forke, Rechen) oder mangelhafte Verklebung
Maßnahme: Die Schadstelle wird, wenn möglich, von beiden Seiten gesäubert, etwas mit Schmirgelpapier aufgeraut und mit Folienflicken (übrig gebliebene Ränder oder solche aus dem Reparaturset), die gut mit Kleber (Kaltschweißmittel) eingestrichen wurden, geflickt. Anschließend müssen die Flicken gut angepresst werden (mit flachen Steinen oder kleinen Sandsäcken). Zum Schluss, wenn alles trocken ist, werden die Ränder mit Kaltschweißmittel oder Silikon versiegelt. Diese Arbeiten sollten am besten bei trockenem und warmem Wetter (über 15 °C) und mit Schutzhandschuhen und Brille durchgeführt werden.

Ursache: heiße Sommertage und starker trockener Wind lassen viel Wasser verdunsten
Maßnahme: Besonders bei Schönwetterperioden ans Nachfüllen denken. Eine Wasserzufuhr aus der Leitung kann aber das ökologische Gleichgewicht empfindlich stören. So wäre es zum Beispiel möglich, dass die Seerosenblüte jäh gestoppt wird. Vorsichtshalber lassen Sie Wasser aus dem Schlauch ganz behutsam mit dünnem Strahl nachlaufen. Ein Schock für das Teichleben unterbleibt, wenn das Nachfüllen in mehreren Etappen (alle 3 bis 5 Stunden ca. 20 % der Fehlmenge) geschieht. Damit der Bodengrund nicht aufgewirbelt wird, kommt der Schlauchauslauf in eine am Teichrand so weit abgesenkte Gießkanne, dass das Wasser über die Tülle langsam zulaufen kann.

Probleme mit dem Wasser

Problem: das Wasser ist nahezu undurchsichtig und grün gefärbt („Wasserblüte")
Ursache: Überdüngung. Dadurch kommt es oft zum Auftreten der grünen Schwebe- oder Kugelalge (Volvox). (Im Mikroskop erkennbar: kugelrund, grün, mit Geißeln, 0,5 bis 2 mm).
Maßnahme: Überdüngung vermeiden! Silberkarpfen (*Hypophthalmichthys molitrix*) fressen dieses Plankton. Mit einem leistungsstarken Filter oder mit starker Wasserbewegung bringt man sie ebenfalls zum Verschwinden. Der Einsatz von Spezialschwarztorf hat sich ebenfalls gut bewährt. Weniger empfehlenswert ist es (obwohl man dies häufig lesen kann), eine Wasserblüte mit Wasserflöhen zu bekämpfen, weil bei schlechten Wasserbedingungen die Wasserflöhe sehr schnell absterben können und dabei das Wasser zusätzlich belasten.

Problem: das Wasser ist milchig grau – oft sind Zusammenballungen wie graue Wolken zu beobachten. Die Fische können in ihrer Atmung behindert sein und an der Wasseroberfläche nach Luft schnappen.
Ursache: Infusorien – das sind mikroskopisch kleine Lebewesen, auch Aufgusstierchen genannt (zum Beispiel Wimpern- und Pantoffeltierchen). Zuviel organische Substanz im Wasser.
Maßnahme: für kräftige Wasserbewegung (durch Filter) sorgen. Durch Nährstoffentzug (weniger füttern und totes Material entfernen) und unter gleichzeitigem Absenken des pH-Wertes (auf 6,8 bis 7,5) verschwindet diese Ansammlung (Massenvermehrung) wieder. Auf keinen Fall das Wasser auswechseln. Dies würde eine noch größere Vermehrung dieser Lebewesen zur Folge haben.

Problem: Das Wasser im Zierfischteich ist graugrün und trübe. Man kann die Fische kaum erkennen – auch wenn sie im oberen Bereich des Teiches schwimmen. Die Sicht beträgt kaum 10 cm.
Ursache: Mulm, Bodengrund und -schlamm, der durch das „Gründeln" der Fische immer wieder aufgewirbelt wird.
Maßnahme: Starken Filter einsetzen. Wenn diese Maßnahme nichts hilft, muss man notfalls den Bodengrund austauschen.

Problem: Die Wassertemperatur steigt über 30° C

Ursache: dauerhaft heißes Wetter.

Maßnahme: Als Sofortmaßnahme muss ein Teilwasserwechsel für Linderung sorgen. Oder es muss im Notfall sogar die gesamte Wassermenge ausgewechselt werden. Wenn Wasser erneuert oder ausgetauscht wird, muss jeglicher Schock für Fische und Pflanzen vermieden werden. Dazu gleicht man die Wassertemperatur etwas an (langsam zulaufen lassen und nicht mehr als 30% der Gesamtmenge auf einmal wechseln) und bereitet es mit einem Wasseraufbereitungsmittel aus dem Fachhandel auf. Um einen chemischen Schock zu vermeiden, mischen wir das Teichwasser mit dem Frischwasser. (Regenwasser muss man ebenfalls aufbereiten.

Problem: Das Wasser riecht muffig oder faulig. Die Wasseroberfläche ist mit Mückenlarven bedeckt. Aus dem Bodengrund steigen beim Stochern Blasen auf. Es riecht nach faulen Eiern, Steine sind an der Unterseite blauschwarz

Ursache: Verdorbenes Wasser. Der Grund kann vielschichtig sein. Es könnte sich zu viel Mulm und totes Material am Teichgrund angesammelt haben.

Maßnahme: Man muss das Wasser testen (NO_3, PO_4, pH-Wert, O_2), vor allem aber den Bodengrund eingehend untersuchen. Die umgehend zu treffenden Maßnahmen richten sich nach der gefunden Ursache. Teich säubern und Teilwasserwechsel mit aufbereitetem Wasser vornehmen

Problem: Wasserbelastungen oder unerklärliches Fischsterben

Ursache: Einschwemmungen von Schwermetallen, Chlor, Insekten- oder Pflanzengiften, Unkrautvernichtungsmitteln; auch einige Pflanzendünger (Rasendünger) reagieren im Teich giftig. Auch aus der Nachbarschaft werden diese Stoffe durch Wind und abfließendes Wasser herübergetragen.

Maßnahme: Wie sehr die Natur unter dem Einsatz von Pestiziden leidet, wird erst klar, wenn man von den riesigen Mengen der genannten giftigen Chemikalien Kenntnis erhält, die von Gartenbaubetrieben und Heimgärtnern (oft unnötig) verbraucht werden, und die Folgen sieht – eine an Lebensgemeinschaften arme Gartenlandschaft. Jeder umweltbewusste Teichbesitzer und Heimgärtner sollte auf den Einsatz jeglicher Pestizide verzichten und, wenn möglich, auch auf seine Nachbarn einwirken, es ihm nachzutun. Es ist den wenigsten Menschen bewusst, dass, je mehr „Gift" ausgebracht wird, sich die Schädlinge um so schneller und zahlreicher wieder vermehren, weil ihre Fressfeinde abgetötet oder vertrieben werden. Fürwahr ein Teufelskreis, den es zu durchbrechen gilt!

Probleme mit Pflanzen

Problem: Seerosenblätter, Froschbiss und die Schwimmblätter der Seekanne und Wasserähren zeigen halbkreisförmige Ausschälungen bis zur Größe eines halben Eurostücks. Einige Blätter wirken wie perforiert.

Ursache: Der Seerosenzünsler (*Nausinoe nymphaeata*) – ein weißer, zart bräunlich bestäubter kleiner Falter, der tagsüber zwischen Pflanzen verborgen ist und erst in der Dämmerung seine Eier in den Pflanzenblättern ablegt. Die fressenden Raupen trennen halbkreisförmige Blattstücke aus der Pflanze heraus. Je zwei fügen sie zu einem schiffchenförmigen Kokon zusammen, um sich darin zu verpuppen. Bis zum Schlupf (nach 14 bis 20 Tagen) kleben diese Gebilde unter Wasser am Pflanzenstiel.

Maßnahme: Als natürliche Feinde der Raupe gelten folgende Fische: Orfen, Plötze und die Rotfeder, aber auch räuberische Wasserinsekten (Gelbrandkäfer/Larven). Man kann die „Schiffchen" auch absammeln, soweit man an die Pflanzen herankommt. Die Falter sind eine willkommene Beute für Frösche und Vögel.

Problem: Die Schwimmblätter von Seerosen, Seekanne oder Wasserähren zeigen Löcher und längliche, auch gebogene Fraßspuren (Minierfraß).

Ursache: Die braunschwarzen Larven des Seerosenblattkäfers (*Alerncella nymphaeae*) zerstören durch Fraß von unten her das Blatt, bis nur noch die Adern übrig bleiben. Der etwa 6 bis 8 mm große Käfer schädigt die Blätter ebenfalls.

Maßnahme: Dieses Schadinsekt wird häufig mit neu gekauften Pflanzen eingeschleppt, die vor dem Einsetzen nicht gesäubert wurden. Die Käfer werden von Fischen und Vögeln gefressen, die Larven von Fischen und von Wasserinsekten. Grundsätzlich sollte auf jegliche chemische Schädlingsvernichtungsmittel verzichtet werden, wenn sich Fische im Teich befinden. Die Erfahrung hat gezeigt, dass selbst Produkte, die pflanzliche Wirkstoffe wie Pyrethrum oder Rotenoide enthalten, giftig auf Fische wirken.

Problem: Kleine Löcher und Fraßstellen an Unterwasserpflanzen und Seerosenblättern.

Ursache: Schneckenfraß

Maßnahme: Wenn die Schnecken überhand nehmen, muss man sie absammeln. Bei der genannten Art ist dies keine Schwierigkeit, denn sie atmet atmosphärische Luft und muss deshalb regelmäßig zur Wasseroberfläche kommen.

Problem: Die Überwasserblätter der Seerosen oder anderer Teichpflanzen sind mit schwarzen Blattläusen übersät. Die befallenen Pflanzen kümmern und sehen welk aus.

Ursache: Blattläuse (*Rhopalosiphum nymphaeae*), auch schwarze Seerosenblattlaus genannt. Diese Blattläuse sind übrigens weltweit verbreitet.

Maßnahme: Stark befallene Überwasserblätter (die über den Wasserspiegel hinausragen) vorsichtig abschneiden und entfernen. Für andere Pflanzen kann das Absprühen mit dem Gartenschlauch vorübergehend Linderung verschaffen.

Die abgespülten Blattläuse gehen aber nicht unter, sondern driften nur ab – meist nur bis zur nächsten Pflanze. Hier muss man wirklich auf die natürlichen Feinde der Blattlaus hoffen. Dazu gehören Vögel, Flor- und Schwebefliegen sowie Marienkäfer, soweit diese an die Pflanzen herankommen.

Problem: Die Pflanzen wollen in der Vegetationszeit nicht wachsen. Sie kümmern, bleiben kurz und mager, die Blätter bleiben klein und glasig.
Ursache: Ungeeignetes Wasser. Wasserschock durch Zuleitung von „eiskaltem" Leitungswasser. Auch ein falscher Standort (zu niedriger Wasserstand, zu trocken, zu feucht, zu hell oder zu dunkel).
Maßnahme: Alle Möglichkeiten nach den genannten Ursachen überprüfen und sofort reagieren.

Problem: Die Pflanzen haben in der Vegetationsphase gelbe, oft glasig wirkende Blätter.
Ursache: Ungünstige Wasserverhältnisse, zu hohe Nitrat- und Phosphatwerte oder Eisenmangel- beziehungsweise Spurenelementmangel. Wurzeltrockenheit.
Maßnahme: Wasser überprüfen, vor allem Eisentest durchführen. Das Wasser stabilisieren (KH senken oder anheben, pH-Werte zwischen 6,8 und 7,5 einstellen oder, wenn nötig, einen Teilwasserwechsel vornehmen), gegebenenfalls nachdüngen.

Problem: Der Pflanzenwuchs kommt auffällig zum Stehen, es kommt zu Missbildungen (verkrüppelte Blätter) und zum Abfaulen von Blüten oder Knospen (häufig bei Seerosen). Blätter vergilben und sterben ab.
Ursache: Lang anhaltende Schlechtwetterperioden (viel Nässe und kalter Wind) , Kälte und Regeneinbrüche nach Schönwetterperioden.
Maßnahme: Abgestorbene Pflanzen und Pflanzenteile entfernen, damit das Wasser nicht zu sehr belastet wird. Diese Schadbilder verschwinden wieder, wenn sich das Wetter bessert.

Problem: Die Seerosenblätter bleiben klein oder zeigen gelbe Stellen und die Pflanze blüht nicht.
Ursache: Knollenfäule (Pilzerkrankung) oder Wasserschock (zum Beispiel zu kaltes Leitungswasser). Faulender Bodengrund.
Maßnahme: Die Knolle überprüfen, ob sie hart und sauber ist beziehungsweise nicht faulig riecht. Wenn nötig, die Faulstelle ausschneiden, mit Holzkohle (Aquarienfilterkohle) bestäuben, antrocknen lassen und wieder in neues Substrat einsetzen, so dass das Rhizom im oberen Drittel unbedeckt bleibt. Wasserschock vermeiden!

Problem: Die Seerosenblätter werden nach einigen Jahren immer kleiner, die Blühwilligkeit ist eingeschränkt, und die Blätter werden auch im Hochsommer gelb.
Ursache: Die Seerose steht zu mager, der Bodengrund im Pflanzkorb ist verdorben oder zu mager.
Maßnahme: Die Pflanze herausnehmen, säubern, wenn nötig zurückschneiden und wieder in neues Substrat mit Düngekugeln setzen.

Problem: Im Frühjahr, wenn alle anderen Pflanzen austreiben, bleiben eine oder mehrere Arten aus.
Ursache: Die Pflanze war nicht winterhart (Exoten) oder es handelt sich um eine einjährige Pflanze, die sich nicht aussäen konnte.
Maßnahme: Auf Exoten verzichten oder im frostfreien Raum überwintern. Einjährige erst im nächsten Frühjahr zurückschneiden, damit sie sich im Spätsommer oder Herbst aussäen können. (Oft werden samentragende Pflanzen einfach abgeschnitten.)

Problem: Im Herbst – oft schon Mitte Oktober – fangen viele Pflanzen an, gelb zu werden, andere stagnieren im Wuchs oder kümmern beziehungsweise ziehen ein.
Ursache: Umstellung und Vorbereitung der Pflanzen auf die Winterruhe.
Maßnahme: Siehe Seite 234 über die Vorbereitung des Teiches auf den Winter!

Problem: Verkrüppelte und faulende Blätter mit meist grauem Belag am Teichufer und in der Anschlusszone.
Ursache: Pilze und Mehltau treten häufig an geschwächten Pflanzen auf oder solchen, die am falschen Platz stehen auf.
Maßnahme: Pflanzen an den ihnen zusagenden Platz setzen (siehe Pflanzenporträts ab Seite 132).

Probleme mit Fischen

Problem: Die Fische fressen nicht.
Ursache: Die Wassertemperatur liegt unter 10 °C oder über 28 °C. Verdorbenes Futter (feucht geworden, schimmelig oder zu alt, vom vorigen Jahr). Sauerstoffmangel.
Maßnahme: Bei unter 10 °C Wassertemperatur im Herbst Fütterung einstellen. Bei zu hohen Temperaturen abschattieren oder kühles Wasser zulaufen lassen. Bei Sauerstoffmangel belüften oder Oxydator einsetzen. Immer frisches, hochwertiges Teichfischfutter verwenden.

Problem: Im Frühjahr nach der Schneeschmelze verenden Fische und es steigen bei genauerem Hinsehen Blasen aus dem Bodengrund auf.
Ursache: Sauerstoffmangel und Vergiftung durch Faulgase.
Maßnahme: Teilwasserwechsel, gut filtern beziehungsweise belüften und, so gut es geht, den Bodengrund entfernen.

Problem: Die meisten Fische schwimmen an der Wasseroberfläche und „japsen" nach Luft. Dabei kann der Kopf sogar aus dem Wasser ragen.
Ursache: Akuter Sauerstoffmangel oder ungünstige pH-Werte.
Maßnahme: Ursache ermitteln – Wasser testen und sofort reagieren. Ein Teilwasserwechsel kann schon eine Verbesserung bringen. Bei Sauerstoffmangel auch die Wassertemperatur überprüfen und ggf. einen Oxydator einsetzen.

Probleme mit anderen Tieren

Problem: Tiere – besonders Frösche, Kröten, Molche – wandern wieder ab.
Ursache: Zuviele Störungen, zuwenig Versteckplätze, zuviel oder zuwenig Schatten, keine Überwinterungsmöglichkeiten , tierfeindliche Anschlussbepflanzung (kahle Flächen), zuwenig Nahrung (zuviel Fische, Massenbefall von Gelbrandkäferlarven), zu saures oder alkalisches Wasser.
Maßnahme: Ursache genau ermitteln. Einen tiergerechten Lebensraum schaffen. Wasser überprüfen und richtig rea-

gieren (Seite 104), Zusatznahrung bieten (aus dem Zoofachgeschäft).

Problem: Die Ufer- und Wasserpflanzen sind beschädigt.
Ursache: Besonders bei großen Teichen kann Wassergeflügel (Wildenten, Blässhühner u.a.) zufliegen, das die Pflanzen beachtlich schädigen kann. An Teichen mit gutem Zierfischbesatz können sich auch Fischreiher einstellen.
Maßnahme: Sämtliche einheimische Vögel sind streng geschützt, sie dürfen weder eingefangen noch vom Teichbesitzer bejagt werden. Will man sie von seinem Teich fernhalten, nützen aufgespannte Netze oder einige bunte Folienstreifen, die auf einen Stock im Wind flattern. Ist der Teich groß genug, kann ein Enten- oder Blässhuhnpärchen durchaus eine Bereicherung darstellen.
Man kann einen Teich natürlich auch für Wassergeflügel anlegen. Er sollte aber mindestens 100 m² oder mehr an Fläche haben. Es versteht sich von selbst, dass sich die Bepflanzung dann auf robuste Pflanzenarten beschränken muss (Schilf, Rohrkolben, Binsen, Kalmus, große Seerosen usw.).

Probleme mit Algen

Es ist eine Illusion zu glauben, dass es das absolut algenfreie Gewässer gibt. Dies ist gar nicht möglich, denn so gut kann das biologische Gleichgewicht nicht sein, dass sich „Produzenten“ und „Reduzenten“ absolut die Waage halten. Denken wir nur an den immerwährenden Eintrag organischer Substanzen (Rasen- und Blattdünger etc.) aus der Luft durch den Wind, den Regen oder absterbende Pflanzen. Auch Fischfutter und Fischausscheidungen sind wasserbelastend. Ganz abgesehen von oft abenteuerlich anmutenden Pflanzsubstraten und Düngern.
Patentrezepte zur absoluten Vermeidung oder 100%igen Bekämpfung können nicht angeboten werden – Algen sind von ihrem Bauplan und der Möglichkeit zu assimilieren eben auch den Pflanzen zuzurechnen (wenn auch nicht so hoch entwickelt). So sind nur Maßnahmen möglich, um die Algen nicht zum ernsthaften Problem werden zu lassen.
Als erstes fallen uns schon kurz nach der Anlage des Gewässers schaumige, mehr oder wenige grüne Placken auf, die nahe der Oberfläche treiben. Diese Algenformen sollten Sie sofort abkeschern. Dann, wenn das Wasser schon gute Werte aufweist, können bereits lange Fadenalgenpolster sichtbar werden. Sie entfernt man mit einem starren Besen, indem man sie wie Spaghetti aufwickelt und über einem Teichkescher herausangelt.
Schlimm sind allerdings dichte Blaualgenteppiche, die Bodengrund oder Pflanzen flächendeckend überziehen können. Bei ihrem Auftreten sollte man den Ursachen mit allen zur Verfügung stehenden Mitteln (Wassertests usw.) auf den Grund gehen, um richtig reagieren zu können.
Im freien Wasser können zudem grüne Trübungen den Durchblick erschweren, die durch die sog. Volvox-Algen hervorgerufen werden.
Leider kommt bei manchen Teichbesitzern die chemische Keule zum Einsatz, ohne die Ursache der Algenblüte zu kennen. Was passiert dann? Vorausgesetzt, man hat das Mittel richtig dosiert und es wirkt, dann stirbt der größte Teil der Algen ab, sinkt auf den Bodengrund, das Wasser wirkt kurzfristig klar. Und dann? Die tote Masse verrottet, dabei wird lebenswichtiger Sauerstoff verbraucht und die in den abgestorbenen Algen vorhandenen Nährstoffe werden zum großen Teil wieder frei und schon beginnt der Kreislauf von Neuem. Deshalb muss man die abgestorbene Masse aus dem Teich absaugen (Pondovac-Teichsauger einsetzen) und das Wasser über entgiftende Filtermassen filtern. Die Ursachen muss man abstellen und den Teich zu sanieren.

Ursachen:

- Als erstes wird der Bodengrund (auch der in den Pflanzgefäßen) überprüft. Steigen Blasen auf, wenn man darin stochert, die nach faulen Eiern riechen oder ist der Untergrund schwarz gefärbt (auch an Steinunterseiten), muss man die schlechten Partien austauschen.
- Teichaushub, Feinsand, torfhaltige Erden könnten die Ursache sein.
- Starker Laubeintrag, Tannen-, Fichten-, Kiefernnadeln in großer Menge können ebenso wie Grasabschnitt die Ursache sein.
- Eingewehte Dünger (Rasen- und Pflanzendünger) auch aus der Nachbarschaft fördern ebenfalls den Algenwuchs.
- Viele Fische, ihre Ausscheidungen oder zuviel Futter sind dem Algenwuchs ebenfalls förderlich.
- Abgestorbene Pflanzen (im Frühjahr und Herbst) sollten stets entfernt werden.
- Pflanzenlose Gewässer sind ebenfalls labil.
- Hohe pH-, KH-, PO_4- und NO_3-Werte sind ausgesprochen algenwuchsfördernd; besonders, wenn auch noch ein akuter Sauerstoffmangel vorliegt.
- Besonders im Frühjahr sollte man den Algenwuchs im Auge behalten und Algen rechtzeitig eliminieren.

Maßnahmen:

- Schlamm und Mulm entfernen.
- Gegen eine Eutrophierung, bei grünem Wasser (Volvox-Algen) und Planktontrübungen hilft der Einsatz eines genügend großen UV-Wasserklärers sicher.
- Dazu wird noch ein guter Teichfilter eingesetzt, der mit neuesten Filtermaterialien bestückt und mit Starterbakterien geimpft ist.
- Eine starke Förderpumpe kann zusätzlich einen Klärbach oder ein Filterbecken betreiben.
- Der Fischbesatz muss in Grenzen bleiben! Ebenso die ausgewogene Fütterung. Nur soviel füttern, wie sofort gefressen wird. Keine Vorratsfütterung!
- Einwehungen vermeiden durch dichte Uferbepflanzung und den Einsatz eines Laubschutznetzes.
- Starterbakterien einsetzen oder mit etwas Bodenschlamm aus einem gesunden Teich zusetzen.
- Beim Frischwasserzulauf Wasseraufbereitungsmittel nicht vergessen!
- Vor allem darauf achten, dass viele Pflanzen den Teich besiedeln. Sie sind die besten „Reduzenten“.

Anhang

Adressen

Eine optimale Informationsquelle in allen Pflanzen-Angelegenheiten bietet Ihnen das Gartenforum der Zeitschrift MEIN SCHÖNER GARTEN. Adresse: http:/www.mein-schoener-garten.de

Naturgemäßer Gartenbau

Interesse am pflegeleichten naturnahen Teichgarten? Wir haben ein dickes Infopaket gepackt mit Telefonnummern für kostenlose Beratung, Bezugsquellen, Adressen, Schaugärten. Dazu ein kleines (Wildblumen) Extra. Bestellen Sie Ihr persönliches Infopaket „Naturgarten" gegen € 7,– als Scheck, per Überweisung oder in Briefmarken bei:

Naturgarten e.V.
Kernerstr. 64
74076 Heilbronn
Tel. 07131 / 64 99 99 6
www.naturgarten.org
www.naturgarten-fachbetriebe.de
www.naturnaher-garten.de

Wolfgang-Philipp-Gesellschaft
Ausschuß für naturnahen Gartenbau
Postfach 43 66
55033 Mainz

Forschungsring für biologisch-dynamische Wirtschaftsweise
Brandschneise 2
64295 Darmstadt

Arbeitsgruppe Biogarten
Birnbaum
CH-3436 Zollbrück

Bio-Forum Möschberg
Postfach 24
CH-4936 Kleindietwil

Bioterra (SGBL)
Dubsstr. 33
CH-8003 Zürich

Bezugsquellen

Teich- und Teichbaumaterialien

Teich- und Teichbaumaterialien finden Sie in Garten- und Zoofachmärkten, Gartencentern und Baumärkten in Ihrer Nähe. Adressen finden Sie in Ihrem örtlichem Branchenverzeichnis, zum Beispiel den „Gelben Seiten".
Dort finden Sie ebenfalls ortsansässige Garten- und Landschaftsbauunternehmen, die sich auf die Anlage und Pflege von Gartenteichen spezialisiert haben.

Einen großen Überblick über das Angebot an Material, Zubehör und Technik erhalten Sie bei

Oase GmbH & Co.KG
Postfach 2069
48469 Hörstel
Tel. 05454/80-0
Fax 05454/80-253
gebührenfreies Infotelefon:
aus Deutschland 0800/6273758
aus Österreich: 0800/293475
Email: info@oase-pumpen.com
Internet: www.oase-pumpen.com

Seerosen und Wasserpflanzen

Seerosengärtnerei Jürgen Peter
Hermann-Löns-Weg 125 a
42697 Solingen
Tel. 0212/78529
Fax 0212/76806

Erich Maier
Hansell 155
48341 Altenberge
Tel. 02505/1533
Fax 02505/3967

naturagart
Riesenbecker Str. 63
49479 Ibbenbühren-Dörenthe
Tel. 05451/593410
Fax 05451/593419
www.naturagart.de

Seerosengärtnerei Ernst Epple
71726 Benningen
Tel. 07144/6951
Fax 07144/17227

Staudengärtnerei Eckhard Schimana
Waldstr.21
86738 Deiningen
Tel. 09081/28074

Seerosen-Farm Oldenhoff
Siglmühle 2
94051 Hauzenberg
Tel. 08586/1693
Fax 08586/91534
www.seerosen-farm.de

Stauden für die Teichrandgestaltung

Staudengärtnerei Mann
Schönbacherstr. 25
02708 Lawalde
www.plantasia.de
Tel. 03585/403738

Staudengärtnerei Ernst Pagels
Deichstraße 4
26789 Leer
Tel. 0491/3218
Fax 0491/62516

Staudengärtner Klose
Rosenstraße 10
34253 Lohfelden/Kassel
Tel. 0561/515555
Fax 0561/515120

Staudengärtnerei Arends Maubach
Monschaustraße 76
42369 Wuppertal-Ronsdorf
Tel. 0202/464610
Fax 0202/464957

Staudengärtnerei
Gräfin von Zeppelin
79295 Sulzburg-Laufen
Tel. 07634/69716
Fax 07634/6599
www.graefin-v-zeppelin.com

Staudengärtnerei Gaissmayer
Jungviehweide 3
89257 Illertissen
Tel. 07303/7258
Fax 07303/42181
www.staudengaissmayer.de

Koi und Koiteiche

Im Internet und Ihrem örtlichen Branchenverzeichnis finden Sie viele Adressen von Händlern und Züchtern dieser ungewöhnlichen Fische.

Eine große Auswahl qualitativ hochwertiger Koi und Zubehör finden Sie in den verschiedenen Filialen des Kölle-Zoos (www.koelle-zoo.de):

Kölle-Zoo GmbH Stuttgart
Schwieberdinger Straße 230
70435 Stuttgart (Zuffenhausen)
Tel. 0711/980998-0
Fax 0711/980998-88
Email: stuttgart@koelle-zoo.de

Kölle-Zoo GmbH Heilbronn
August-Häußer-Straße 2
74080 Heilbronn (Böckingen)
Tel. 07131/9229-0
Fax 07131/9229-29
Email: heilbronn@koelle-zoo.de

Kölle-Zoo GmbH Karlsruhe
Am Storrenacker 3
76139 Karlsruhe
Tel. 0721/62525 -0
Fax 0721/62525-25
Email: karlsruhe@koelle-zoo.de

Kölle-Zoo GmbH Ludwigshafen
Oderstraße 3b
Gewerbegebiet Westlich B9
67071 Ludwigshafen
Tel. 0621/549302-30
Fax 0621/549302-59
Email: ludwigshafen@koelle-zoo.de

Niedergelassene Fachtierärzte/ -tierärztinnen für Fische
Adressen von Fachtierärzten und Fachtierärztinnen können bei den jeweiligen Landestierärztekammern erfragt werden.

Fischgesundheitsdienste (FGD) und andere Institutionen

Landesuntersuchungsamt für das Gesundheits- und Veterinärwesen
Jägerstr. 10
01099 Dresden

FGD am Staatl. Veterinär- und Lebensmitteluntersuchungsamt
Schlachthofstr. 18
03044 Cottbus

Staatl. Veterinär- und Lebensmitteluntersuchungsamt
Ringstr. 1030
15239 Frankfurt/Oder

Staatl. Fischseuchenbekämpfungsdienst und FGD
Eintrachtweg 17
30173 Hannover

Tierärztl. Hochschule Hannover
Fachgebiet Fischkrankheiten
Bünteweg 17
30559 Hannover

FGD im Staatl. Untersuchungsamt
Marburger Str. 54
39576 Stendal

FGD am
Landesveterinäruntersuchungsamt
Blücherstr. 34
56073 Koblenz

FGD
Heinsbergstr. 53
57399 Kirchhundem-Albaum

FGD am Staatl. Tierärztl. Untersuchungsamt
Azenbergstr. 16
70174 Stuttgart

Fischcare
Dr. Sandra Lechleitner
Forststr. 180
70193 Stuttgart

Institut für Zoologie, Fischereibiologie und Fischkrankheiten
LMU München
Kaulbachstr. 37
80539 München

FGD am Medizinal-, Lebensmittel- und Veterinäruntersuchungsamt
Tennstedter Str.
99947 Bad Langensalza

Literatur zum Weiterlesen

Garten- und Naturbücher

Adams, K. und D. Mann: Stauden. Kosmos Verlag, Stuttgart
Bastian, H.-W.: Vogelgerechte Nistkästen selbst gebaut. Kosmos Verlag, Stuttgart
Beck, P.: Gartenteiche. Kosmos Verlag, Stuttgart
Fortmann, M. Das große Kosmosbuch der Nützlinge. Kosmos Verlag, Stuttgart
Hecker, F. und K.: Treffpunkt Teich und Tümpel. Kosmos Verlag, Stuttgart
Hensel, W.: 120 populäre Gartenirrtümer. Kosmos Verlag, Stuttgart
Klemme, B.: Allergiefreier Garten. Kosmos Verlag, Stuttgart
Neumeier, M.: Das Igel-Praxisbuch. Kosmos Verlag, Stuttgart
Neumeier, M.: Igel im Garten. Kosmos Verlag, Stuttgart
Richarz, K. Fledermäuse. Kosmos Verlag, Stuttgart
Richarz, K. Natur rund ums Haus. Kosmos Verlag, Stuttgart
Schmid, U. , H. Reinhard, N. Reinhard: Treffpunkt Tiere im Garten. Kosmos Verlag, Stuttgart
Steinbach, G. et al.: Froschkonzert am Gartenteich. Kosmos Verlag, Stuttgart
Witt, R.: Der Naturgarten. BLV Verlag, München
Witt, R.: Ein Garten für Schmetterlinge. Kosmos Verlag, Stuttgart
Witt, R.: Ein Garten für Vögel. Kosmos Verlag, Stuttgart
Witt, R.: Wildpflanzen für jeden Garten. BLV Verlag, München
Wolff, J. und A. Throll: Mein schöner Garten. Kosmos Verlag, Stuttgart
Wolff, J. und A. Throll: Die Mein schöner Garten Enzyklopädie der Gartenpflanzen. Kosmos Verlag, Stuttgart

Bestimmungsbücher – Tiere

Barthel, P.H. und H. Frieling: Das neue Was fliegt denn da? Kosmos Verlag, Stuttgart

Bellmann, H.: Bienen, Wespen, Ameisen. Kosmos Verlag, Stuttgart

Bellmann, H.: Der neue Kosmos Insektenführer. Kosmos Verlag, Stuttgart

Bellmann, H.: Der neue Kosmos Schmetterlingsführer. Kosmos Verlag, Stuttgart

Chinery, M.: Pareys Buch der Insekten. Kosmos Verlag, Stuttgart

Dierl, W.: Welcher Käfer ist das? Kosmos Verlag, Stuttgart

Engelhardt, W.: Was lebt in Tümpel, Bach und Weiher. Kosmos Verlag, Stuttgart

Gerstmeier, R. und T. Romig: Die Süßwasserfische Europas. Kosmos Verlag, Stuttgart

Gruber, U.: Die Schlangen Europas. Kosmos Verlag, Stuttgart

Harde, K. und F. Severa: Der Kosmos Käferführer. Kosmos Verlag, Stuttgart

Hayman, P. und R. Hume: Die Kosmos Vogelenzyklopädie. Kosmos Verlag, Stuttgart

Jonsson, L.: Die Vögel Europas. Kosmos Verlag, Stuttgart

Jurzitza, G.: Der Kosmos Libellenführer. Kosmos Verlag, Stuttgart

Nöllert, A. und C.: Die Amphibien Europas. Kosmos Verlag, Stuttgart

Pott, E. und J. Roché: Wer singt denn da: Kosmos Verlag, Stuttgart

Pott, E.: Vögel in Wald, Park und Garten. Kosmos Verlag, Stuttgart

Roché, J.: Die Vogelstimmen Europas. Kosmos Verlag, Stuttgart

Schober, W. und E. Grimmberger: Die Fledermäuse Europas. Kosmos Verlag, Stuttgart

Singer, D.: Vögel in Park und Garten. Kosmos Verlag, Stuttgart

Singer, D.: Was fliegt denn da, Der Fotoband. Kosmos Verlag, Stuttgart

Singer, D.: Welcher Vogel ist das. Kosmos Verlag, Stuttgart

Stichmann, W. und E. Kretschmar: Der neue Kosmos Tierführer. Kosmos Verlag, Stuttgart

Svensson, L.: Der neue Kosmos Vogelführer. Kosmos Verlag, Stuttgart

Bestimmungsbücher – Pflanzen

Aichele, D. und M. Golte-Bechtle: Das neue Was blüht denn da? Kosmos Verlag, Stuttgart

Aichele, D. Was blüht denn da? Der Fotoband. Kosmos Verlag, Stuttgart

Alberts, A. und P. Mullen: Giftpflanzen in Natur und Garten. Kosmos Verlag, Stuttgart

Baehr, B. und M.: Welche Spinne ist das? Kosmos Verlag, Stuttgart

Berg, K.H. Linne von, und M. Melkonian: Der Kosmos-Algenführer. Kosmos Verlag, Stuttgart

Stichmann-Marny, U. und W. Stichmann: Der neue Kosmos Pflanzenführer. Kosmos Verlag, Stuttgart

Streble, H. und D. Krauter: Das Leben im Wassertropfen. Kosmos Verlag, Stuttgart

Koi und andere Teichfische

Hickling, S. Koi: Ulmer Verlag, Stuttgart

Hilble, R. und G. Langfeldt-Feldmann: Faszinierende Koi. Kosmos Verlag, Stuttgart

Hilble, R. und G. Langfeldt-Feldmann: Koi. Kosmos Verlag, Stuttgart

Holmes, K. und T. Pitham: Koi im Gartenteich. Anlage und Wartung. Natur und Tier Verlag, Münster

Holmes, K. und T. Pitham: Koi im Gartenteich. Farbformen. Natur und Tier Verlag, Münster

Holms, K. und T. Pitham: Gesunde Koi, Krankheiten vorbeugen, erkennen, behandeln. Ulmer Verlag, Stuttgart

Kammerer, M. und H. Kaiser: Nishikigoi Taikan. Ein Koi-Atlas. Koi Verlag, Rheda Wiedenbrück

Kölle, P.: Fischkrankheiten. Kosmos Verlag, Stuttgart

Lechleiter, S. und D. Kleingeld: Krankheiten der Koi und anderer Gartenteichfische. Ulmer Verlag, Stuttgart

Schubert, G. und D. Untergasser: Krankheiten der Fische. Kosmos Verlag, Stuttgart

Steinle, P. und S. Lechleiter: Koi. Ulmer Verlag, Stuttgart

Teichfischer, B. Koi in den schönsten Wassergärten. Dähne Verlag, Ettlingen

Teichfischer, B.: Nishikigoi. Faszinierendes Hobby Koi. Dähne Verlag, Ettlingen

Weitere nützliche Adressen

Vereine und Verbände

Bundesverband Deutscher Gartenfreunde
Platanenallee 37
14050 Berlin
www.kleingarten-bund.de

Landesverband Niedersächsischer Gartenbauvereine
Bückeburger Str. 11
31655 Stadthagen

Landesverband Hessen für Obstbau, Garten- und Landschaftspflege
Finkenweg 19
35606 Solms

Landesverband der Gartenbauvereine Westfalen-Lippe
Postfach 1444
48565 Steinfurt

Verband Rheinischer Gartenbauvereine
Gartenstr. 11
50765 Köln

Bundesverband Dt. Gartenfreunde
Steinerstr. 52
53225 Bonn

Landesverband der Gartenbauvereine Saar/Pfalz
Kaiserstr. 77
66133 Saarbrücken-Scheidt

Baden-Württembergischer Landesverband für Obstbau, Garten und Landschaft
Klopstockstr. 6
70193 Stuttgart

Deutsche Gartenbau-Gesellschaft
Webersteig 3
78462 Konstanz

Bayer. Landesverband für Gartenbau und Landespflege
Herzog-Heinrich-Str. 21
80336 München

Bundes-Obstbauverband
Österreichs
Gumpendorferstr. 15/2/2
A-1060 Wien

Pflanzenliebhaber-Gesellschaften

Gesellschaft der Wassergartenfreunde
c/o Herbert Bollerhey
Eichenberger Str. 19
34233 Fuldatal-Rothwesten

Gesellschaft der Staudenfreunde
Geschäftsstelle
Eichenstr. 5
67259 Beindersheim
www.gds-staudenfreunde.de

Informationsstellen und Fortbildungsstätten

Gartenakademie –
Fachschule für Gartenbau
Soebrigener Str. 3 a
01326 Dresden-Pillnitz

Lennée Akademie für Gartenbau und Gartenkultur
Ministerium für Ernährung,
Landwirtschaft und Forsten
Heinrich-Mann-Allee 103
14473 Potsdam

Schulungszentrum
für naturgemäßen Land- und Gartenbau
Poppenbüttler Hauptstr. 46
22399 Hamburg

Hessische Gartenakademie – Lehr- und Versuchsanstalt für Gartenbau
Oberzwehrener Str. 103
34132 Kassel
Tel. 0561/40909-0

Bildungsstätte des deutschen Gartenbaues
Gießener Str. 47
35305 Grünberg

Gartenbauzentrum Köln-Auweiler
Gartenstr. 11
50765 Köln-Auweiler
Tel. 0221/534020-0

Hessische Gartenakademie,
LVG Wiesbaden
Am Kloster Klarenthal 7 a
65195 Wiesbaden
Tel. 0611/94681-0

Saarländische Gartenakademie,
Landwirtschaftskammer
Lessingstr. 12
66121 Saarbrücken
Tel. 0681/66505-0

Informationsstelle
der Versuchsanstalt
für Gartenbau
an der FH Weihenstephan
Am Staudengarten 9
85354 Freising
Tel. 08161/714-541

Bayer. Gartenakademie –
Bayer. Landesanstalt
für Weinbau und Gartenbau
An der Steige 15
97209 Veitshöchheim
Tel. 01804/980114

Amtliche Pflanzenschutzberatung

Sächsische Landesanstalt
für Landwirtschaft
Fachbereich
Integrierter Pflanzenschutz,
Referat 63
Alttrachau 7
01139 Dresden
Tel. 0351/853040

Pflanzenschutzamt Berlin
Mohriner Allee 137
12347 Berlin
Tel. 030/700006-0

Landesamt für Ernährung,
Landwirtschaft
und Flurneuordnung,
Dezernat Pflanzenschutz
Ringstr. 1010
15236 Frankfurt (Oder) / Markendorf
Tel. 0335/5217-622

Landespflanzenschutzamt
Graf-Lippe-Str. 1
18059 Rostock
Tel. 0381/49123-31 und -33

Institut für Angewandte Botanik,
Abt. Pflanzenschutz
Marseiller Str. 7
20355 Hamburg
Tel. 040/42838-0

Pflanzenschutzamt
Westring 383
24118 Kiel
Tel. 0431/8801302

Senator für Umweltschutz
und Stadtentwicklung,
Pflanzenschutzdienst
Große Weidestr. 4–16
(Postanschrift: Hanseatenhof 5)
28195 Bremen
Tel. 0421/3612575

Lehr- und Versuchsanstalt
für Gartenbau
Heisterbergallee 12
30453 Hannover
Tel. 0511/4005-152

Landespflanzenschutzamt
Lerchenwuhne 125
39128 Magdeburg
Tel. 0391/2569-450 bis 453

Pflanzenschutzamt der
Landwirtschaftskammer Rheinland
Siebengebirgstr. 200
53229 Bonn
Tel. 0228/4342-150 und -152

Landesanstalt für Pflanzenschutz und Pflanzenbau
Essenheimer Str. 144
55128 Mainz-Bretzenheim
www.pflanzenschutzdienst.de

Hess. Gartenakademie
Am Kloster Klarenthal 7 a
65197 Wiesbaden
Tel. 0611/9468117

Pflanzenschutzamt Saarbrücken
Lessingstr. 12
66121 Saarbrücken
Tel. 0681/66505-38

Landesanstalt für Pflanzenschutz
Reinsburgstr. 107
70197 Stuttgart
Tel. 0711/6642440

Bayrische Gartenakademie
An der Steige 15
Postfach 1140
97205 Veitshöchheim
Tel. 0800/9801147

Thüringer Landesanstalt
für Landwirtschaft,
Sachgebiet Pflanzenschutz
Mittelhäuser Straße
99189 Erfurt-Kühnhausen
Tel. 036 201/8170

Staatliche Bodenuntersuchungs-anstalten

Sächs. Landesanstalt
für Landwirtschaft
Institut f. Landwirtschaftliche
Untersuchungen
– LUFA* Leipzig/Möckern –
Gustav-Kühn-Str. 8
04159 Leipzig

LUFA des Landes Sachsen-Anhalt
Schiepziger Str. 29
06120 Halle/Lettin

LUFA Thüringen
Naumburger Str. 98
07743 Jena

LUFA Potsdam
Templiner Str. 21
14473 Potsdam

LUFA Rostock
Graf-Lippe-Str. 1
18059 Rostock

Institut für Angewandte Botanik
Abt. KVT
Marseiller Str. 7
20355 Hamburg

LUFA Kiel
Institut f. Tiergesundheit und
Lebensmittelqualität
Gutenbergstr. 75–77
24116 Kiel

LUFA der Landwirtschaftskammer
Weser-Ems
Jägerstr. 23–27
26121 Oldenburg

LUFA Hameln
Finkenborner Weg 1 a
31787 Hameln

Hessische Landwirtschaftliche
Versuchsanstalt
Landwirtschaftliches
Untersuchungsamt
Am Versuchsfeld 13
34128 Kassel/Harleshausen

LUFA Westfalen-Lippe
Nevinghoff 40
48147 Münster

LUFA Bonn/Landwirtschaftskammer
Siebengebirgsstr. 200
53229 Bonn

Landes-Lehr- und Versuchsanstalt für
Landwirtschaft, Weinbau und Gartenbau
Institut für Bodenkunde
Egbertstr. 18
54295 Trier

Hess. Landwirtschaftliche
Versuchsanstalt
Rheinstr. 91
64295 Darmstadt

LUFA Speyer
Bezirksverband Pfalz
Obere Langgasse 40
67346 Speyer

Landesanstalt für landwirtschaftliche
Chemie
– Bodenabteilung –
Emil-Wolff-Str. 14
70599 Stuttgart

LUFA Augustenberg
Neßlerstr. 23
76227 Karlsruhe

Bayerische Hauptversuchsanstalt
Abt. Bodenuntersuchung
Alte Akademie 10
85350 Freising-Weihenstephan

Bayerische Landesanstalt für Weinbau
und Gartenbau
Abt. Kellerwirtschaft
und Untersuchungswesen
Herrnstr. 8
97209 Veitshöchheim

Höhere Bundeslehr-
und Versuchsanstalt für Gartenbau
Grünbergstr. 24
A-1131 Wien/Schönbrunn

Bundesanstalt für Bodenwirtschaft
Denisstr. 31–33
A-1200 Wien

Bundesanstalt für Agrarbiologie
Wieninger Str. 8
A-4020 Linz

Tiroler Landwirtschaftliche
Untersuchungs- und Versuchsanstalt
– LUVA –
A-6200 Rotholz 46

Landwirtschaftlich-chemische
Landesversuchs- und
Untersuchungsanstalt
Burggasse 2
A-8010 Graz

UFAG Laboratorien
Kornfeldstr. 2
CH-6210 Sursee

Labor Roth A.G.
Rieterstr. 102
CH-8002 Zürich

Private Bodenuntersuchungsstellen

Bodenuntersuchungs-Institut
Koldingen
Ehlbeek 2
30938 Burgwedel

Dr. Fritz Balzer
Oberer Ellenberg 5
35083 Amönau

Ing. B. Riffel
Weinheimer Landstr. 115
55232 Alzey

* LUFA = Landwirtschaftliche Untersuchungs- und Forschungsanstalt

Institut Dr.Jäger
Ernst-Simon-Str. 2–4
72072 Tübingen

Labor Michael Lacher
Niedermattenstr. 3
79238 Ehrenkirchen

Agrolab
Schulstr. 1
85416 Oberhummel

Boden- und Wasseranalytik
Gerhard F. Pieper
Abt-Hyller-Str. 4/1
88250 Weingarten

Labor für Boden- und Dünge-
mitteluntersuchungen Dr. Dürr
Hagener Weg 27
89179 Beimerstetten

Labor für Umweltanalytik
Dr. Rietzler
Schnorrstr. 5 a
90471 Nürnberg

Nützlinge

Flora Nützlinge
Wulkower Weg (Gärtnerei)
15518 Hangelsberg
www.landwirtschaft.freepage.de/
kbservices

ÖRE Bio-Protect GmbH
Kieler Str. 41
24223 Raisdorf
www.nuetzlinge.com

re-natur GmbH
Hof Aqua Terra
Am Pfeifenkopf 9
24601 Stolpe
www.re-natur.de

W. Neudorff GmbH KG
Abt. Nutzorganismen
Postfach 12 09
31857 Emmerthal
www.neudorff.de

STB-Control
Schaltenbach 1
65326 Aarbergen

Sautter & Stepper GmbH
Rosenstr. 19
72119 Ammerbuch
www.nuetzlinge.de

Katz Biotech Services
Industriestr. 38
73642 Welzheim
www.landwirtschaft.freepage.de/
kbservices

Hatto Welte
Maurershorn 10
78479 Insel Reichenau

Andermatt Biocontrol
Stahlermatten 6
CH-6146 Großdietwil

Register

Impressum

Mit 389 Farbfotos von
Peter Beck, Stuttgart: 32, 33 beide, 34 u, 35 o, 40 u, 41 u, 44, 54, 71 o, 105 beide, 106, 107 u, 108, 109 beide, 110, 111 o, 112 beide, 114 o, 115 u, 116, 118, 120 beide, 121, 122, 123 beide, 126 o, 129, 132, 133 beide, 134 beide, 135 beide, 136 beide, 137 alle 3, 138 beide, 139 beide, 140 beide, 141 beide, 142 u, 143 beide, 144 beide, 145 o, 146 u li, 148 li, 149 re, 150 beide, 151 u, 154 beide, 155 o re, 155 u li, 158 u, 159 alle 3, 160 o, 161 u li, 162 beide, 164 li, 168 o, 169 o, 171 o, 186/187, 190 u, 190 re, 191 u, 191 re, 201 u, 223 o, 232 u, 234 beide. **Gartenschatz**, Stuttgart: 146 u re, 152 u, 153 u re, 155 u re, 156 o, 157 re, 163, 164 re, 165 o, 166 alle 3, 167 beide, 169 u, 170 li, 171 u, 172 beide, 173 beide, 174 alle 3, 175 beide, 176 alle 3, 177 alle 3, 178 alle 4, 179 alle 4, 180 beide, 181 alle 3, 182 beide, 183 alle 3, 184 beide, 185 alle 3. **Martin Haberer**, Nürtingen: 22 o, 29 o, 188. **Petra Jarosch**, Offenburg: 31 o, 58 u, 65, 74, 80 u, **Petra Kölle**, Solalinden: 5 u li, 225 o. **Kosmos/Christof Salata**, Stuttgart: 189 o, 192 beide, 193, 201 o. **Hans E. Laux,** Biberach/Riß: 161 o re. **Sibille Müller**, Raubach: 22 u. **Oase GmbH**, Hörstel:, 4 o re, 4 Mi li, 5 o re, 5 Mi li, 7 o re, 7 u re, 34 o, 36 o, 56 beide, 63, 65, 66, 68 alle 30, 69 o, 79 u, 80 o, 87 o, 88, 89 beide, 93, 94, 95 beide, 96, 97 alle 3, 98 beide, 99, 100, 101 beide, 111 u, 113, 114 u, 115 o, 126 u, 127 beide, 128 beide, 189 u**, Manfred Pforr**, Langenpreising: 212 o. **Bildagentur IPO, Ingeborg Polaschek**, Linsengericht-Altenhaßlau: 16, 19 o, 24 u, 27 u, 46, 48 o, 76, 79 o, 83, 107 o, 124, 234, 233. **Wolfgang Redeleit**, Bienenbüttel: 10 u, 25, 26, 28, 29 u, 30, 39 u, 41 o, 47 u, 55 u, 59, 60, 72 alle 3, 73 alle 3, 81, 84 alle 3, 85, 87 u, 117 beide, 217 u, 230/231, 232 o. **Reinhard Tierfoto, Hans Reinhard,** Heiligkreuzsteinach/Eiterbach: 6, 12 u, 15 u, 21 u, 24 o, 38, 49, 50/51, 70, 75, 190 o, 191 o, 202/203, 213 o, 215 u, 216 o, 217 o, 222 o, 225, 226 alle 3, 227 beide, 228 beide, 229 beide. **Reinhard Tierfoto, Nils Reinhard,** Heiligkreuzsteinach/Eiterbach: 7 u li, 20, 23, 35 u, 40 o, 55 o, 58 o, 62, 78, 86, 92, 216 u. **Manfred Ruckszio**, Taunusstein: 1, 18, 82, 119 beide, 125, 142 o, 145 u, 146 o, 147 beide, 148 o re, 148 u re, 149 li, 151 o, 152 o, 153 o, 153 u li, 156 u, 158 o, 160 u, 165 u, 168 u, 170 u re, 170 o re, 210, 211 o li, 220 o, 222 u re. **Jürgen Stork**, Gengenbach: 2/3, 19 u, 39 o, 43 o, 42 o, 52, 57, 67, 68 u, 71 u, 102/103. **Friedrich Strauß**, Au/Hallertau: 4 u re, 10 o, 17 u, 21 o, 90/91. **Alice Thinschmid/Daniel Böswirth**, Wien: 11, 12 o, 13, 17 o, 27 o, 31 u, 37 u, 43 u, 46, 47, 47 o, 48 u, 53 o, 69 u, 77 u, 130/131, 157 li. **Annette Timmermann**, Stolpe: 8/9, 53 u, 104. **Reinhard Witt**, Ottenhofen: 15 o, 14, 204, 205 beide, 206 beide, 207, 208, 209 beide, 211 o re, 211 u, 212 u li, 212 Mi, 213 u, 214 beide, 215 o, 218, 219 beide, 220 u, 212 beide, 222 u li, 223 u, 224 alle 3, 225 u.

Mit 40 Farbillustrationen von
Reinhild Hofmann, Offenburg: 61, 77 o. **Kosmos/Milada Krautmann**: 194 beide, 195 alle 8, 196 alle 4, 197 alle 10, 198 alle 6, 199 alle 8.

Umschlaggestaltung von eStudio Calamar, Spanien, unter Verwendung von vier Fotos von Tierfoto Reinhard, Hans Reinhard: Hauptbild; Peter Beck, Stuttgart: Seerose unten links (*Nymphaea* 'Marliacea Rose') und Umschlagrückseite (*Nymphaea odorata* 'Exquisit') und Wolfgang Willner, Moosburg: Laubfosch unten rechts

Gedruckt auf chlorfrei gebleichtem Papier.

Bibliografische Informationen der Deutschen Bibliothek

Die Deutsche Bibliothek verzeichnet diese Publikation in der Deutschen Nationalbibliografie; detaillierte bibliografische Daten sind im Internet über http://dnb.ddb.de abrufbar.

ISBN 3-440- 10178-9
Lektorat und Bildredaktion: Dr. Folko Kullmann
Grundlayout: Dietmar Grashoff, Offenburg
Produktion: Siegfried Fischer
Printed in Slovakia/Imprimé en Slovaquie

Alle Angaben in diesem Buch sind sorgfältig geprüft und geben den neuesten Wissensstand bei der Veröffentliachung wieder. Da sich das Wissen aber laufend in rascher Folge weiterentwickelt und vergrößert, muss jeder Anwender prüfen, ob die Angaben nicht durch neuere Erkenntnisse überholt sind. Dazu muss er zum Beispiel Beipackzettel zu Dünge-, Pflanzenschutz- bzw. Pflanzenpflegemitteln lesen und genau befolgen sowie Gebrauchsanweisungen und Gesetze beachten.

Die Rechtschreibung der deutschen Pflanzennamen ist nicht eindeutig geregelt. Auch jede Art der Schreibung ist möglich, die Sie sowohl in Fach- als auch in populärwissenschaftlichen Büchern finden werden.

Autor und Verlag danken den Firmen Kölle-Zoo, Stuttgart und Oase, Hörstel für die freundliche Unterstützung.

KOSMOS

Die Gartenklassiker

- Jahrzehntelange Erfahrungen verschiedener Gartenexperten in einem umfassenden Praxisbuch
- Antworten auf alle Fragen rund um Zier-, Nutz- und Wassergarten
- Mit allen wichtigen Gartenpflanzen, aktuellen Informationen sowie wertvollen Profi-Tipps

Throll/Wolff (Hrsg.)
Mein schöner Garten
Das Kosmos Garten-Handbuch
288 Seiten,
ca. 850 Abbildungen
€/D 24,90; €/A 25,60; sFr 42,–
ISBN 3-440-09627-0

- Die aktuelle Pflanzenenzyklopädie für alle Hobbygärtner
- Über 2500 Pflanzenbeschreibungen für den heimischen Garten
- Für die richtige Auswahl und Pflege

Wolff/Throll (Hrsg.)
Die Mein schöner Garten Enzyklopädie der Gartenpflanzen
316 Seiten,
1.114 Abbildungen
€/D 29,90; €/A 30,80; sFr 50,20
ISBN 3-440-09629-7

Preisänderungen vorbehalten

www.kosmos.de

Toller Start in den Frühling!
mein schöner Garten
Europas größtes Gartenmagazin
www.mein-schoener-garten.de
25 Extra-Seiten
Neue Ideen für Ihre Traum-Terrasse
Die schönsten Kübelpflanzen für den Sommer
So wird Ihr Gartenteich zum Schmuckstück
GROSSER PRAXISTEIL
Alle Gartentipps für den April
Rasenpflege leicht gemacht
Garten im April
Rosen · Kletterpflanzen · Buchs · Balkonkästen